YACIMIENTOS Y USOS DEL MÁRMOL EN ASTURIAS

YACIMIENTOS Y USOS DEL MÁRMOL EN ASTURIAS

Manuel Gutiérrez Claverol
Carlos Luque Cabal

REAL INSTITUTO DE ESTUDIOS ASTURIANOS

OVIEDO - 2025

GOBIERNO DEL
PRINCIPADO DE ASTURIAS

CECEL
CONFEDERACIÓN ESPAÑOLA DE
CENTROS DE ESTUDIOS LOCALES

© del texto, de las figuras, de las tablas, de las fotografías
(excepto donde se indique su fuente o autor):
Manuel Gutiérrez Claverol y Carlos Luque Cabal. Varias de las fotos nos las ha facilitado
José María Fernández Díaz-Formentí (abreviado en los pies de figura como JMFD-F)
Diseño de la cubierta: Luis Pando
© de esta edición, Real Instituto de Estudios Asturianos®
Plaza de Porlier, 9 - 1.ª planta
33003, OVIEDO
Teléfono: 984 18 28 01
Correo electrónico: ridea@asturias.org

ISBN:
Depósito legal:
Imprime: Gráficas SUMMA

SALUDA

«No son los vestíbulos los que proporcionan la grandeza intelectual, sino el alma y el cerebro del investigador».

Alexander Fleming

Con esta frase de Alexander Fleming, quiero agradecer a Manuel Gutiérrez Claverol y Carlos Luque Cabal por investigar y escribir sobre cuestiones tan importantes como las que este libro recoge, así como a quienes, de una manera u otra, han colaborado con ellos.

He de confesar, que me he sorprendido sobre la historia que el mármol tiene en el municipio de Cangas del Narcea. Historia que, de no ser por esta investigación y publicación, posiblemente nunca habría conocido. Es por eso que no solo quiero dar las gracias a los investigadores y a quienes han hecho posible esta publicación, sino que invito a quienes ahora lo vais a leer a que seamos conscientes de la relevancia que históricamente ha tenido la extracción de materias primas geológicas, el conocimiento, la escritura, y también las infraestructuras para sustentar las anteriores. Los romanos, los monjes, familias nobiliarias como los Conde Toreno… historia del pasado que se refleja en nuestro presente y muy probablemente lo seguirá haciendo en nuestro futuro con nuestro vino, nuestro hermoso paisaje natural y nuestra historia minera e industrial.

Termino con otra cita si me lo permiten: «encontré Roma como una ciudad de ladrillos y la dejé como una ciudad de mármol», así refería el emperador Augusto a la nobleza con la que se creó un imperio. Una imagen de nobleza creada a partir de minas y canteras como las que hubo en mi tierra, Cangas del Narcea. Tierra tan noble como la que más.

JOSÉ LUIS FONTANIELLA FERNÁNDEZ
(Alcalde de Cangas del Narcea)

LA ROCA DEL ARTE

«Ho visto un angelo nel marmo ed ho scolpito fino a liberarlo»
(«He visto un ángel en el mármol, y lo he esculpido para liberarlo»)
Michelangelo Buonarroti (Miguel Ángel)

Y así fue: aquel gran bloque de mármol de Carrara, durante varios años de trabajo, fue tomando forma, hasta que en 1504 quedó liberado un personaje. No fue exactamente un ángel, sino una de las esculturas más extraordinarias de todos los tiempos: el David de Miguel Ángel, cuya única vestimenta y hálito de vida es el propio arte de su autor. Se dice que Miguel Ángel examinaba concienzudamente las piezas de mármol que recibía en bruto. Intentaba descubrir las figuras encerradas en su seno, unas almas que él iba a liberar, aprovechando la plena potencialidad del bloque.

Los avances técnicos llegados con la Edad del Bronce, pero sobre todo con la del Hierro, permitieron disponer a los antiguos artistas de nuevas herramientas con las que aprovechar rocas hasta ese momento casi imposibles de trabajar, pese a su belleza; y el mármol fue, sin duda, la más importante. Aunque con algún precedente hitita, fueron los antiguos griegos quienes realmente descubrieron las posibilidades de esa roca blanca para llevar a cabo y decorar sus edificios más notables. Nacieron así el Partenón y otras construcciones de la Acrópolis ateniense, numerosos templos por toda la geografía helena, columnas, capiteles y un sinnúmero de esculturas y frisos.

Desde el siglo II a. C., Roma heredó ese gusto por el mármol para sus construcciones y estatuas, que pasó a ser la piedra de elección cuando se monumentalizó su capital: el Coliseo, el Foro, templos, basílicas, teatros, sarcófagos, o espectaculares estatuas de emperadores, dioses, figuras mitológicas y políticos se encuentran en museos de todo el mundo. Quisiera destacar las maravillas presentes en el Museo Arqueológico de Nápoles, que exhibe una extraordinaria colección de estatuas recuperadas en las excavaciones de Pompeya y Herculano, donde los piroclastos y cenizas del Vesubio las preservaron en perfecto estado, sin sufrir las amputaciones y decapitaciones por barbaries posteriores. Se muestra también allí la colección Farnesio, magníficas estatuas halladas en las termas de Caracalla (Roma). La aristocracia romana recurrió, asimismo, a este material en sus villas y residencias. El mármol era ya símbolo de riqueza y poder, pero también de distinción y lujo; era ya, y lo seguiría siendo, la roca del arte occidental por antonomasia.

Los modelos y patrones arquitectónicos romanos irradiaron y se importaron en las provincias que se iban anexando al imperio, y las canteras de esta roca fueron uno de los bienes preciados por Roma en los mismos. En Hispania se encontraron algunas canteras notables, que resultaron muy útiles para edificar los nuevos centros urbanos y villas. Su calidad permitía prescindir de mármoles muy caros de importar, como el de Carrara, que se reservaban para tallar piezas muy selectas de personajes importantes. El trabajo en las canteras estaba bien organizado y dirigido. El cantero responsable de la explotación examinaba en detalle las rocas, sus estratos y líneas por las que se podía fracturar y obtener un bloque. Con cuñas, cinceles y mazas, los operarios separaban el monolito y allí mismo se desbastaba, preparando bocetos groseros de futuras columnas, sillares, placas de revestimiento, estatuas, etc. que aliviaban el peso de cara al transporte y permitían descubrir defectos no advertidos. Se remitían luego a las ciudades, mediante carros de tracción animal que recorrían las calzadas. Ya en los talleres de destino, se continuaba el trabajo por parte de un equipo de artesanos, que usaban herramientas más finas y precisas para dar forma a la pieza o escultura deseada, a base de martillo y cincel, punzones y pulido final con pastas de arenas abrasivas.

La explosión artística llegada en los siglos XV y XVI con el Renacimiento hizo resurgir el uso del mármol en todo su esplendor. Miguel Ángel, Rafael y tantos otros escultores y arquitectos nos legaron obras maravillosas de nuevo: la Basílica de San Pedro y majestuosas catedrales e iglesias como el Duomo de Florencia, templos y palacios en Venecia y por gran parte de la geografía europea, con una paralela creación de obras maestras de la talla. Recordemos el David, la Piedad, Moisés y tantísimas otras estatuas prodigiosas en iglesias y palacios. El mármol estaba afianzado de nuevo como la roca preferida en arquitectura y escultura, y su prestigio se mantuvo en los siglos siguientes, tanto en el Barroco —en especial en Italia— como en el Neoclásico, cuando pasó a ser de nuevo el material predilecto de los palacios europeos y sus iglesias, tanto de sus sillares, retablos, escaleras monumentales, columnas y enlosados como en el cortejo de estatuas de reyes, emperadores, figuras mitológicas, santos, príncipes y tantos otros motivos que ocupan sus fachadas y salas majestuosas. Recordemos los palacios de Versalles o el Palacio Real de Madrid, por ejemplo, y estatuas tan asombrosas como las de imágenes veladas —en las que la maestría del artista recrea en el mármol un velo en apariencia transparente sobre la propia figura—. Considerada muy duradera, esta noble roca se populariza entonces como la preferida para el arte funerario también en los nuevos cementerios, en los que aparecen panteones marmóreos con ángeles y otros motivos religiosos. Y su uso sigue plenamente vigente en la actualidad, como sinónimo de calidad, durabilidad y belleza.

¿Por qué esta predilección del arte hacia el mármol? La razón está en sus características físico-químicas, responsables de sus propiedades y belleza. La calcita (carbonato cálcico), de las rocas calizas, y en menor grado la dolomita (carbonato de calcio con magnesio), sometidas a enormes presiones y temperaturas sufren unos cambios, llamados metamórficos, por el que resulta una nueva roca, ya distinta, que es el mármol: sigue siendo carbonato cálcico, pero compactado y recristalizado de otra forma. A diferencia de las calizas, ahora puede tallarse con más detalle y conseguirse un pulido muy fino y brillante. Además, si durante el proceso metamórfico se infiltraron otros minerales u óxidos entre la roca carbonatada, los mármoles resultantes pueden tener muy diversas tonalidades de color, lo que aumenta las posibilidades para el artista.

La calcita tiene un bajo índice de refracción de la luz que incide sobre ella, y su roca derivada conserva esta propiedad, por lo que la luz penetra un tanto en el mármol, de forma parecida a como lo hace en la piel humana. Esta propiedad fue pronto descubierta por los escultores, que conseguían en sus tallas una profundidad visual que otorgaba un realismo sorprendente, más aún gracias a la posibilidad de trabajarlo muy en detalle y rematarlo con un pulido fino y brillante. Pero, además, su belleza era perdurable: la compacta cristalización hacía a la obra muy resistente al paso del tiempo. Solo tenía dos problemas para el tallador: la imposibilidad de rectificar un golpe equivocado —salvo rediseñando la zona afectada— y su único punto débil ante la intemperie: su manchado o disgregación por contacto con ácidos. Es una vulnerabilidad que no ha impedido que esta noble roca haya deslumbrado a los artistas a lo largo de los siglos, y a quienes disfrutamos de sus creaciones.

Asturias sorprende por su riqueza geológica en un espacio tan relativamente reducido. Además de las populares minas de carbón, existen otras muchas explotaciones de minerales y rocas de utilidad para el ser humano: azabache, caolín, fluorita, hierro, pizarra, caliza, etc. y mármol; quizá este tipo de cantera no sea muy conocida entre la población, para quien puede resultar incluso sorprendente saber de su existencia en Asturias, y es este relativo desconocimiento uno de los principales motivos que han impulsado a Manuel Gutiérrez Claverol junto con Carlos Luque, y su inquietud infatigable, a dedicarle este libro pionero. Hace algo más de un año, mi amigo Manuel me invitó a acompañarle y conocer las canteras de esta roca en Rengos, Larón y Degaña. Fueron unos días donde, de nuevo pudimos disfrutar de la hospitalidad sin límites de buenos amigos de la comarca: las hermanas Rosa y Gloria Carlos y sus esposos José y Toño, de Vega de Rengos; Manolo de Moncó y Jaime Gareth de Degaña. La «frialdad» del mármol fue ampliamente superada por la calidez y el trato extraordinario de esas gentes. Y gracias a su ayuda y conocimiento de la región, accedimos a aquellas antiguas canteras abandonadas, donde el profesor Claverol recogió notas y muestras para su análisis petrográfico, mientras yo fotografiaba los restos de estas explotaciones y algunos bloques extraídos y abandonados.

Con su habitual rigor científico y su pasión por la divulgación, los doctores Claverol y Luque nos invitan a conocer el mundo del mármol en Asturias desde una perspectiva mineralógica, industrial, histórica y cultural. Su prolífica trayectoria como autores de numerosos libros y artículos académicos sobre la geología de Asturias y otras regiones es testimonio de su dedicación y amor por la Ciencia. Pero Manuel no solo es un experto en el campo de la Geología, al que dedicó su vida profesional, docente, investigadora y universitaria, sino también un divulgador incansable, que ha sabido acercar el conocimiento geológico a un público más amplio, despertando el interés y curiosidad por la tierra que pisamos o que conforma nuestro paisaje.

Este libro nos desvela la presencia del mármol en Asturias y sus antiguas explotaciones históricas. Un trabajo que resultará fundamental en el conocimiento del patrimonio geológico del Principado y su puesta en valor. Los lectores encontrarán aquí no solo información valiosa de tipo científico, sino también un panorama completo de lo que esta roca para el arte ha supuesto en nuestra región, y los proyectos de explotación del pasado, frecuentemente obstaculizados o impedidos por los déficits y dificultades en las infraestructuras para su transporte. De nuevo un producto resultado de la pasión y el compromiso de Manuel Gutiérrez Claverol y Carlos Luque por compartir su amor por la geología y la historia de Asturias.

JOSÉ MARÍA FERNÁNDEZ DÍAZ-FORMENTÍ
(Médico odontólogo y naturalista)

SUMARIO

1
A MODO INTRODUCTORIO

Mientras que España toda
en tu libro contempla el rico mármol
y el mineral precioso,
que te ofrece por fruto tu trabajo:
las barras, los martillos,
la pala y azadón del Asturiano,
escucho yo con gusto,
que celebran ó Conde, tus aplausos;
y que al compás del ave,
del suave viento y arroyuelo manso
repiten sus Pastores
de un Toreno las glorias y los lauros.

Oda de D.E.A.D.R.N. *en justo elogio del libro*
Discursos pronunciados en la Real Sociedad de
Oviedo en los años 1781 y 1783 por su promotor
y socio de mérito el conde de Toreno.

PRELUDIO

La utilización de las rocas para construcciones u otros usos es tan antigua como la propia humanidad. Los primeros canteros datan del momento cuando el hombre consideró necesario erigir monumentos megalíticos, tanto para templos dedicados a sus divinidades como para lugares de sepultura y, sobre todo, para la habitabilidad.

Como da fe Plinio *el Viejo* en el siglo I, se consideraba de gran importancia en esas arcaicas sociedades destinar algunas litologías con fines ornamentales. En su *Historia Natural* dedica un importante apartado a describir las variedades pétreas empleadas, tributando una especial atención al mármol, del que informa sobre los procesos que se le aplicaban (corte, pulimento, etc.).

Cuando la piedra se destina a la edificación, mediante un simple corte de sierra o un formateo con herramientas sencillas, recibe el nombre de «roca de construcción», pero cuando esta es trabajada buscando una finalidad estética, se denomina «roca ornamental», definida como un material que, una vez extraído de la cantera, ha sido seleccionado, desbastado o cortado con determinada forma o tamaño. En esta segunda tipología se enmarcan la mayoría de los mármoles y calizas marmóreas: los primeros, rocas metamórficas calcáreas muy recristalizadas, y, las segundas, rocas con menor recristalización que pueden conservar estructuras sedimentarias y restos fosilíferos. A veces, los límites entre unos y otros son difíciles de establecer. Las características intrínsecas de una piedra natural vienen dadas por su conformación física y química, ya que esta condiciona la resistencia de la roca y su grado de alterabilidad, peculiaridades que se cuantifican efectuando análisis y realizando ensayos mecánicos normalizados.

El mármol[1] es un tipo petrográfico que, gracias a su composición (calcita y dolomita) y a su ordenación cristalina, ocasionalmente con veteados, una vez pulido muestra unas características que evocan calidez y armonía. En razón a la diversidad de las gamas de color y de texturas que presentan, los mármoles pueden ser muy variados y poseer una belleza, limpieza y pureza que favorecen su uso en decoración, obras de arte y actividad constructiva.

El colosal patrimonio arquitectónico de nuestro país deriva principalmente de la riqueza de sus recursos geológicos. En general, la naturaleza petrológica empleada en las construcciones de un lugar determinado es fiel reflejo, por norma, de la composición del subsuelo cercano donde se enclava. Este hecho favorece la facilidad de explotación de materiales próximos a la obra para evitar el transporte, lo que ayuda a imprimir un entorno de homogeneidad arquitectura-paisaje. En este sentido, no se debe obviar que España es el segundo productor mundial de esta categoría de rocas, superando en más de

---

1 Término que deriva etimológicamente del latín *marmor* y del griego *marmaros*, lo que significa brillar o mostrar luminosidad.

2.500 los nombres comerciales registrados entre calizas, mármoles, granitos, pizarras, alabastro, etc., y acercándose a 250 el número de empresas dedicadas a la extracción de mármol y calizas ornamentales.

DIFERENTES ACEPCIONES DEL MÁRMOL

El concepto de mármol concita cierta confusión. Desde el punto de vista geológico, se refiere a una roca metamórfica, generalmente con textura granoblástica o nematoblástica (véase capítulo 7) formada por más del 50 % de carbonatos (calcita y/o dolomita). Cuando es impuro, contiene otros minerales secundarios, tales como cuarzo, anfíboles y clinopiroxenos cálcicos, epidota, grosularia, olivino, talco, clorita, micas, etc. Sin embargo, el mármol muestra asimismo una derivación comercial en la que entran rocas sedimentarias o metamórficas extraídas en bloque que presenten un tamaño susceptible de ser cortadas en tableros o losetas y que, tras un pulimento, adquieran una vistosidad y un atractivo apreciables.

Norma UNE

La norma UNE 22-180-85[2] define a los mármoles y calizas ornamentales como el conjunto de rocas constituidas fundamentalmente por minerales carbonatados de dureza Mohs del orden de 3-4 (calcita, dolomita, etc.), siempre que puedan obtenerse, mediante discos de diamante, probetas enteras de 12 x 5 x 1 cm como medidas mínimas. De una manera más amplia, «se puede definir el mármol ornamental como cualquier roca de aspecto exterior semejante al mármol que pueda ser extraída en bloque de tamaño comercial y que tras ser cortada en tablas de grosor adecuado tome el pulimento con una vistosidad aceptable».[3]

Siguiendo la mencionada norma UNE, se establecen varias categorías:

Mármoles. Rocas calcáreas, muy recristalizadas con textura formada por grandes cristales de calcita y/o dolomita que han sufrido procesos de metamorfismo. No quedan restos fósiles y a veces la estratificación está difuminada, presentándose la roca con aspecto masivo.

Calizas y dolomías marmóreas. Rocas calcáreas, con recristalización media, o ligera, en la que pueden quedar restos fósiles y se puede apreciar la estratificación, excepto si se trata de dolomías secundarias. Frecuentemente tienen pequeñas venas o zonas de diferente tonalidad, así como concentraciones o diseminaciones de otros minerales.

---

[2] La norma UNE (*Una Norma Española*) son documentos reguladores que forman un conjunto de reglas creadas por Comités Técnicos de Normalización (*CTN*) de la Asociación Española de Normalización (*AENOR*) y que tienen como principal objetivo el garantizar los niveles de seguridad y calidad.

[3] LOMBARDERO BARCELÓ y QUEREDA RODRÍGUEZ-NAVARRO (1992, p. 1.137).

Calizas ornamentales. Rocas mayoritariamente calcáreas con cristales de calcita y/o dolomita de tamaño fino, no recristalizadas o con una recristalización muy ligera, frecuentemente fosilíferas, oolíticas o pisolíticas.

1.I. ELEMENTOS GEOLÓGICOS RELACIONADOS CON EL MÁRMOL

Factores que afectan al afloramiento	Factores que afectan a la roca
Estratificación-buzamiento	Composición litológica
Cambios de potencia y/o facies	Color
Fracturación (fallas, diaclasas)	Textura
Karstificación	Tamaño de grano
Plegamientos	Recristalización
Cabalgamientos	Orientación de los cristales
Metamorfismo	Impurezas
Proximidad a rocas ígneas	Vetas y concreciones

Son varios los aspectos geológicos que caracterizan a un mármol (tabla 1.I)[4], de cuyo análisis se pueden extraer algunas conclusiones prácticas:

La estratificación condiciona, junto a otros factores, el tamaño de bloques a extraer, pudiendo llegar a impedir el beneficio si es muy marcada. La fracturación es quizá el factor más importante ya que, junto al espesor de los estratos, la densidad de la diaclasación restringe en gran medida las dimensiones del bloque que se pretende extraer. Incluso la fisuración puede ser tan fina que llegue a condicionar la facilidad de rotura de placas o losas de reducido espesor (de aquí que un análisis previo de estos dos factores sea determinante para establecer la viabilidad de explotar un yacimiento).

Respecto a las variables que afectan directamente a la roca, comentar que la composición junto con el color, textura y tamaño de cristal influyen en la vistosidad pétrea. En general, las litologías que conjugan más de una coloración suelen ser más vistosas que las que sólo exhiben una y de textura homogénea. Otro rasgo a tener en consideración son las impurezas que contenga dado que, en algunos casos, pueden tener un carácter positivo, ejemplo de la tinción por óxidos de hierro que aportan una tonalidad rosada a los mármoles blancos; no obstante, pueden ser negativas si se presentan formando nódulos. La aparición de vetas y concreciones de calcita pueden aportar vistosidad, aunque a veces suponen una contrariedad al ser un foco de fractura.

---

[4] LOMBARDERO BARCELÓ y QUEREDA RODRÍGUEZ-NAVARRO (*op. cit.*, p. 1.138); REGUEIRO y QUEREDA (1997).

Caracterización petrográfica general de los mármoles

Para caracterizar adecuadamente a un mármol son diversos los aspectos a considerar[5]:

Composición. Se trata, como ya se ha reiterado, de un producto metamórfico cuyos componentes principales son calcita ($CaCO_3$) y dolomita [$CaMg(CO_3)_2$], teniendo como posibles accesorios: cuarzo, pirita, óxidos de hierro, micas y otros varios silicatos. Añadiendo ácido clorhídrico (HCl) se produce una efervescencia de burbujas gaseosas de dióxido de carbono debido a la siguiente reacción química: $CaCO_3 + 2\,HCl \rightarrow CaCl_2 + CO_2 + H_2O$.

Textura. Granoblástica, consistente en un mosaico de cristales más o menos equidimensionales. Suele tener un tamaño de grano de fino (menor de 2 mm) a medio, con bordes de grano rectilíneos o suturados, en ocasiones mostrando delgadas alternancias de distintos grados granulométricos, tanto con distribución paralela como irregular.

Color. Variable, desde blanco, cuando no contiene impurezas, a gris claro, pasando por tonos rosados, amarillentos, grises oscuros o negros, según contenga abundancia de óxidos de hierro o minerales arcillosos. Cuando la roca sedimentaria original o protolito[6] es una caliza con muy pocas impurezas, tras verse afectada por los procesos metamórficos con elevadas temperaturas, adquiere un grado de color blanquecino, por lo general de gran pureza.

Tamaño de cristal. Suele ser tanto mayor cuanto más elevada sea la afectación metamórfica, en razón al grado geotérmico.

Dureza. La posee baja (con un valor de 3-4 en la escala de Mohs) y también reducida solubilidad, lo que favorece su durabilidad a la intemperie.

Densidad. Oscila entre 2,6 y 2,8 g/cm³, variable en función de los componentes de las impurezas de minerales agregados que contenga.

Estudios analíticos. Sobre todo, microscopía de luz transmitida y electrónica de barrido (MEB), que permite definir los aspectos granulométricos y texturales (planos de exfoliación, inclusiones, bandas de deformación, maclas, bordes de grano, etc.), análisis de difracción de rayos X para establecer la composición mineralógica e incluso estudios isotópicos de C y O, y técnicas de cátodoluminiscencia. Estas dos últimas aplicadas ocasionalmente en las valoraciones arqueométricas de algunos mármoles presentes en obras artísticas del Principado.

---

[5] Lapuente Mercadal (1997); Cisneros Cunchillos (1988); Lapuente Mercadal *et al.* (2022).

[6] El término protolito deriva del griego *protos* = primero u originario y *lito* = piedra. Se aplica a la roca de la que deriva una roca metamórfica.

EL MÁRMOL EN EL MUNDO

Esta apreciada roca carbonatada se utiliza principalmente en la construcción, decoración y escultura. En la historia, como objeto de arte masivo, fue utilizada por primera vez en Turquía (Yasemek Gaziantep) por los Hititas hacia los años 1600 a. C. El mármol ha sido empleado en la construcción, total o parcial, de monumentos muy significativos a nivel mundial: Coliseo de Roma (Italia), Panteón de Agripa (Italia), Basílica de San Pedro (Vaticano), Taj Mahal (India), palacio de Versalles (Francia), palacio Real de Madrid (España), Memorial de Lincoln (EE.UU.), Ópera de Sídney (Australia), etc.

1.II. TIPOS DE MÁRMOLES UTILIZADOS EN ESPAÑA

Denominación	Origen	Denominación	Origen
Blanco Macael	Macael (Almería)	Blanco Torino	Grecia
Amarillo Triana	Códar (Almería)	Golden Spider	Grecia
Crema Marfil	Alicante	Blanco Volakas	Grecia
Rojo Alicante	Alicante	Blanco Sivec	Grecia
Negro Marquina	País Vasco	Black Oro	Túnez
Rosa Bierzo	León	Blanco Pirgon	Grecia
Rojo Zar	España	Black Latin	Túnez
Rosa Valencia	Valencia	Rojo Meduse	Turquía
Crema Valencia	Valencia	Nestos Crema	Turquía
Marrón Jurásico	España	Blanco Ibiza	Turquía
Marfil Gold	España	Rosa Primavera	Irán
Blanco Carrara	Carrara (Italia)	Rosa Tropical	Irán
Arabescato Vaglia	Carrara (Italia)	Gris Mola	Irán
Arabescato Corchia	Carrara (Italia)	Crema Picture Stone	India
Blanco Paonazzo	Carrara (Italia)	Marrón radica	India
Carrara Especial	Carrara (Italia)	Radica Green	India
Blanco Apuano	Alpes italianos	Verde Guatemala	India

Denominación	Origen	Denominación	Origen
Blanco Calacatta Viola	N Italia	Atacama Gold	Brasil
Calacatta Fantástico	N Italia	Blanco Ximena	Brasil
Amarillo Siena	Italia	Gris Silverado	Brasil
Blanco Perlino	Italia	Gris Rafaello	Brasil
Brecha Etrusco	Italia	Blanco Urban Claire	—
Brecha Perlato	Italia	Blanco Volakas Extra	—
Amarillo Giallo Siena	Italia	Blanco Volakas Waves	—
Negro Portoro	Italia	Blanco Silver Bay	—
Rosso Fiorentino	Italia	Black Elegant	—
Amarillo Serpeggiante	Italia	Hemarus Grey	—
Blanco Statuario	Italia	Marrón Meteora	—
Blanco Brouille	Italia	Gris Summer Storm	—
Rosa Vigaria	Portugal	Negro Onirico	—
Estremoz	Évora (Portugal)	Blanco Fuji	—
Blanco Thasos	Grecia	Negro Rapsody	—

Los mármoles de venta habitual en España una vez pulidos, sean autóctonos o foráneos, pueden utilizarse sobre todo para aplacado, baño, decoración, imaginería, interior y/o solería. Por otra parte, «sus colores son inagotables, naturales y llenos de preciosas formas y caprichos de la naturaleza. El mármol podremos encontrarlo en todo tipo de acabados como son pulido, envejecido, apomazado o natural. Su procedencia es fundamentalmente mediterránea, a destacar países como España, Italia o Grecia, entre otros» (tabla 1.II).[7]

---

[7] *Marmol Spain* (info@marmolspain.es) es una empresa referente en el mundo de la piedra natural ubicada en Novelda (Alicante).

Figura 1.1. La ciudad de Carrara (región de Toscana) con sus canteras al fondo.

Según opinión generalizada, el más apreciado por su blancura (o con tonalidades azuladas y grisáceas) y no poseer casi vetas, se encuentra en los Alpes Apuanos (Toscana, Italia), se trata de las más famosas canteras del mundo ubicadas en Carrara (figs. 1.1, 1.2 y 1.3). Explotado allí desde hace más de dos mil años, este mármol fue empleado por los griegos y emperadores romanos en sus grandes obras y construcciones, entre las que se halla el emblemático Partenón en Atenas. Artísticamente, pasó a la historia por ser utilizada, entre otros, por el genio del Renacimiento, Miguel Ángel Buonarroti, destacando muy en particular sus icónicas obras La Piedad y El David.

Además de las naciones mencionadas, existen numerosas explotaciones marmóreas de gran relevancia esparcidas por el mundo: Portugal, Francia, China, Egipto, EE.UU., Vietnam o Australia son las más sobresalientes.

FIGURA 1.2. Canteras luciendo el blanco y radiante mármol de Carrara (Internet).

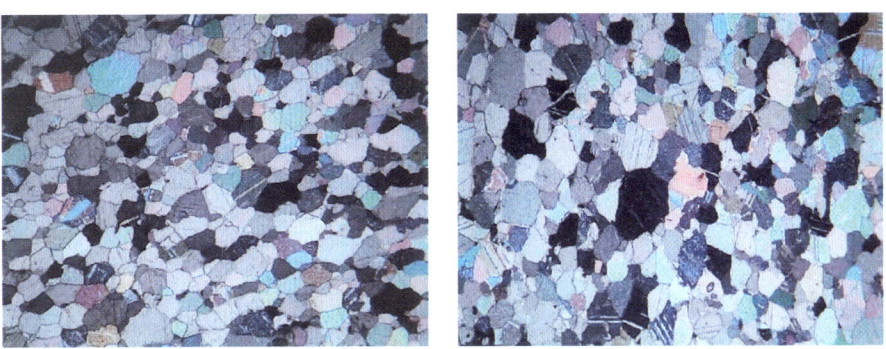

FIGURA 1.3. Aspecto microscópico del mármol de Carrara (aumentos 60x). (RODÁ DE LLANZA *et al.* 2009, p. 4).

EL MÁRMOL EN ESPAÑA

Resulta indudable que nuestro país es un ámbito privilegiado en este recurso geológico, adquiriendo una importante valoración internacional, así como un notable desarrollo comercial dirigido hacia su exportación

En los gráficos subsiguientes se incluyen, además de los datos de producción nacional de las rocas decorativas (tabla 1.III), la evolución del mismo referente al mármol que viene sufriendo un paulatino descenso a lo largo de este siglo, después de unos años de gran brillantez, en los últimos decenios de la centuria precedente (fig. 1.4). También se incluyen los diferentes tipos que existen en nuestro país (tabla I.IV), entre los que sobresalen las de la Zona Bética, en concreto los mármoles ubicados en Almería, que entre los años 2000 y 2020 superaban ya el 30 % de la producción nacional de esta tipología, correspondiendo a dichos materiales carbonatados una cifra media cercana al millón de toneladas.[8]

1.III. PRODUCCIÓN DE ROCAS ORNAMENTALES EN ESPAÑA EN 2020

Producto	Toneladas
Mármol	396.000
Caliza ornamental	563.000
Arenisca ornamental	137.000
Cuarcita ornamental	10.000
Granito ornamental	707.000
Pizarra	1.088.000
Alabastro	6.000
TOTAL	2.907.000

---

[8] LOMBARDERO BARCELÓ y QUEREDA RODRÍGUEZ NAVARRO (*op. cit.*, p. 1.143).

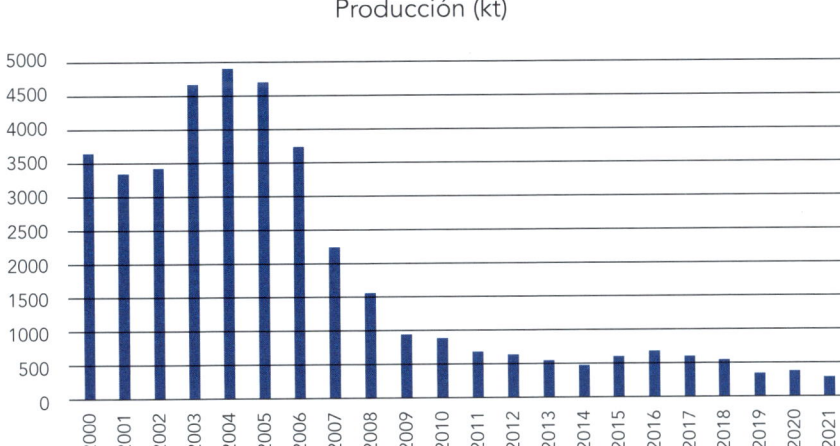

Figura 1.4. Evolución de la producción de mármol en el siglo XXI.

1.IV. Principales yacimientos de mármol en España

Unidad geológica	Nombre comercial	Color	Localidad
Zona Bética	Blanco Macael	Blanco	Macael (Almería)
	Gris Río, Gris Saldado	Gris	
	Anasol	Veteado	
	Blanco Chive	Blanco	Extremo oriental
	Blanco Tranco	Blanco	Sierra Filabres (Almería)
	Blanco Cobdar	Blanco	
Macizo Hespérico	Agua Marina	Blanco	Aroche-Fuenteheridos (Huelva)
	Rosa Fuenteheridos	Blanco rosado	
	Verde Alga	Blanco verdoso	
	Crema Guijuelo	Blanco, crema	Guijuelo (Salamanca)
	Blanco y gris Alconera	Blanco, gris	Alconera (Badajoz)

Los más importantes yacimientos, tanto de mármol como de caliza ornamental, están recogidos en la tabla I.IV y se amplían en la tabla 1.V, indicando también la tonalidad o tonalidades predominantes, motivo que tiende a caracterizar su valoración comercial.

1.V. PRINCIPALES YACIMIENTOS DE CALIZAS Y DOLOMÍAS ORNAMENTALES EN ESPAÑA

Unidad geológica	Nombre comercial	Color	Localidad
Zona Subbética	Rojo Alicante	Rojo con vetas de calcita	Cabarrasa (Alicante)
	Coralito		El Cantón (Murcia)
	Rojo y gris Cehegin		Cehegin (Murcia)
	Rojo Vaquero		Salar (Granada
	Rojo Torcal		Antequera (Málaga)
	Bronceado	Marrón-Verdoso	Sierra Elvira (Granada)
	Beig serpiente	Marrón-Crema	Bullas (Murcia)
	Crema Marfil	Blanco-Crema	Sierra Gorda (Granada)
	Crema Imperial		Sierra Cabra (Córdoba)
Zona Prebética (Eoceno)	Crema Marfil	Blanco-Crema	Coto Pinoso y P. Zafra (Alicante)
Prebético-Ibérico (Liásico-Cretácico)	Emperador	Marrón con calcita Rosa-Crema Cremas	Buñol (Valencia)
	Rosas y Crema Valencia		Barcheta (Valencia)
	Rosas y Crema Buixcaro		Buixcarró (Valencia)
	Jaspe Chert		Chert (Castellón)
	Crema Tortosa		Ulldecona (Tarragona)
Depresión del Ebro (Eoceno)	Gris San Vicente	Gris oscuro	S. Vicente de Castellet (Barcelona)
	Gris Girona		Sta. Coloma de Farners (Gerona)
Cuenca Vasco-Cantábrica (Aptiense-Albiense)	Negro Marquina	Negros, rosas, grises	Marquina (Vizcaya)
	Negro Mañaria		Mañaria (Durango, Vizcaya)
	Rojo Ereño		Ereño (Vizcaya)
	Rojo Erasun		Erasun (Rentería, Guipúzcoa)
	Rosa y Gris Duquesa		Aldaz (Larraún, Navarra)
	Rosa y Gris Deva		Deva (Guipúzcoa)

Mármol en Andalucía

Si una región española ha destacado por sus mármoles, ha sido Andalucía. Esto queda patente en los valiosos estudios que las universidades de Sevilla y Granada han dedicado a los afloramientos de aquella comunidad, en los que se demuestra la importancia que tuvo la provincia Bética (en latín *Baetica*) durante el Imperio Romano, convertida en aquella época en un foco económico de primer orden.[9]

FIGURA 1.5. Victoria alada de Samotracia (Museo de Louvre, París) esculpido con mármol de Paros y busto de Adriano tallado en mármol pentélico (Grecia), con una altura de 82 cm. Museo Arqueológico de Sevilla (CE 00151).

Bética fue una región rica en mármoles, como ya relata la obra de Plinio *el Viejo*, aunque hasta la llegada de los romanos no se empezaron a utilizar estas rocas como elementos arquitectónicos y escultóricos. Seguramente en tiempos de Adriano aprovechando la navegabilidad del río Guadalquivir (antiguo Betis), en *Itálica*[10] se congregó una gran variedad de mármoles en proporciones poco habituales, tanto los de importación (procedentes de las canteras imperiales Paros[11], Luni-Carrara o Monte Pentélico, sin olvidar las del norte de África) como, en menor medida, de origen local (destacando los de Macael, Almadén de la Plata y Mijas) (figs. 1.5, 1.6 y 1.7).[12]

---

[9] RODRÍGUEZ GORDILLO y SÁEZ PÉREZ (2010); BECERRA FERNÁNDEZ (2017); BELTRÁN *et al.* (2018); RODRÍGUEZ GUTIÉRREZ y JIMÉNEZ MADROÑAL (2019).

[10] Itálica es una antigua ciudad romana situada en el actual término municipal de Santiponce (Sevilla). Esta ciudad romana fue fundada en el año 206 a. C.

[11] Se utilizó el mármol de Paros, entre otros, para esculpir la figura femenina de la Victoria alada de Samotracia que se expone en el Museo de Louvre, descubierta en 1863 en el Mar de Egeo y datada hacia el 190 a. C.

[12] BECERRA FERNÁNDEZ (*op. cit.*, p. 168).

FIGURA 1.6. Principales canteras del sur de la Península Ibérica (BECERRA FERNÁNDEZ, 2017, p. 171).

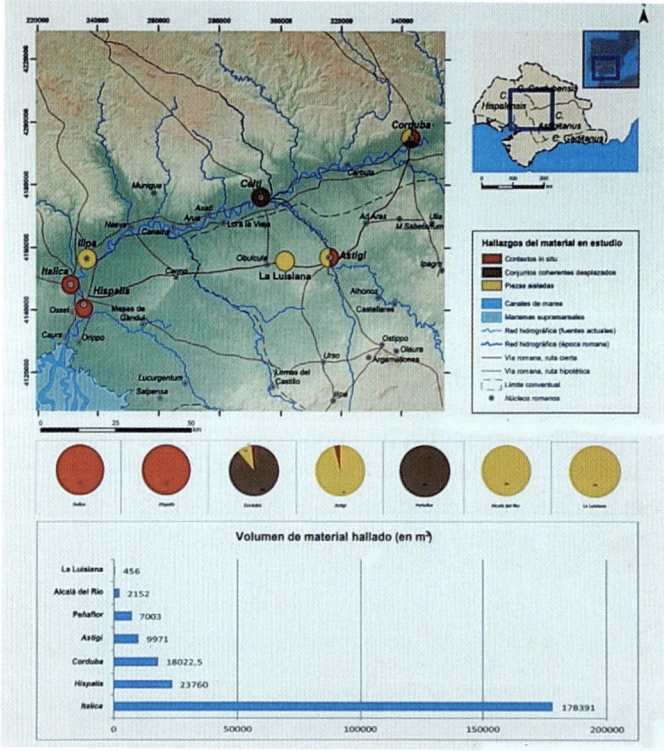

FIGURA 1.7. Mapa de la dispersión de elementos arqueológicos realizados con mármol del Cámbrico Inferior en el valle del Guadalquivir (RODRÍGUEZ GUTIÉRREZ Y JIMÉNEZ MADROÑAL, 2019, p. 257).

Como se puede observar en la tabla 1.VI es muy extensa la relación de mármoles provenientes de otras partes del mundo que las investigaciones arqueológicas han encontrado en Itálica, con un cierto predominio de los procedentes de canteras lusitanas, sobre todo de Estremoz (fig. 1.8).[13]

1.VI. Mármoles hallados en Itálica y sus usos

Marmora y lapides	Arquitectura	Escultura	Marmora y lapides	Arquitectura	Escultura
Africano (Turquía)	X	—	Lumachella Carnina (Port.)	X	—
Alconera (Badajoz)	X	—	Luni-Carrara (Italia)	X	X
Almadén (Ciudad Real)	X	X	Macael (Almería)	X	—
Bianco-Nero Antico (Fran,)	X	—	Mijas (Málaga)	X	X
Breccia Corallina (Turquía)	X	—	Nero Antico (Túnez)	X	—
Breccia Dorata (Italia)	X	—	Occhio di Pavone (Turquía)	X	—
Breccia Quintilina (Italia)	X	—	Palombino (Turquía)	X	—
Breccia di Sciro (Grecia)	X	—	Paros (Grecia)	X	X
Brocatello (Portugal)	X	—	Pavonazzetto (Turquía)	X	—
Buixcarró (Valencia)	X	—	Pentélico (Grecia)	—	X
Cabra (Córdoba)	X	—	Caliza de Peñaflor (Sevilla)	X	—
Castracane (Túnez)	X	—	Portasanta (Grecia)	X	—
Carija (Badajoz)	X	—	Proconnesio (Turquía)	X	—
Cipollino (Grecia)	X	—	Rosso Antico (Grecia)	X	X

---

[13] Becerra Fernández (*op. cit.*, pp. 190 y 191); Carneiro *et al.* (2022)

Marmora y lapides	Arquitectura	Escultura	Marmora y lapides	Arquitectura	Escultura
Cipollino Marino (Italia)	X	—	Rosso Brecciato (Turquía)	X	—
Cipollino Rosso (Málaga)	X	—	Serpentino (Grecia)	X	—
Estremoz (Portugal)	X	X	Torcal Málaga	X	—
Giallo Antico (Túnez)	X	X	Tasos Grecia	—	X
Greco Scritto (Argelia)	X	—	Verde Antico Grecia	X	—

Figura 1.8. Aspecto microscópico del mármol de Estremoz (aumentos 30x) (Rodá de Llanza *et al.* 2009, p. 6).

Macael

Macael —distinguida como la Ciudad del Oro Blanco— es una localidad situada en la comarca del Valle de la Almanzora, 57 km al norte de Almería. En su ámbito meridional se halla el yacimiento de mármol más importante de España, considerado como la mayor cantera del mundo de este producto rocoso (fig. 1.9).

El uso de este mármol, conocido desde el tiempo de los Fenicios, se remonta a más de 4.000 años, ocupando una superficie de 163.000 m^2; su fama es debida a la pureza del color blanco que presenta, aunque también posee variedades grises y amarillas. En España ha sido empleado ya desde el siglo I a. C. en numerosas obras y construcciones, tanto en exteriores como en interiores; por ejemplo, en Itálica (Sevilla), en el palacio de Medina Azahara (Córdoba), patio de los Leones de la Alhambra de Granada, palacio de Carlos V, monasterio de El Escorial, Palacio Real de Madrid, y Congreso de los Diputados, amén de en cantidad de iglesias y palacios repartidos por todo el país.

FIGURA 1.9. Diferentes aspectos de las canteras de Macael (Internet).

Asimismo, se ha utilizado en construcciones de otros países, como el hotel Burj Al Arab (Golfo Pérsico), palacio presidencial de verano de Rusia, hotel Crown Plaza en Indonesia, la biblioteca central de Kansas, el centro comercial Euroma de Roma, etc.

Desde un punto de vista geológico, los mármoles de Macael se encuentran en el complejo metamórfico Nevado-Filábride, dentro de la denominada *Formación Las Casas*, ubicándose los aprovechables, con una potencia media de unos 40 m, en la secuencia litológica inferior.

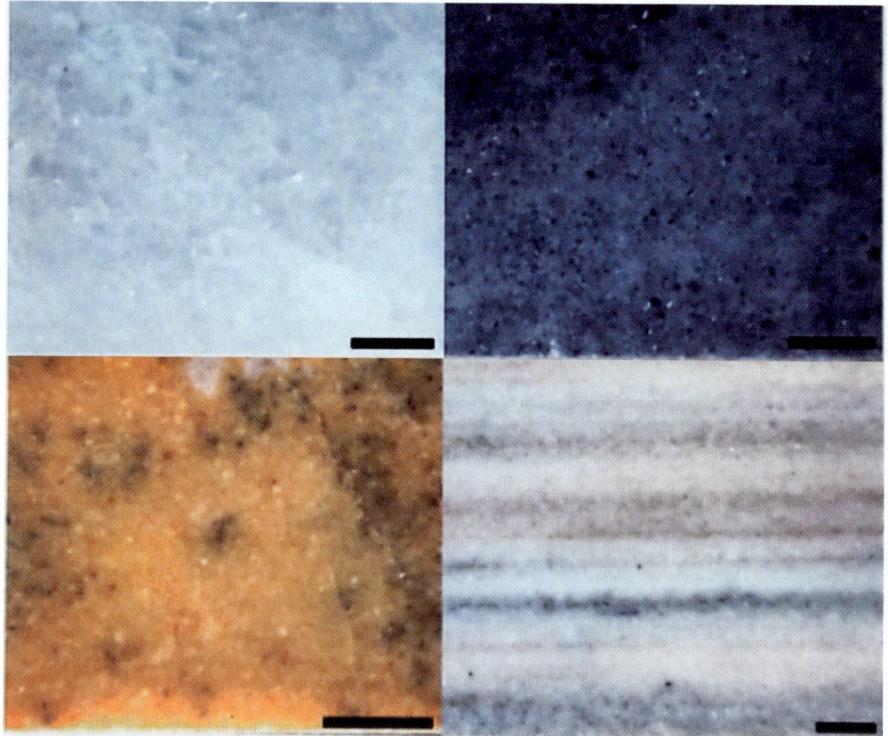

Figura 1.10. Aspecto macroscópico de muestras pulidas del mármol de Macael. De izquierda a derecha y de arriba abajo: Blanco, Gris, Amarillo y Anasol (Navarro *et al.*, 2017, p. 354). Barra de escala = 1 cm.

Manifiestan dos tipos de mineralogías: calcíticas y dolomíticas. Al primer grupo pertenecen las variedades conocidas como «Blanco Macael» (un mármol purísimo), «Gris Macael» (de tonos ligeramente azulados) y «Anasol»; y al segundo el «Amarillo Macael» (fig. 1.10).[14]

Los análisis por difractometría de rayos X demuestran que la variedad conocida como «Blanco Río» contiene un 99 % de calcita, junto con micas o apatito. Igualmente, la «Gris» presenta junto a la calcita un ligero porcentaje de micas y plagioclasas. En la variedad «Amarillo», domina la dolomita seguida por calcita. Por último, en la «Anasol», que es un mármol cipolínico (fig. 1.11)[15], además de calcita aparecen anfíboles (enstatita) o micas (flogopita).[16]

---

[14] Navarro *et al.* (2017).

[15] Se entiende por mármol cipolínico, una variedad usada por los antiguos griegos y romanos, caracterizado por una base verdiblanca y onduladas vetas verdes, que se obtenía en la isla griega de Eubea. Un mármol similar se extraía en las minas de Anasol (Almería).

[16] Navarro *et al.* (*op. cit.*, p. 354).

FIGURA 1.11. Ejemplo de mármol cipolino en una columna de la Basílica de Majencio en Roma.

La fig. 1.12 muestra el aspecto de cuatro muestras bajo el microscopio petrográfico con luz polarizada, con la clásica textura granoblástica en todas las variedades. En los tipos «Blanco» y «Gris» los contactos de los cristales son intergranulares rectos y con frecuentes maclas, con un tamaño de grano de la calcita entre 1,20 y 2,20 mm. El «Anasol» se caracteriza por contactos rectos y asiduo maclado, con un tamaño de los cristales de calcita comprendido entre 1,00 y 1,90 mm. Por último, en la variedad «Amarillo» los contactos intergranulares son irregulares y no se observa maclado; la dimensión de los cristales es muy inferior (0,17-0,25 mm), exhibiendo además vetas de calcita.

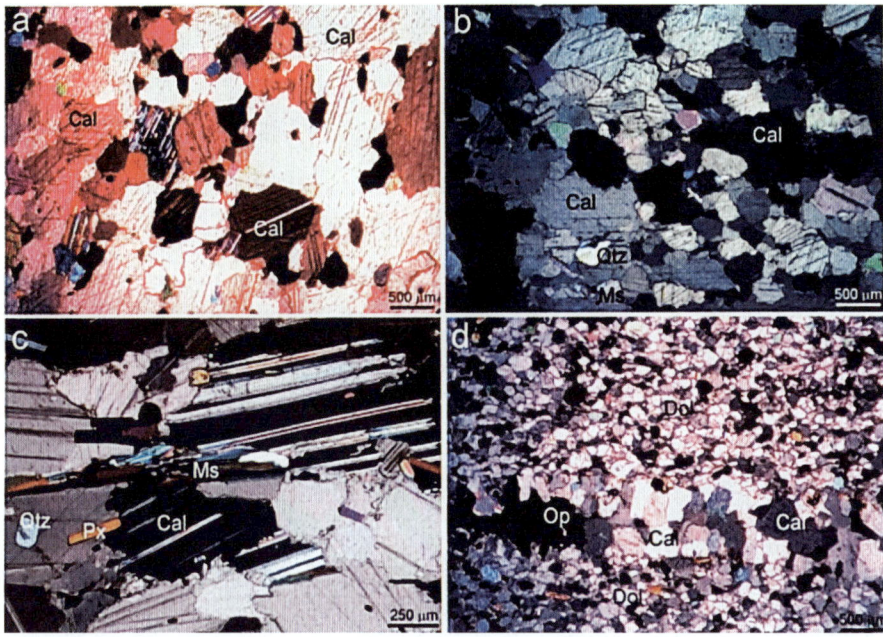

Figura 1.12. Láminas delgadas del mármol de las canteras de Macael. De izquierda a derecha y de arriba abajo: Blanco Macael Río, Gris Macael, Anasol y Amarillo Macael Río (dolomítico). Leyenda: Cal = calcita; Dol = dolomita; Ms = moscovita; Op = opacos; Px = piroxeno; Qtz = cuarzo (Navarro *et al.*, 2017, p. 356).

Almadén de la Plata

Se trata de un extenso yacimiento emplazado en el sector septentrional de la actual provincia de Sevilla, a unos 70 km al norte de la capital, en pleno Parque Natural de Sierra Morena, donde ya se beneficiaron sus mármoles desde la época romana (figs. 1.13 y 1.14). La bibliografía histórico-arqueológica de las últimas décadas incluye amplias referencias a las diversas canteras de esta zona, repartidas entre el Cerro de los Covachos al oeste y la Loma de los Castillejos a oriente.[17]

---

[17] Taylor (2015); Beltrán Fortes (2022).

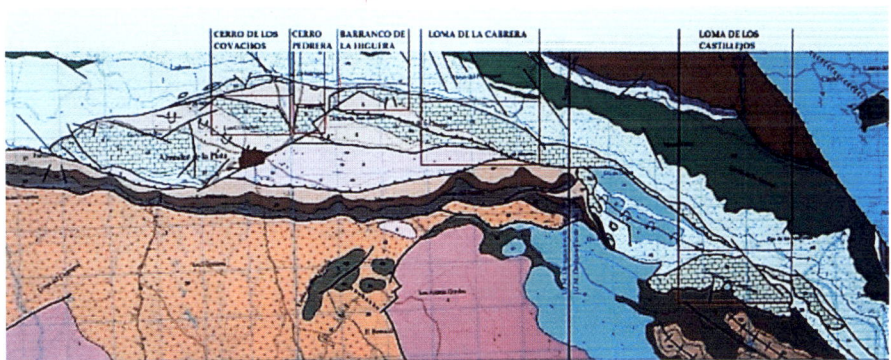

FIGURA 1.13. Ubicación de las zonas con mejores mármoles en Almadén de la Plata (TAYLOR, 2015, pp. 17 y 311).

FIGURA 1.14. Antigua explotación en Almadén (TAYLOR, *op. cit.*, p. 322).

Se trata de mármoles calcíticos, sin o con dolomita como constituyente menor. Presentan diversas tipologías de coloraciones: blanco-amarillenta con vetas rosáceas, gris, gris bandeada y rosa.

Muestra dos variedades: «Rosso antico» y «Africano». Las fábricas microscópicas varían desde el tipo en mosaico o poligonal incipiente, granoblástica u orientada, hasta en mortero (fig. 1.15).

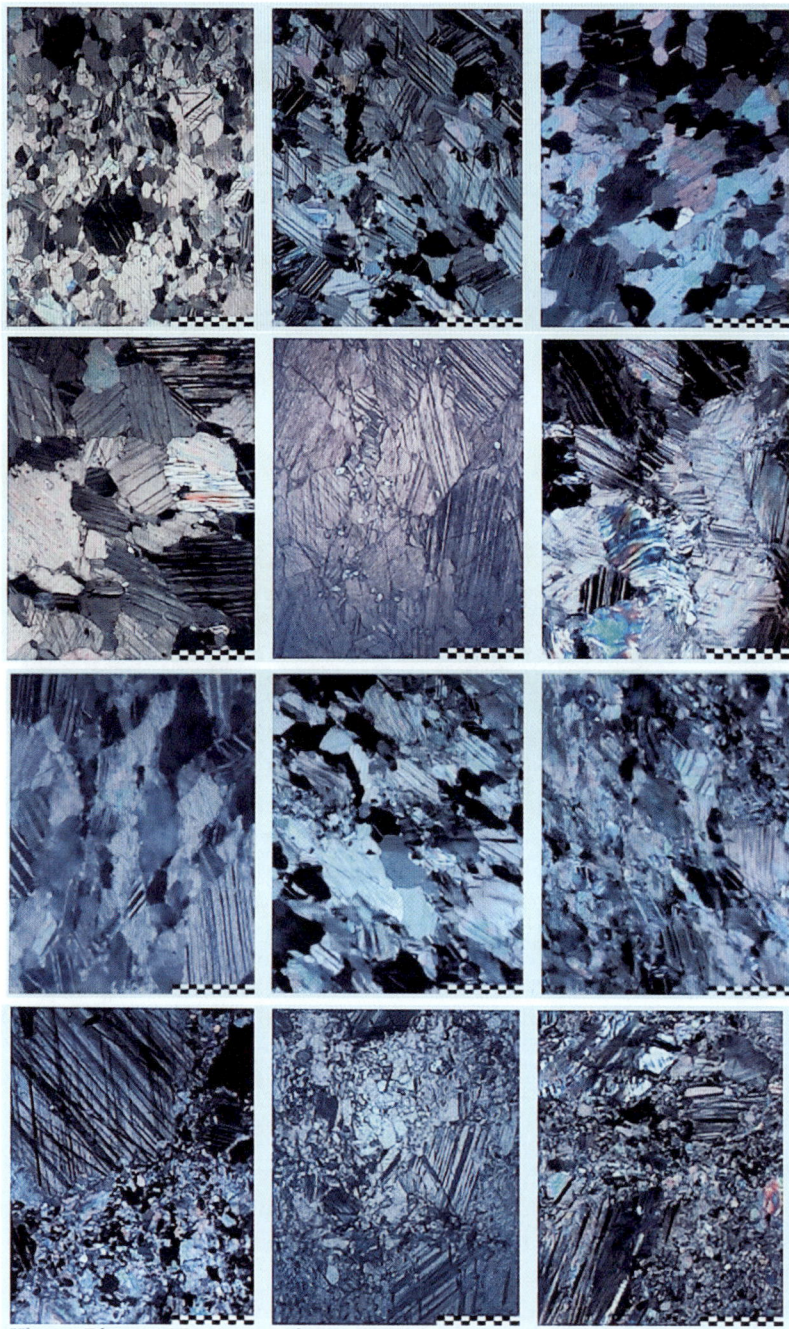

FIGURA 1.15. Aspecto microscópico de los mármoles de Almadén de la Plata. Filas de arriba abajo: 1. Fábricas en mosaico o poligonal incipiente; 2. Fábricas granoblásticas; 3. Fábricas orientadas; 4. Fábricas en mortero (TAYLOR, *op. cit.*, pp. 416-419).

Mijas

En los alrededores de Mijas (Málaga), en la sierra homónima paralela a la Costa del Sol, se beneficiaron menas minerales (fundamentalmente de Ag, Pb y Fe) y mármoles ya desde la antigüedad romana, como atestigua el hallazgo de piezas arquitectónicas, escultóricas y epigráficas esculpidas con el mármol blanco que allí se explotaba. Los elementos consignados consisten en capiteles, basas de columnas, figuras masculinas y lápidas, datadas entre los siglos I a. C y II d. C.

FIGURA 1.16. Canteras de mármol en el entorno de la Sierra de Mijas.

Se emplearon mármoles de Mijas en iglesias y conventos de la capital malagueña, también en construcciones de Cádiz, Sanlúcar o Sevilla.

Se trata de litologías con colores blancos o blanco-azulados y de tonos grisáceos, localizadas en varios yacimientos (fig. 1.16): Ardalejos (en Alhaurín el Grande), Arroyo de las Zorreras y El Almendral (Alhaurín de la Torre), La Albuquería y Loma del Algarrobo (Coín), El Puerto, San Antonio y Osunilla (Mijas), así como Cerro de Juan Pérez (Monda).

El mármol blanco de la sierra de Mijas ya fue utilizado en la época de la dominación romana que lo denominaban «mármor», con una amplia perspectiva petrológica, incluyendo en el término, además del mármol *stricto sensu*, calizas, alabastros, granitos, etc. Con la interrupción habida durante la época medieval, su comercialización y uso está atestiguado documentalmente desde el siglo XVI y perduró hasta nuestros días.

En general, se constata una textura granoblástica poligonal, ocasionalmente orientada, con contactos intercristalinos de carácter recto y neto —a veces difusos y suturados—, formados a base de calcita recristalizada con tamaños que oscilan entre 0,05 y 2 mm. Accesoriamente, aparecen pirita, óxidos de hierro, cuarzo y micas tipo flogopita. El mármol de Monda, en la comarca de la Sierra de las Nieves, presenta bandeados de blanco y blanco-grisáceo, textura granoblástica poligonal y cristales de mayor tamaño (entre 0,1 y 2,75 mm).[18]

Aroche-Fuenteheridos

En la provincia de Huelva, se encuentran venas marmóreas de notable interés, en particular en el municipio de Aroche-Fuenteheridos, en la Sierra de Aracena y Picos de Aroche (fig. 1.17). El mejor ejemplo lo constituye la cantera Cerro Blanco de Fuenteheridos.

Esta roca sirvió para construir, entre otros, la columna del Descubrimiento que se halla en la Rábida, las columnas de los edificios de la Plaza de España en Sevilla o las losas de la escalera principal del Banco de España en Madrid.

Los mármoles de Fuenteheridos (con una coloración blanca, gris clara y blanca con vetas rojizas) son ricos en calcita y minerales de la arcilla; las variedades grises contienen dolomita y grafito. Son petrografías de grano fino con una dominante textura equigranular granoblástica (figs. 1.18 y 1.19).[19]

---

[18] BELTRÁN FORTES y LOZA AZUAGA (2003, pp. 26-29); LOZA AZUAGA y BELTRÁN FORTES (1990).

[19] ESPINOSA *et al.* (2002).

FIGURA 1.17. Cantera de mármol de Aroche, en la Sierra de Aracena (Huelva).

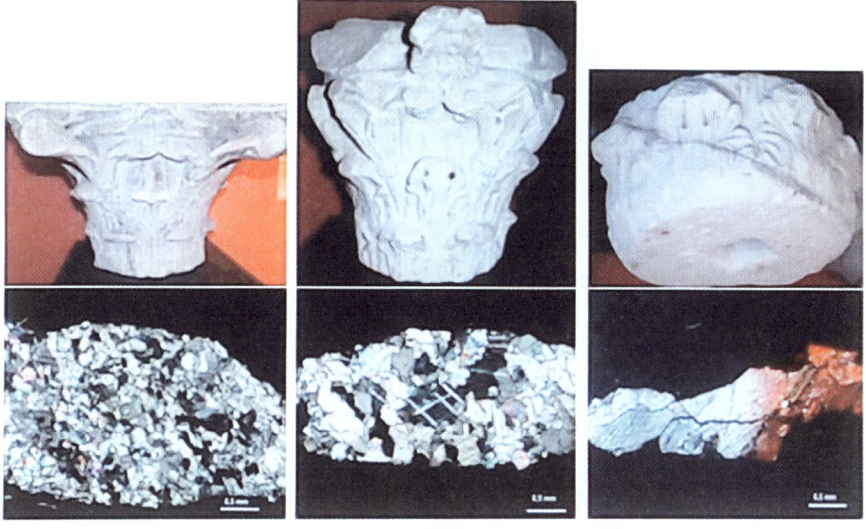

FIGURA 1.18. Capiteles corintios con mármol recuperados de Aroche y su aspecto en lámina delgada bajo el microscopio (BELTRÁN *et al.*, 2018, p. 124).

Tipo	Microscopía óptica
Blanco grueso Granoblásticas	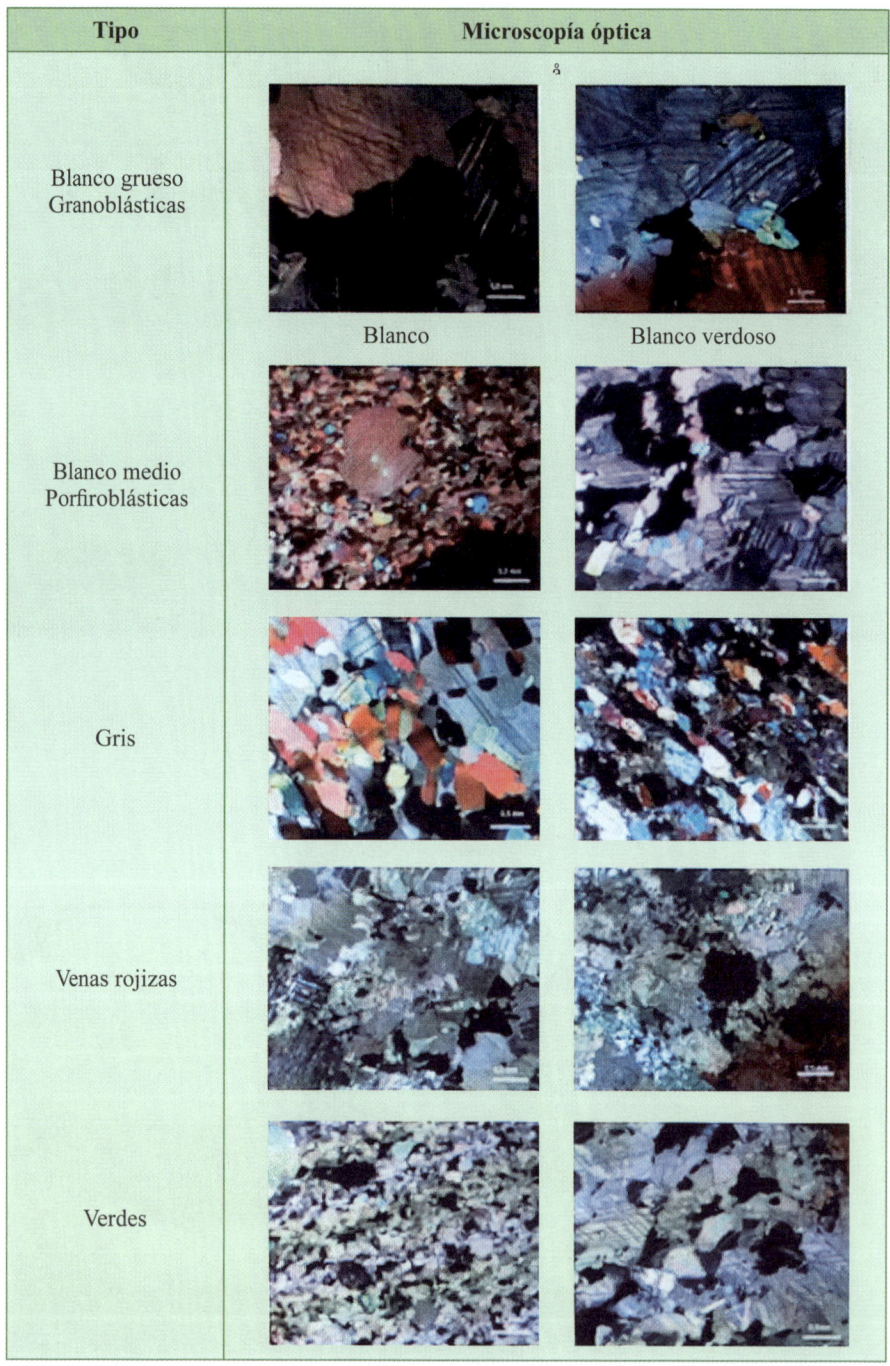
Blanco medio Porfiroblásticas	
Gris	
Venas rojizas	
Verdes	

FIGURA 1.19. Mármoles de Aroche con observación microscópica de luz polarizada (BELTRÁN *et al.*, *op. cit.*, p. 121).

Cabra

En las inmediaciones de esta población situada al sur de la provincia de Córdoba, en un término municipal considerado como la puerta al parque natural de las Sierras Subbéticas. El tesoro arqueológico allí hallado lo constituye una escultura de mármol conocida como el «Mitra de Cabra» (datada del siglo II d. C.), la única de bulto redondo del dios solar matando a un toro (tauroctonía) —lo que indica la presencia del mitraísmo[20] en la historia romana— encontrada en la Península Ibérica (fig. 1.20).

Figura 1.20. Mitra de Cabra, de 93 cm de altura. Esta tauroctonía es de la mayor calidad, junto con las del Vaticano y del Museo Británico (Museo Arqueológico de Córdoba).

En los protocolos notariales del municipio de Cabra abundan documentos probatorios de la abundancia de canteras de mármoles locales. Se encuentran escrituras originales que demuestran la explotación de rocas carbonatadas en esta localidad a mediados del siglo XVI.[21]

---

[20] El mitraísmo fue un culto religioso del Imperio Romano al dios solar Mitra. Se trata de una religión mistérica que precisa de un periodo de iniciación.

21 Moreno Hurtado (2003).

Entre las explotaciones históricas es destacable la de La Losilla, descubierta a principios del siglo XVII, de la que se extraía el conocido mármol «Rojo de Cabra», un tipo de caliza nodulosa, arriñonada y rica en fósiles de ammonites (fig. 1.21). En la construcción de Medina Azahara, por el califa Abderramán III, se emplearon mármoles de estos lugares.

El material extraído se utilizó asimismo para el retablo mayor de la catedral de Córdoba y en las Cartujas de Granada y del Paular de Madrid.

FIGURA 1.21. Cantera de mármol en Cabra (Córdoba).

Mármol en Castilla y León

En la región de León se localizan varios afloramientos de caliza ornamental y alguno de mármol.

San Fiz do Seo

El yacimiento marmóreo más importante del lugar se localiza en el noroeste de Villafranca del Bierzo, sobre todo en San Fiz do Seo, en proximidad al río Barjas (fig. 1.22). Está vinculado con niveles verticalizados de la *Formación Vegadeo* (Cámbrico Inferior) compuestos por mármoles de brillo nacarado y colores salmón, verdoso, blanco y gris que lajan con facilidad (fig. 1.23). Posee bellas cristalizaciones de carbonato cálcico, por lo que se la conoce como la «catedral de las calcitas». Sus nombres comerciales son: «Rosa Bierzo», «Rosa San Fiz» o «Rosa Suamen».

FIGURA 1.22. Cantera de mármol de San Fiz do Seo (León).

Al tratarse de un mármol tableado, no es posible obtener grandes bloques, dado que las losas presentan en su mayoría reducido espesor. El producto se emplea en pavimentados de plazas e interiores, en recubrimientos de fachadas, zócalos y otros usos similares, a los que habría que añadir ciertos elementos de ornamentación.[22] La fachada del edificio principal de las Consejerías del Principado de Asturias y su entorno (Centro Cívico Comercial) utilizaron materiales de esta zona.

Junto al mármol berciano son numerosos los tipos de calizas que se utilizan como rocas ornamentales en esta región ya desde la antigüedad, dado que muestran buenas cualidades para la construcción y la talla, dada su facilidad al corte (tabla I.VII).[23]

Figura 1.23. Dos tonalidades del mármol del Bierzo.

[22] García de los Ríos Cobo y Báez Mezquita (1994, p. 188).

[23] García de los Ríos Cobo y Báez Mezquita (op. cit., p. 27).

1.VII. Calizas ornamentales de Castilla y León

Denominación	Ubicación	Características
Piedra de Campaspero	Valladolid	Caliza blanco-grisácea, muy compacta (Pontiense)
Roca Sepúlveda	Boñar (León)	Dolomía de grano fino ocre (Campaniense)
Piedra de Hontoria	Hontoria (Burgos)	Caliza blanca marfileña (Cretácico Superior)
Piedra del Parral	Zamarramala (Segovia)	Caliza amarillenta (Cretácico Superior)
Piedra Lajosa Roja	Oseja de Sajambre (León)	Caliza Griotte (Carbonífero Inferior)
Piedra Lajosa Gris	Villamanín (León)	Caliza grisácea (Carbonífero Inferior)
Piedra de Ungo-Nava	Vivanco de Mena (Burgos)	Caliza de color gris fosilífera (Cretácico)
Piedra de Ágreda	Ágreda (Soria)	Caliza de carácter rugoso, color ocre y gris
Caliza Blanca de Escalada	Quintanilla (Burgos)	Similar a la de Hontoria (Cretácico Superior)
Caliza de Bernuy	Bernuy de Porreros (Segovia)	Tonos crema-amarillento
Caliza de Caleruega	Caleruega (Burgos)	Similar a la de Campaspero
Caliza de Aguilar	Aguilar de Campoo (Palencia)	Tonalidad gris (Jurásico)
San Fiz do Seo	Villafranca de Bierzo (León)	Mármoles de brillo nacarado (Cámbrico Inferior)
Caliza de Baleas	La Pola de Gordón (León)	«Caliza Griotte» (Carbonífero Inferior)
El Corollo	Nocedo de Gordón	«Caliza Griotte» (Carbonífero Inferior)
Casafranca	Guijuelo (Salamanca)	Mármoles variados

Casafranca

La cantera de Casafranca (Guijuelo, Salamanca), próxima al Pico de Monreal, constituye un afloramiento calcáreo metamorfizado por la proximidad del batolito de Los Santos, donde se explota el granito. En este contexto geológico se extraía, además de wolframio, una caliza marmórea de colores verde («Mármol Verde Monreal») y crema («Crema Guijuelo) (fig. 1.24).

FIGURA 1.24. Canteras de Casafranca (Salamanca).

En este ámbito carbonatado se encuentra una explotación, con una longitud del orden de unos 100-150 m y con un pozo de 8 m, que exhibe frecuentes manifestaciones kársticas (espeleotemas, coladas, gours).

Campaspero

La cantera situada en Campaspero (Valladolid) se utilizó en muchos monumentos medievales y renacentistas de las provincias de Valladolid y Segovia, destacando el material por su reluciente color blanco (figs. 1.25 y 1.26). Sobresale la utilización de la caliza campasperana en edificios pucelanos (castillo de Peñafiel, Catedral, fachada de la Universidad, iglesia de San Pablo) o el castillo de Cuéllar (Segovia).

FIGURA 1.25. Canteras de Campaspero (Valladolid).

FIGURA 1.26. Diferentes tipologías de la caliza marmórea de Campaspero. De arriba abajo y de izquierda a derecha: corte de sierra, apomazado, apiconado y envejecido.

Mármol en Galicia

El municipio lucense de O Incio es conocido, desde el punto de vista minero, por sus yacimientos de hierro y por sus canteras de mármol ubicadas en las formaciones cámbricas de Vegadeo y Cándana. Se trata de un remoto paraje de la comarca de Sarriá situado entre el valle de Lemos y la sierra del Courel. En este entorno se localizan antiguos minados (Hospital, Pacios, Santa Cristina, Cadamonte o La Perla); principalmente, los dos primeros, por su cercanía, abastecieron a la única iglesia románica construida en España con mármol.

Las calizas marmóreas de O Incio son las más famosas de Galicia y cuando se encuentran en la Comunidad piezas arqueológicas —unas 170 del período romano— elaboradas con esta roca se presume que muchas de ellas proceden de allí. En este sentido, cabe citar el Crismón de Quiroga, en la iglesia de la parroquia de A Ermida, símbolo de Cristo y emblema de victoria, que se conserva en la catedral de Lugo; aunque aún no está demostrado, los arqueólogos sospechan que el mármol con que está hecho procede de O Incio.

El estudio de este tipo litológico en la provincia de Lugo constituye un objetivo preferente de arqueólogos y otros investigadores, realizándose detallados estudios petrográficos, cátodolumuniscencia, espectrometría de masas de los isótopos estables del carbono y del oxígeno o difracción de rayos X.[24] En las explotaciones de este ámbito aparecen variedades marmóreas de aspecto significativamente semejante a ciertas variedades de las que se hallan en Estremoz.

Se han podido diferenciar tres variedades principales en el mármol o caliza marmórea de O Incio:

1. Mármol blanco de grano fino acompañado de unas finas venas anaranjadas que ocasionalmente presentan bandas características grises.
2. Mármol bandeado poco cristalino o caliza marmórea, con finas bandas blancas y grises de tono variable, grano fino. Es la variedad más abundante.
3. La variedad gris se corresponde con una caliza cristalina con láminas grises de diferente tonalidad.[25]

El ejemplo más significativo de utilización de este material es la iglesia románica de San Pedro Fiz, ubicada en la pequeña aldea de Hospital (O Incio, Lugo), y considerada como la única en sus paredes exteriores toda ella de mármol en España, utilizando el componente rocoso extraído en las canteras de su entorno (fig. 1.27).

FIGURA 1.27. Iglesia románica de San Pedro Fiz en la parroquia de Hospital de O Incio (Internet).

---

[24] GUTIÉRREZ GARCÍA *et al.* (2016); SAVIN *et al.* (2017).

[25] Según figura en un póster titulado "El mármol de O Incio: proyecto de caracterización y estudio de la explotación y uso de un mármor local en la Galicia romana" firmado por los arqueólogos SILVIA GONZÁLEZ SOUTELO, ANNA GUTIÉRREZ GARCÍA y HERNANDO ROYO PLUMED.

El edificio fue creado a finales del siglo XII sobre un templo anterior utilizando mármol de su entorno. Los responsables de la edificación fueron monjes de la orden templaria de San Juan de Jerusalén o de Malta, cuya simbólica cruz cuadrada de ocho puntas figura en el tímpano adintelado de la entrada y decora varios rincones del monumento. El santuario fue utilizado como hospedería y hospital, acogiendo a los peregrinos en esta variante del Camino de Santiago.

FIGURA 1.28. Majestuosa portada de la iglesia de San Pedro Fiz, luciendo el mármol con cierta dominancia gris-azulada extraído de O Incio (Pacios y Hospital).

La arcada principal está compuesta por cuatro arquivoltas de medio punto con sus ocho fustes coronados por capiteles sencillos con una decoración de tipo vegetal y la citada Cruz de Malta (fig. 1.28).

Durante el siglo XVI, el templo fue adquirido por la familia Quiroga para ser usado como panteón. En el interior se puede apreciar un arcosolio en mármol con el sepulcro de fray Álvaro de Quiroga. El templo ha sido declarado Monumento Nacional y Bien de Interés Cultural en 1981.

Calizas marmóreas en el País Vasco

La mayoría corresponden a calizas arrecifales y/o pararrecifales del Cretácico, junto con algunas del Eoceno. Se distribuyen por las provincias de Vizcaya y Guipúzcoa.

Marquina

En la zona vizcaína de Marquina-Jeméin y de Aulestia son diversas las canteras existentes, aunque se desconoce la denominación de algunas. En el término municipal de Aulestia se localizan las de Santa Eufemia, Marnemar e Ingemar, y en terrenos de Marquina-Jeméin las de Meabe, Leconitz, Otaolaburu, Ugartetxe, Olaxpe, Mallegara y la de Arizmendi.[26]

FIGURA 1.29. Aspecto típico del Negro Marquina Pulido.

---

[26] PEREDA GARCÍA (2004, pp. 735 y 736).

De estas explotaciones se extrae, o benefició, el tipo comercial denominado mármol «Negro Marquina», un material clásico conocido a nivel mundial.
En realidad, se trata de una caliza de grano muy fino, compacta y recristalizada, con un fondo negro y abundantes vetas de calcita blanca, que contiene
restos fósiles (figs. 1.29 y 1.30). Además, existe otra variedad con más vetas
de calcita blanca conocida como «Marquina Florido».

Las principales canteras, en número de tres, extraen una importante caliza ornamental perfectamente escuadrada y con dimensiones comerciales (las
más habituales son 250 x 150 x 120 cm). El corte de los bloques se realiza con
hilo diamantado de bancadas de unos 12 m de largo y 3 de altura.

FIGURA 1.30. Cantera de Marquina, de la que se extrae caliza marmórea de tono negro (Internet).

Con las características expresadas en la tabla 1.VIII este material se usa principalmente para interiores, aunque en ocasiones también en exteriores. El pulido y apomazado son los acabados más empleados en pavimentos de interior, suelos, paredes, escaleras, mostradores y lavabos, mientras que el abujardado es el habitual en los exteriores, muros de piedra seca y en fachadas.

1.VIII. Características técnicas del «Negro Marquina»

Propiedad	Valor
Densidad	2,69 g/cm³
Absorción	0,17 %
Porosidad	0,2-0,47 %
Resistencia mecánica a la compresión	629 kg/cm²
Resistencia mecánica a la flexión	14,4-13,33 Mpa
Resistencia al desgaste	2,90 mm
Resistencia al impacto	30 cm
Microdureza al impacto	1.333,33 Mpa
Resistencia a la abrasión	19,8-21,5 mm
Variación módulos de elasticidad después de la heladicidad	8,2 %

Mañaria

En la comarca del Duranguesado, la roca calcárea extraída en Mañaria (Vizcaya) es de tonalidad pardo-negruzco con vetas y manchas blancas y solía comercializarse como «Gris Mañaria».

Las canteras de Mañaria, hoy sin explotar, se sitúan en una pequeña cresta cercana al centro municipal y están distribuidas en varias alturas. La tradición oral identifica a la de Iturrieta con una de la que en el siglo XVIII se extrajeron columnas para la capilla de Palacio Real de Madrid.

En época más reciente está documentada su explotación entre 1942 y 1976. La extracción se llevaba a cabo mediante aserrado con hilo helicoidal guiado por poleas, una de ellas motriz.

Ereño

Entre los municipios bilbaínos de Ereño y Gautégiz de Arteaga se localizan una serie de antiguas canteras carbonatadas con nombres tales como: Atzarraga, Atxoste, «Gorri», Lucas I y Lucas II. En la actualidad no se beneficia ninguna.

FIGURA 1.31. Cantera de Ereño (Vizcaya).

La más importante de donde procede la caliza conocida como «Rojo Ereño» o también «Rojo Bilbao» es la de Atzarraga y ha sido declarada Patrimonio Histórico de Vizcaya. Corresponde a una caliza micrítica arrecifal de tonalidad rojiza constituida por fósiles de corales, moluscos bivalvos extintos (rudistas) y otros organismos marinos del Cretácico Inferior. El interés atractivo de su color viene dado por los óxidos de hierro que la tiñen de rojo (figs. 1.31 y 1.32).

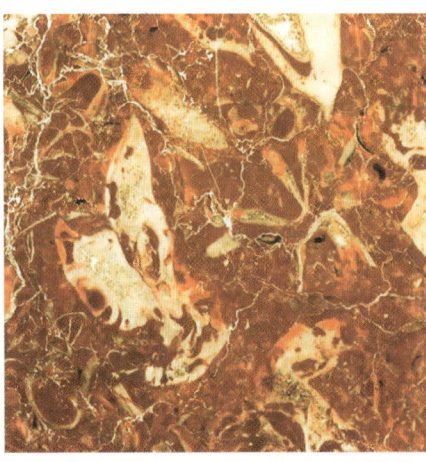
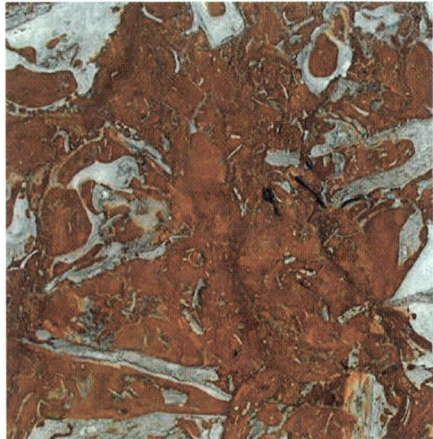

FIGURA 1.32. Dos imágenes de la caliza marmórea de Ereño.

Fueron los romanos los que comenzaron la explotación de estos afloramientos rocosos; de hecho, en una cueva se hallaron restos de la época bajoimperial (siglos IV-V d. C.), y su actividad continuó hasta 1989 quedando desde entonces en desuso. Se cuenta que hacia mediados del siglo XIX se beneficiaban sin ningún tipo de control.

En la primera época la piedra «Rojo Ereño» fue empleada como soporte epigráfico (aras y estelas) y como elemento decorativo romano. En períodos más modernos se ha utilizado en iglesias (retablos, pilas bautismales), luciendo asimismo en el castillo de Arteaga, en el teatro Arriaga o la Sociedad Bilbaína de Bilbao. También se destinó a la arquitectura religiosa y popular de la comarca.

Deva

Se trata de calizas compactas de color gris con ligeros tonos rosáceos, de edad Aptiense. Durante siglos, la extracción y el trabajo de la piedra supuso el modo de vida de muchas gentes de este municipio guipuzcoano.

Han sido varias las canteras en Deva que a lo largo de la historia han suministrado este material: San Nicolás, Urkulu, Gaztelu, Duquesa, Goltzibar o Istiña. La roca extraída ha logrado tal popularidad que esta población dio nombre a una de las calizas marmóreas más conocidas: la variedad comercial denominada «Gris Deva» de Azpeitia (fig. 1.33 y tabla 1.IX). A este reconocido tipo hay que añadir los denominados «Gris Duquesa» y «Rosa Duquesa» (fig. 1.34).

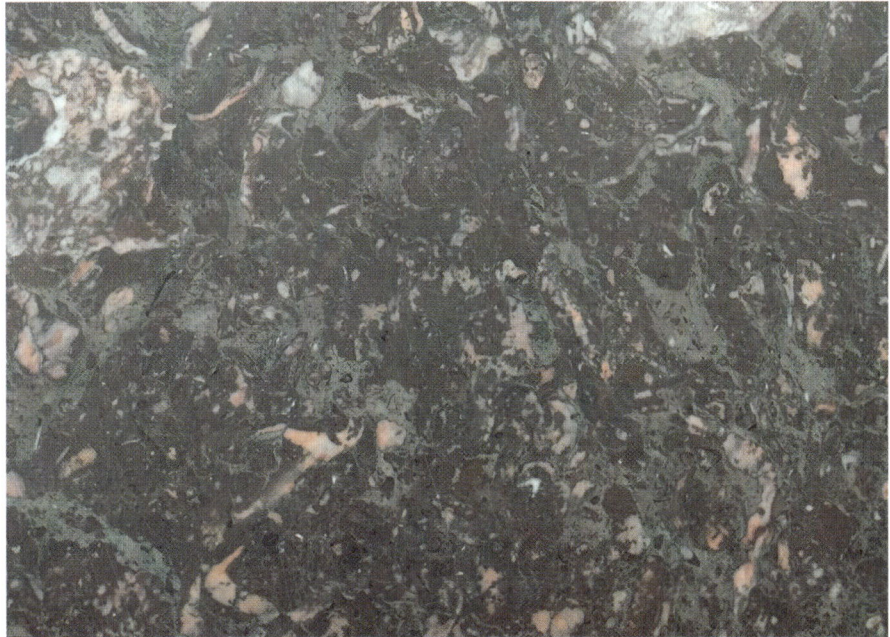

Figura 1.33. Caliza marmórea Gris Deva con núcleos rosados

1.IX. Características técnicas del «Gris Deva»

Propiedad	Valor
Densidad aparente	2,71 g/cm^3
Absorción de agua	0,1 %
Porosidad abierta	0,2 %
Resistencia mecánica a la compresión	112 MPa
Resistencia mecánica a la flexión	16 MPa
Resistencia a la abrasión	19 mm
Variación módulos de elasticidad después de la heladicidad	11,4 MPa
Resistencia a la cristalización de sales	0,06 %

Figura 1.34. Explotación Duquesa-Urkulu en Deva (Guipúzcoa), produce los tipos denominados «Gris Deva» y «Gris Duquesa» (Internet).

Calizas marmóreas en Cataluña

Aunque con una industria ornamental menos importante que las referidas previamente, en Cataluña existen canteras con litología marmórea de cierto interés. Nada más instructivo que fijarse en las principales ciudades del extensivo uso de una gran variedad de piedras naturales en todo tipo de aplicaciones, ya sea de revestimiento de fachadas, interiores o plazas públicas. La industria extractiva se ubica en cuatro áreas preferentes: Ulldecona (Tarragona), Vinaixa (Lérida), San Vicente de Castellet (Barcelona) y Santa Coloma (Gerona).

Ulldecona

Igualmente, conocida como la «piedra de Cenia» es una caliza que ofrece diferentes tonalidades, dominando la azul y la crema. Se viene extrayendo desde hace un siglo y hoy se aprovecha en seis canteras. Sus variedades («Cenia», «Beige», «Cenia Azul» y «Bayadere») poseen características que las hacen ser demandadas en diferentes mercados.

Esta caliza tarraconense se presenta en varios acabados, los más habituales son: flameado, abujardado, apomazado, envejecido y arenado; también se comercializa pulido. El hecho de que este material sea similar al francés de Buxiy o Hauteville aumenta las posibilidades de su exportación (fig. 1.35).

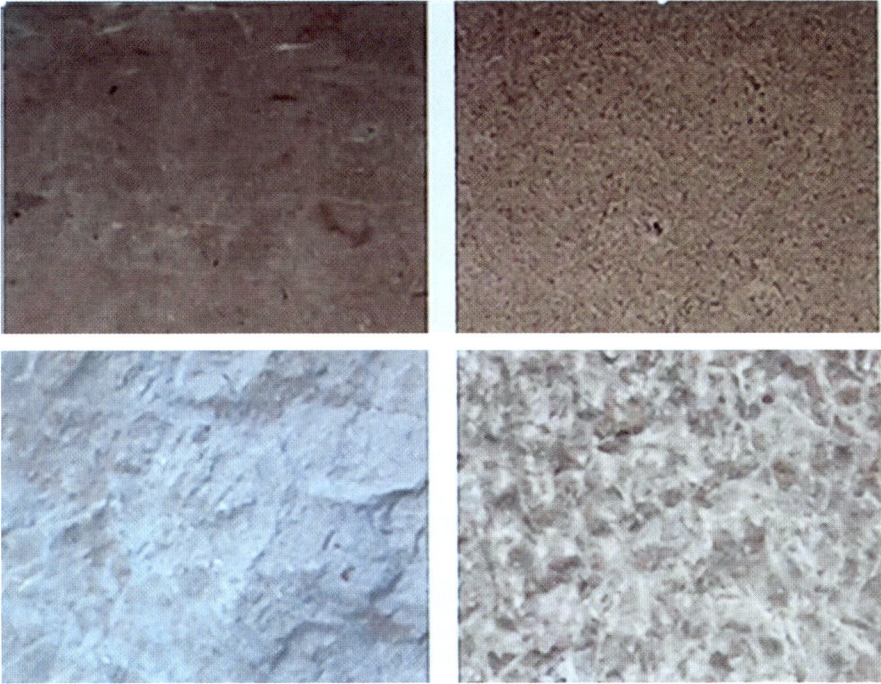

Figura 1.35. Calizas de Ulldecona (Tarragona). Arriba, pulido y abujardado; abajo, berrugo y de puntero.

Vinaixa o Floresta

Esta caliza está localizada en varias zonas de la provincia de Lérida: Juneda, Omelloms, Floresta y Calva. Persisten unas seis pequeñas canteras que aumentaron la producción el último cuarto de siglo. Se utiliza especialmente para exteriores en fachadas y pavimentos, convirtiéndose en muy popular en el noreste peninsular (fig. 1.36 izq.).

 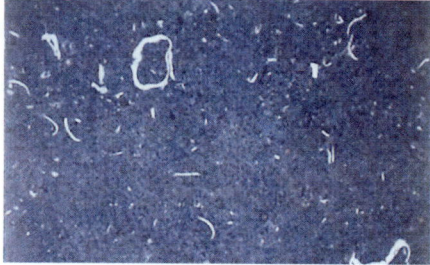

FIGURA 1.36. Izquierda, piedra de Floresta (Lérida). Derecha, caliza de San Vicente (Barcelona).

San Vicente

El producto de esta región barcelonesa contiene calcita y dolomita y algo de cuarzo, con una uniforme tonalidad gris oscura. Sus cinco explotaciones se ubican en la zona de Sant Vicenç de Castellet, comarca del Bages (fig. 1.36 dcha.). El producto obtenido se distribuye en muchas marmolerías catalanas.

Santa Coloma

Esta caliza de color azul-gris y pequeño porcentaje de marrón con pequeños caparazones fósiles de Nummulites del Eoceno se explota en Santa Coloma de Farners, provincia de Gerona. Una gran cantidad de las edificaciones antiguas del centro histórico de la capital gerundense están construidas con esta caliza (denominada «Gris Girona»).

Calizas marmóreas en Baleares

En Menorca, concretamente en las inmediaciones de Ciudadela, se encuentra una famosa cantera que vistió a la isla de notables construcciones. La extracción de piedra en Les Pedreres de S'Hostal, con un beneficio intensivo desde el siglo XIX hasta bien entrado el XX, fue el germen de una singular obra de arte canteril, uno de los lugares más sorprendentes a visitar en Menorca (fig. 1.37).

En las verticales paredes verticales se perciben las marcas del trabajo de los canteros para extraer el denominado «marés», un tipo especial de roca detrítica (eolianita) compuesta por granos calcáreos cohesionados por un cemento natural de carbonatos, originada por la litificación de dunas. Es muy utilizada en la construcción, aunque suele ser preciso revertirla de cal para impedir su alteración.

Figura 1.37. Impresionante aspecto de la cantera de marés en Ciudadela (Menorca).

El mármol en Asturias

Los yacimientos de mármol y calizas marmóreas se distribuyen puntualmente por las dos grandes zonas geológicas en que se subdivide el Principado de Asturias (fig. 1.38).

Los mármoles asturianos de mayor interés y nivel de explotación se ubican en la Zona Asturoccidental-Leonesa, concretamente, y de manera especial, en los concejos de Cangas del Narcea y Degaña, además del de Castropol, asociados a depósitos del Cámbrico, así como en otras áreas de menor relevancia en Tineo y El Franco. En plena Zona Cantábrica existe mármol en afloramientos del término municipal de Piloña relacionado con horizontes carbonatados del Carbonífero, así como calizas notablemente marmorizadas en los municipios de Salas y Belmonte, en terrenos del Devónico y del Cámbrico, adyacentes a rocas intrusivas.[27] Están ligadas a mineralizaciones auríferas que en un caso han venido explotándose desde la última década del siglo XX, y en otro se mantienen en fase de prospección minera.

---

[27] Gutiérrez Claverol (2013); AA.VV. (2021); Luque Cabal y Gutiérrez Claverol (2024).

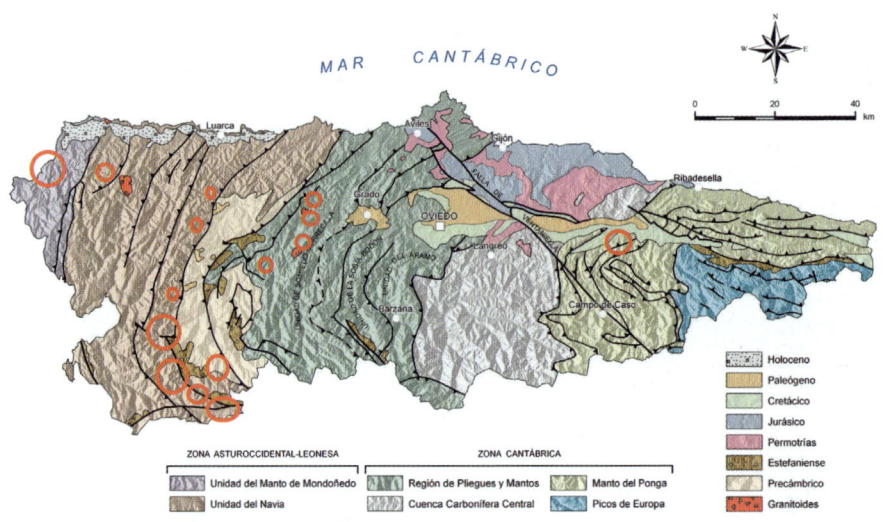

FIGURA 1.38. Mapa geológico de Asturias diferenciando la Zona Asturoccidental-Leonesa (ZAOL) de la Zona Cantábrica (ZC). Con círculos rojos las áreas marmóreas.

Las primeras denuncias de caliza marmórea o muy recristalizada tuvieron lugar en 1883 en los alrededores de la aldea salense de Alava, y en 1924 en la zona de El Rodical (Tineo), en el kilómetro 13 de la carretera de La Espina a Ponferrada. Una vez finalizada la Guerra Civil se incrementa el interés por el mármol y se produce un aluvión de peticiones en los concejos de Cangas del Narcea, Degaña, Piloña y Salas, concentrándose las mismas sobre todo en la primera mitad de la década de los años setenta (tabla 1.X).

1.X. Principales pormenores en las canteras marmóreas en Asturias *(AHA)*

Fecha	Denominación	Ubicación	Signatura (libro/folio)
1883	Miranda	Alava (Salas)	6752 / 168
29.09.1924	Calizas de Rodical	Ctra. Espina km 13 (Tineo)	6831 / 71
11.03.1940	Carrara	Cardes (Piloña)	6839 / 46
02.04.1940	Los Tres	Cardes (Piloña)	6839 / 66
02.04.1940	Carrara	Cardes (Piloña)	6839 / 70
16.05.1940	Averesta	Cardes (Piloña)	6839 / 111
03.06.1940	Pipotón	Cardes (Piloña)	6849 / 218
13.04.1942	Joaquina	El Llerón (Salas)	6842 / 56
22.06.1942	Ana María	Rengos (Cangas del Narcea)	6842 / 118
22.06.1942	María Teresa	Rengos (Cangas del Narcea)	6842 / 119
19.09.1942	Carazal	Cardes (Piloña)	6842 / 189
14.10.1942	Begoña	Rengos (Cangas del Narcea)	6842 / 218
27.10.1942	Begoña	Rengos (Cangas del Narcea)	6842 / 241
12.11.1942	Elena 2.ª	Cardes (Piloña)	6842 / 260
19.11.1942	Belmar	San Esteban de las Dorigas (Salas)	6842/ 271
25.08.1943	Belmar	San Esteban de las Dorigas (Salas)	caja 36184
29.11.1943	Peña la Puerca	Rodical (Tineo)	6850 / 8
19.04.1949	Entrepeñas de Arriba	Navelgas (Tineo)	6850 / 169
20.06.1949	Castañedo	Rodical (Tineo)	6850 / 227
05.10.1950	Pipotón	Cardes (Piloña)	6851 / 54
27.03.1956	Pipotón	Cardes (Piloña)	6854 / 145
17.07.1956	Sierra del Pipotón	Cardes (Piloña)	6854 / 223
02.07.1957	La Silva-Cengadera	Gedrez (Cangas del Narcea)	caja 234870
15.01.1958	La Feltrosa	Ranadoiro (Cangas del Narcea)	caja 234871

Fecha	Denominación	Ubicación	Signatura (libro/folio)
28.04.1958	La Feltrosa	Ranadoiro (C.angas del Narcea)	6855 / 385
31.12.1958	La Feltrosa	Ranadoiro (C.angas del Narcea)	Caja 37466
30.05.1962	Reguero de los Prados	Rengos (Cangas del Narcea)	caja 234873
27.11.1963	Pipotón	Cardes (Piloña)	6860 / 347
06.04.1966	Pipotón	Cardes (Piloña)	6863 / 96
14.03.1967	La Lastra	Larón (Cangas del Narcea)	caja 37466
06.04.1967	La Silva-Cengadera	Gedrez (Cangas del Narcea)	caja 234870
27.05.1967	Peña del Cuervo	Penona de Jalón (Cangas del Narcea)	caja 234872
10.05.1968	Campoaviao	Pueblo de Rengos (C. del Narcea)	caja 234873
07.09.1968	Campoaviao	Pueblo de Rengos (C. del Narcea)	caja 234873
12.04.1969	La Silva-Cengadera	Gedrez (Cangas del Narcea)	caja 234870
12.04.1969	Choba y Chousera	Penona de Jalón (Cangas del Narcea)	caja 234872
26.02.1970	Peña del Cuervo	Gedrez (Cangas del Narcea)	caja 234873
30.10.1970	Pipotón	Cardes (Piloña)	caja 37371
31.10.1970	La Lastra	Larón (Cangas del Narcea)	6865 / 245
02.12.1970	Peña del Cuervo	Gedrez (Cangas del Narcea)	6865 / 289
23.01.1971	Reguero de los Prados	Rengos (Cangas del Narcea)	6865 / 320
06.03.1971	Pipotón	Cardes (Piloña)	caja 37371
06.05.1971	Cotariello	Dorigas (Salas)	6866 / 39
15.06.1971	Reguero de los Prados	Rengos (Cangas del Narcea)	6866 / 71
11.11.1971	Peña del Cuervo	Gedrez (Cangas del Narcea)	6866 / 193
29.12.1971	Pipotón	Cardes (Piloña)	caja 373716
10.04.1972	Pipotón	Cardes (Piloña)	caja 37371
28.11.1972	«Taller trituración»	Degaña	6867 / 152

Fecha	Denominación	Ubicación	Signatura (libro/folio)
21.02.1973	Reguero de los Prados	Rengos (Cangas del Narcea)	6867 / 274
25.01.1973	Fuente del Cura	Rañadoiro (Cangas del Narcea)	caja 234871
26.05.1973	Reguero de los Prados 2ª	Rengos (Cangas del Narcea)	6867 / 381
10.07.1973	Moncó	Moncó (Cangas del Narcea)	6868 / 30
13.07.1973	Peña Cuervo-Moncó	Cangas del Narcea	6868 / 63
08.08.1973	Peña Cuervo-Moncó	Cangas del Narcea	6868 / 62
09.01.1974	Corón de Abajo	Cerredo (Degaña)	6868 / 202
09.07.1974	Navariegos	Cerredo (Degaña)	6868 / 354
17.07.1974	Navariegos	Cerredo (Degaña)	6868 / 391
27.09.1974	Navariegos	Cerredo (Degaña)	6869 / 52
25.02.1975	Navariegos	Cerredo (Degaña)	6869 / 108
28.02.1975	Reguero de los Prados 2ª	Cangas del Narcea	6869 / 148
08.04.1975	Peña del Cuervo	Gedrez (Cangas del Narcea)	6869 / 194
24.04.1975	Reguero de los Prados 2ª	Cangas del Narcea	6869 / 169
15.05.1975	Reguero de los Prados 2ª	Cangas del Narcea	6869 / 212
14.07.1975	Reguero de los Prados 2ª	Cangas del Narcea	6869 / 249
26.08.1975	Navariegos	Cerredo (Degaña)	6869 / 307
21.03.1976	Reguero de los los Prados	Rengos (Cangas del Narcea)	caja 234833
08.02.1980	Navariegos	Cerredo (Degaña)	6869 / 112
30.03.1987	Monasterio Hermo	Cangas del Narcea	caja 234872
09.03.2000	Reguero de los Prados	Rengos (Cangas del Narcea)	A.C.N. 1402

En el Principado no siempre resulta fácil confirmar la procedencia de las múltiples piezas o losetas realizadas con mármol autóctono (véanse numerosos ejemplos en el capítulo 2), en particular las utilizadas para uso religioso (fig. 1.39).

FIGURA 1.39. Pilas de agua bendita de mármol blanco, con veteado grisáceo, situadas a la entrada de la iglesia de San Isidoro de Oviedo.

2
ASPECTOS HISTÓRICOS
DEL MÁRMOL
DE ASTURIAS

A ti, de ingenio y luz raudal hirviente,
De las helenas Gracias compañera,
De mis cantos daré la flor primera:
Gane hermosura al adornar tu frente.

No de otro modo en bosque floreciente
Rudo y sin desbastar el leño espera,
O el mármol encerrado en la cantera,
El sabio impulso de escultor valiente.

Llega el artista, y la materia rinde;
Levántase a forma vencedora
Del mármol que el cincel taja y escinde.

Corra, en la piedra, de la vida el río;
Tú serás el cincel, noble Señora,
Que labre el mármol del ingenio mío.

Soneto-dedicatoria de
Marcelino Menéndez y Pelayo.

CONSIDERACIONES PRELIMINARES

A pesar de que en Asturias son limitados los depósitos marmóreos existen algunos testimonios que señalan la importancia que tuvo este producto ornamental, dado que se han producido hallazgos escultóricos de interés esculpidos en esta litología en varios lugares, desconociéndose en otros muchos casos su procedencia precisa. Por otro lado, hay pruebas documentales de la utilización de mármol procedente de Asturias en edificios significativos.

DATOS HISTÓRICOS SOBRE EL MÁRMOL ASTURIANO

Una de las familias más influyentes en el concejo de Cangas del Narcea —ámbito principal de los yacimientos de mármol en Asturias— fue la de Queipo de Llano quien obtuvo el condado de Toreno[1] en 1659 y poseía, en propiedad, una ingente superficie de terreno.

Las primeras referencias a mármoles en el Principado son debidas a BUENAGA (1772) —monje de la orden de San Benito que vivió en el monasterio de Corias— después de hacer una relación de las sustancias minerales o rocas (jaspes, mármoles, amianto, piritos, marcasitas) de los que no se ocupa CASAL en su *Historia Natural de Asturias* (1762).[2] Además, hay que añadir las aportaciones de GALEOTTI (1784) —marmolista de la Corte—, V CONDE DE TORENO (1785), MADOZ (1849) y SCHULZ (1858).

Fuentes documentales del siglo XVIII

Aunque el antecedente preliminar sobre el mármol regional se debe al referido fray Íñigo de Buenaga, de posible origen asturiano, fue el marmolista real Juan Bautista Galeotti junto al arquitecto italiano Francesco Sabatini —intendente de las Reales Órdenes del Palacio de Madrid— quienes lo conceptuaron de superior calidad y abundancia en un informe que firmaron el 12 de junio de 1784[3]. Estos dos prohombres, además de las referencias aportadas

---

[1] El condado de Toreno es un título nobiliario concedido por el rey Felipe IV en 1659 en favor de Álvaro Queipo de Llano y Valdés, alférez mayor del Principado de Asturias y de la villa de Cangas de Tineo (Cangas del Narcea desde 1927), donde poseía el solar de su linaje. Por su relación con los depósitos de mármol sobresalieron el V conde de Toreno y el VIII conde de Toreno, éste ya en el siglo XIX.

[2] Esta cita fue recogida en 1872 por los ingenieros EUGENIO MAFFEI y RAMÓN RÚA FIGUEROA en su obra, donde dicen que la carta de Buenaga «fue remitida por el autor a la Sociedad Bascongada de Amigos del País» y que actualmente se encuentra en el Archivo del Territorio Histórico de Álava.

[3] ADARO RUIZ-FALCÓ (1989, p. 212). El informe de Galeotti es citado en varias bibliografías (MAFFEI y RÚA FIGUEROA, 1871 y 1872; MIGUEL VIGIL, 1887; SOMOZA GARCÍA-SALA, 1926) sin que en ninguna conste su paradero. Este experto en mármoles, junto con su padre Domingo Galeotti y

por el conde de Toreno, indican como han descubierto mármol azul con vetas de color blanco en las inmediaciones de la cueva de Sequeras en terrenos de «la parroquia de Santa María de Gedrez (n.º XVII), e igualmente en el sitio llamado la Peña Alba (n.º XLIX), junto al puente de la Ruda, en el camino que media entre el citado lugar de Gedrez y el Monasterio de Hermo se hallan diferentes mármoles de vetas blanquizcas y azuladas y entre ellos una piedra dura semejante al pórfido verde». Añade el informe que: «Se conoce bien la superioridad de las canteras de Asturias a las de otras partes, por las piedras que poseen los Excmos. Sres. Conde de Fernán Núñez, Conde de Floridablanca y don Joseph Gálvez, como asimismo todas las canteras de mármol blanco expresadas, son superiores y más finas que la del número XXIV, que corresponde a la cantera que se halla en el Puerto de Campo Sagrado, distante media legua del lugar de Tejedo y propiedad del exponente».[4]

Prosigue en estos términos «Este es aquel alabastro[5] que la Real Sociedad de Madrid, habiendo visto su muestra, en su informe, de 30 de mayo de 1778, hecho al Real Consejo, tiene graduado por el verdadero y fino de los antiguos de grano cristalino, que admite hermoso pulimento».

A estos dosieres se une el realizado en 1782 sobre las canteras del municipio de Cangas de Tineo emitido por el arquitecto natural de Candás, Manuel Reguera González, una vez enterado de las medidas y tamaños que solicitaba Sabatini correspondientes a las localidades de Moncó y El Pueblo, parroquia de Vega de Rengos (Cangas de Tineo), así como del puerto de Campo Sagrado, en Tejedo del Sil (León), las cuales eran propiedad del conde de Toreno.[6]

Un posterior escrito da cuenta del camino que había que reparar siguiendo el curso del río Narcea hacia su cabecera para la explotación del mármol de Gedrez y Monasterio de Hermo que Galeotti había previamente estudiado.

Señalar también como en la reunión celebrada por la Diputación de la Junta General del Principado de Asturias el día 23 de noviembre de 1780 se presentó un amplio documento referente al «hallazgo de algunos materiales rocosos canterables y minerales redactado por el conde de Toreno y el P. Fray Íñigo Buenaga, religioso benedictino de San Juan de Corias, indicando los lugares de Pueblo de Rengos, Moncó y Campo Sagrado», aunque se denominó alabastro a lo que realmente era mármol.[7]

Nicolás Rappa exploraron muchas canteras de España, informando primero al monarca Carlos III y completando más tarde todo el territorio nacional.

[4] ADARO RUIZ-FALCÓ (*op. cit.*, p. 212).

[5] El término alabastro se presta a cierta confusión, pues en algunos escritos aparece como sinónimo de mármol (véanse pormenores en el glosario).

[6] ADARO RUIZ-FALCÓ (*op. cit.*, p. 213).

[7] MIGUEL VIGIL (1887, pp. 614 y 615).

Discursos del V conde de Toreno

El material marmóreo fue descrito, con cierta minuciosidad, en los *Discursos* pronunciados por Joaquín José Queipo de Llano y Quiñones Pimentel (Cangas de Tineo, 1727-1805), V conde de Toreno[8], en la *Sociedad Económica de Amigos del País de Asturias*, en el 6 de agosto de 1781 y el 4 de noviembre de 1783, con motivo de la celebración de «Días del Rey y Príncipe de Asturias, nuestros señores», y posteriormente fueron impresos en Madrid en 1785 (fig. 2.1).[9]

FIGURA 2.1. Frontispicio (grabado calcográfico) y portada del libro de los Discursos pronunciados por el V conde de Toreno (1785).

---

[8] El V conde de Toreno fue un naturalista e historiador asturiano que promovió y fue socio de mérito de la Sociedad Económica de Amigos del País de Asturias, asimismo de mérito de la de Madrid, honorario de las de Valladolid, León y Valencia, y académico honorario de la Real de la Historia. Cultivó la amistad de los condes de Campomanes y de Floridablanca, así como de Gaspar Melchor de Jovellanos. El Archivo General de los condes de Toreno, que originalmente se encontraba en la casa palacio de Malleza (Salas), está depositado desde 1983 en el Archivo Histórico de la Universidad de Oviedo.

[9] El manuscrito del discurso leído en 1781 («Descripción de varios mármoles, minerales, y otras diversas producciones del Principado de Asturias y sus inmediaciones desde el año de 1777 hasta el presente, con expresión de los parajes a donde se hallan, sus circunstancias, y calidades») se conserva en la Biblioteca de la Universidad de Oviedo. En 1978 se realizó una edición facsímil, con prólogo de Emilio Marcos Vallaure, por la Biblioteca Popular Asturiana de Oviedo. Imprenta Mercantil, Garcilaso de la Vega 4, Gijón.

Confirma el erudito cangués Juaco López Álvarez que este ilustrado «durante algún tiempo intentó explotar las canteras de mármol blanco de Rengos, localizadas en Moncóu y el Pueblo de Rengos, y proyectó con la ayuda del arquitecto Manuel Reguera González una carretera que saliese a Castilla desde Xedré y Monasteriu d'Ermu por el puerto de la Veiga del Palo, para trasladar el mármol a Madrid. Sin embargo, todo fracasó».[10]

Refiriéndose al concejo de Cangas de Tineo —Cangas de Narcea desde el 12 de noviembre de 1927— el V conde de Toreno (fig. 2.2) enumera detalles sobre los mármoles cangueses, teniendo en cuenta que en esta época de finales del siglo XVIII el aprovechamiento de materiales canterables era libre y común para todos los vecinos de una localidad, más aún si se gozaba de la propiedad de los terrenos, como ocurría en este caso (medida que perduró hasta el primer cuarto del XIX)[11]:

FIGURA 2.2. Joaquín José Queipo de Llano, V conde de Toreno. Óleo de Vicente Arbiol y Rodríguez (Real Instituto de Estudios Asturianos).

---

[10] LÓPEZ ÁLVAREZ (2013 b). Se publicó este párrafo en el *Tous pa Tous* (revista digital) de la *Sociedad Canguesa de Amantes del País*. También se refieren a este camino MARCOS VALLAURE (1978, pp. 37-41) y ADARO RUIZ-FALCÓ (*op. cit.*, pp. 210-211).

[11] CARRETERO GÓMEZ (2022, p. 50).

Mármoles diferentes

VIII. En este Concejo, y á distancia de tres leguas[12] de la Villa de Cangas de Tineo, en la Parroquia de Carvallo, un quarto de legua del Lugar de Fuentes de Corbero, se halla al Oriente, y sitio intitulado la *Mala fea*, una cantera abundantísima, que produce piedras de diversos y hermosos colores. Por una parte, parece que se asimila á la Ágata; pero no me atrevo á graduar que lo sea, atendiendo á que Plinio, hablando de los alabastros, que se encontraban en los montes de Tebas, Siria, Carmania y la Asia, dice que eran muy estimados los de color melado con algunas manchas, que no fuesen transparentes; y como las piedras de la cantera de Fuentes tienen algunas de esas calidades, es dudoso si se les puede apropiar mas bien este nombre, ó el de Ágata.

Principia la cantera en una cueba, sita en una heredad, á quien baña su falda un arroyo, que viene del Movro, y desgajándose á él algunas piedras, con el rápido curso de sus aguas las golpea, pule y afina, dexándolas cristalizadas y transparentes.

En la superficie de la tierra se descubren piedras de diez quartas de largo, y seis de ancho. Profundizando se encontrarán mayores, y todas las de la circunferencia denotan ser de la misma especie.

IX. En el Lugar del Pueblo de Rengos, Parroquia de San Juan de Vega, hay otra cantera de mármol blanco, que viene á ser una montaña entera, titulada la Peña de San Andres, que predomina al rio Narcéa, y remata en un calero. Es sumamente fino, que casi parece hueso, y se puede comparar muy bien con el coralítico, que se cria en la Asia, asimilado al marfil; ó tal vez equivocarse con aquel marfil, que el mismo Plinio, citando á Teophrasto, asegura se cria debaxo de la tierra de color blanco y negro.

X. Muy inmediata á la misma cantera se halla otra bien abundante de mármol negro con vetas cenicientas tan fino como el precedente.

XI. Pasando por el expresado Lugar del Pueblo, y siguiendo el camino que conduce á la Braña de los Ganados sobre el rio de los Prados, al Oriente, y á seiscientos pasos de dicho Lugar, se encuentra un espeso monte, que llaman del Mal paso. Su situación es bronca, y de mucha elevación su altura. Se halla poblado de frondosos y copados robles, en donde parece haberse esmerado la naturaleza en el resto de sus producciones. Todo el monte desde la falda á la cima es una montaña de mármol gris, entre azul, color aurora y perla, y otro de solo color aurora de una abundancia extraordinaria; pues se han medido muchas piedras de diez varas en quadro, lisas y hermosísimas, con todo el grueso que se quieran: bien que las que son de color de aurora, solo podrán dar piezas para mesas de un tamaño regular.

---

[12] En las publicaciones antiguas es habitual leer medidas hoy inusuales. Una «legua» imperial equivale a 4,82803 km, la longitud media de una «vara» son 0,8 m, un «paso» son 71-75 cm y un «pie» 0,30 cm.

XII. Retrocediendo al Lugar del Pueblo, y siguiendo la carretera real, que pasa á Cangas de Tineo, como á quinientos pasos del primer Lugar se halla en las tierras nombradas del Rebollo, y al Poniente, otra cantera de mármol, color sangre de toro con vetas blancas.

XIII. Inmediata á la última, se encuentra otra en las tierras de Pumarin, igual en el color de gris á la precedente, que su situación se halla también al Poniente.

XIV. Subiendo al Lugar de Moncó, distante un quarto de legua, adonde llaman la Peña de la Reguera, y á la misma situación, hay otra de mármol blanco, mezclado de azul con muchas vetas.

XV. Dando tercera vez la vuelta al Pueblo, y siguiendo el camino real, que pasa al Vierzo, después que se sube al monte del Rañadoyro, y se entra en el campo del Collarin, que está inmediato, se descubren en dos partes dos canteras de piedra finísima de color nacar, que aunque prometen ser abundantes, no pueden sacarse piedras crecidas de ellas por su situación y aspereza del terreno. La una se halla en el Valle de la Vega de Espina, y la otra encima de la Lastra, y camino que va para los Prados, junto á la fuente Turbia.

XVI. Volviendo atrás, se ve desde el mismo camino y sitio llamado de los Cerezales, una grande cueba, que se halla en el declive de una cuesta, y está al Poniente; y habiendo pasado á reconocerla, se halló que producía otra cantera de piedra igual á la que antecede; y entrambas son de calidad bastante vidriosa, y por lo mismo muy difícil su pulimento.[13]

Algo más adelante recoge en sus *Discursos* el contacto que mantuvo con el cura de Gedrez quien le indicó la existencia de afloramientos novedosos:

Aquí llegaba en esta descripción, quando por nuestro Socio Don Antonio Manuel Fernandez Florez, Cura de Santa María de Xedrez, se me avisó, que habia descubierto quatro canteras de buenos Mármoles en aquellas inmediaciones; y habiendo pasado á reconocerlas en su compañía, hemos hallado las siguientes:

XLIX. Una de fondo blanquizco con vetas ondeadas de diferentes colores. Se halla en el sitio de Peña alba junto al puente de la Ruda, en el camino que media entre el citado Lugar de Xedrez, y el de Monasterio de Hermo, y se señala con este número.

L. En el mismo término, é inmediato al puente junto á unos prados á la orilla del río Narcéa se encuentra otra, que su color es de porcelana.

LI. Á la distancia de media legua en el término de Peñalonga, y sitio del Gamonal, aguas vertientes al denominado la Vega de la Casa, se halla otra de color chocolate. Todas están al mediodía, y prometen ser abundantes, de bastante gusto, y finas.

LXXV. En la Peña titulada del Cuervo, frente á la cantera que se halla en la reguera de Moncó n.° XIV á la parte opuesta del rio, hay otra

---

[13] CONDE DE TORENO (1785, pp. 23-27).

de mucha extensión y abundancia, que produce piedras de diferentes fondos y colores, como encarnado con mezcla azul, aplomado con vetas diversas, y algunas de ellas representan confusamente una especie de paises, ó arboledas.

LXXVI. Esta cantera se nombra también la Peña del Cuervo; pero es diferente de la antecedente, pues de la una á la otra median dos leguas. Es toda de Mármol blanco, y se halla frente al Lugar de Monasterio de Hermo.

LXXVII. Á la otra parte del rio, frente al Lugar de Xedrez, hay otras dos canteras del mismo Mármol, denominados sus sitios Ballina escrita, y la Duerna.

LXXVIII. Inmediata á las antecedentes se halla otra del mismo género, que se nombra la Ballueca; y reconocidas aquellas montañas desde la Cantera número IX, hasta el XXIV (en las que se incluyen las que van expresadas después de la última nota), media una cordillera de sierras de cinco leguas, la que demuestra ser toda de Mármol blanco, pues en su distrito se reconocen sus vetas, que aparecen, y se ocultan en diferentes sitios.[14]

Igualmente, describe el noble la presencia de mármol en otros concejos, tales como Tineo (Genestaza, Santianes de Tuña o Carballido) y Grado (parroquia de Báscones).

En 1785, el conde de Toreno se trasladó a Madrid, seguramente para controlar la edición de sus *Discursos* así como para gestionar asuntos relacionados con la explotación de las canteras marmóreas de Cangas. En este viaje, la Real Academia de la Historia y Sociedad de Madrid le nombró socio de mérito (fig. 2.3). También fue agasajado por otras sociedades económicas (León, Valladolid y Valencia), nominándole como socio honorario.

El erudito conde recomendaba que el comercio del mármol se debería establecer desde la villa de Cangas de Tineo por hallarse allí cercanas la mayor parte de las explotaciones, y añadía: «convendría para este efecto que se dispusiese un Laboratorio, al modo de los de Génova, Toscana, Roma y Venecia, donde fabricándose mesas, caxas, deseres y otras cosas nos ahorrásemos traerlas de afuera. La particular estimación que por su hermosura, duración y solidez han merecido siempre las magníficas obras trabajadas de mármol».[15]

En ese tiempo de finales del XVIII, para la extracción de los bloques o fragmentos marmóreos lo primero que se realizaba era despejar las rocas de la materia orgánica (suelo y vegetación), con el fin de hacer una selección e independización de la zona rocosa, observando seguidamente el trazado de la estratificación, así como de las fisuras y/o diaclasas. Luego se iniciaba el trabajo de arranque, para lo cual se aplicaban herramientas elaboradas por

---

[14] CONDE DE TORENO (*op. cit.*, pp. 51-54).
[15] CONDE DE TORENO (*op. cit.*, pp. 66 y 67).

artesanos locales, manejadas de forma manual, tales como mazas, piquetas, punteros, barrenas, cuñas (fueran metálicas o de madera), palancas y picos, lo que suponía una gran ocupación temporal e importante esfuerzo de los operarios de la cantera en un trabajo de ardua dureza y fatigoso. Se perforaban en la roca agujeros de manera seriada, en los que se introducían las cuñas, que si eran de madera se mojaban frecuentemente para que hincharan, siendo seguidamente —y de forma simultánea— golpeadas con mazas por varios canteros para llegar a producir el agrietamiento por los planos o caras de los distintos huecos abiertos, hasta conseguir su progresiva separación.

A continuación, para mover el bloque obtenido y desplazarlo se empleaban tanto gatos de manivela con cuerpo de madera, como grandes palancas, volteando la pieza hasta hacerla girar sobre una de sus caras y llegar a conducirla al taller de corte o aserradero. Si estaba distante se colocaba sobre rastras o tableros de madera y se trasladaban con la ayuda de una pareja de bueyes o mulos.

Como era difícil que el pedrusco quedara homogéneo y perfectamente escuadrado se formateaba o desbastaba golpeando con martillo, piqueta, cincel y puntero, hasta conseguir la forma deseada, lo más perfecta posible para trasladarla al taller.

Para el posterior serrado de los tableros se utilizaban sierras de hierro, dentadas o no y de una o dos hojas, así como sierras de péndulo, constituidas por un marco o bastidor de madera con sus patas para abajo y en cuyo extremo se fijaba una cinta o hilo de hierro bien atirantado. En ambos casos, movían estos artilugios dos operarios de un lado para otro profundizando así el corte, en cuyo hueco se introducía arena muy fina o cuarzo molido que actuaban como abrasivo y colaboraban en una mejor penetración de la sierra. Asimismo, se solía añadir, de forma más o menos continua, agua para ir dejando el corte limpio.[16]

En las placas o piezas obtenidas se solía efectuar un proceso final de pulido y afinado para darle mayor brillo y regularidad a las superficies, operación que se ejecutaba, a su vez, de forma manual con lijas, limas o con instrumentos planos de distinta abrasividad.

Esta metodología aplicada al mármol no distaba mucho de la empleada en la época romana, tal como describe, entre otros, Cayo Plinio Segundo (Plinio *el Viejo*), autor en el siglo I del Libro XXXVI, de los 37 que componían su magna obra, que gozó de gran relevancia en España durante la Edad Media y siglos posteriores en relación, en este caso, con el tratamiento y manipulación de la piedra.[17]

---

[16] Sánchez Martínez (2015, pp. 15-19 y 29).
[17] Cayo Plinio Segundo (1629. *Libro XXXVI*, pp. 50-52).

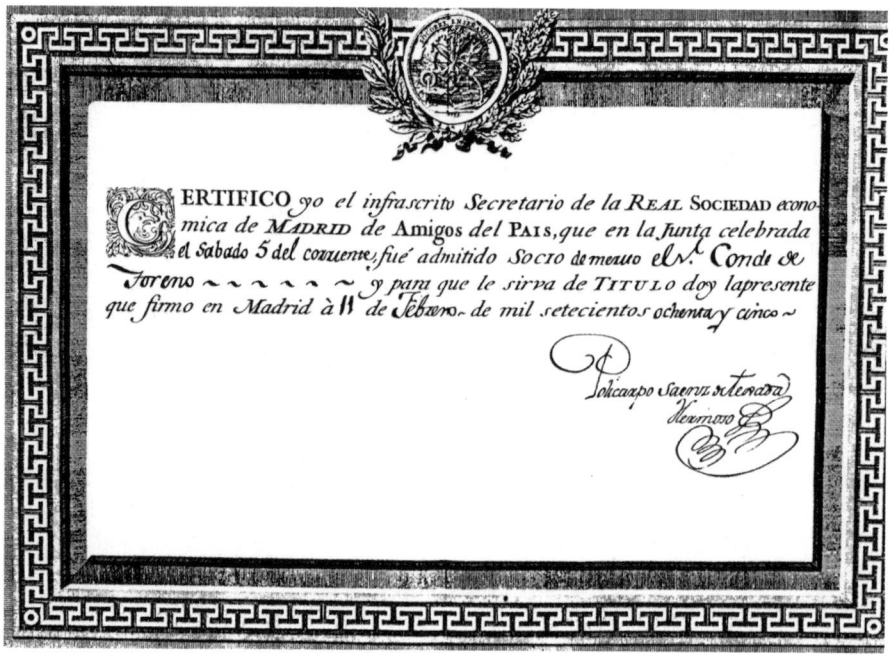

FIGURA 2.3. Nombramientos de socio de mérito del conde de Toreno por la Real Sociedad Económica de Madrid y de la Real Academia de la Historia. Biblioteca de la Universidad de Oviedo (manuscrito M-106).

Mármoles en el Palacio Real de Madrid

La construcción en el siglo XVIII de este gigantesco palacio (casi el doble que el de Buckingham o el de Versalles) instituyó un hito de la utilización del mármol en España. Mediante el empleo de rocas nacionales de gran belleza, los Borbones pretendían dar a su palacio un carácter hispánico, poniendo de manifiesto la gran variedad petrológica existentes el nuestro país. No es pues de extrañar que el marmolista real, Juan Bautista Galeotti, visitase preferentemente la comarca de Macael y eligiese el mármol almeriense para utilizarlo en estancias destacadas, tales como el salón del trono.

La utilización de mármoles y rocas ornamentales en la decoración del Palacio Real tuvo una doble vertiente, por un lado con fines estatuarios y por otra como elementos decorativos de interiores.[18] En el caso de la escultura, teniendo en cuenta que quien dirigió esta ornamentación era el artista italiano, Giovano Domenico Olivieri, oriundo de Carrara, es lógico que reclamase usar mármol de su lugar natal. Inicialmente, aparte del de Carrara, se buscaron con fines escultóricos lugares próximos a Madrid (Urda, Tamajón o Colmenar de Oreja), si bien se dio prioridad al de Macael y al de Badajoz, considerados de similar calidad que el italiano, una vez examinados el color, grano, blancura y porosidad.

Para la decoración del interior (chapado, pavimentos, escaleras, chimeneas, consolas, etc.), se recibieron referencias y ejemplares de diversas canteras nacionales con vistas a tener un muestrario sobre los materiales nobles necesarios para su edificación (fig. 2.4).

Las rocas marmóreas eran de gran atractivo para los monarcas, pretendiendo dar una impronta con marcada representación nacional a base a la rica variedad geológica presente en España. Fernando VI decidió utilizarlas con profusión para adornar las paredes de los diferentes salones y estancias palaciegas, lo que coadyuvó a un reconocimiento detallado previo de las canteras por entonces en actividad. Una resolución de 1746 preveía los adornos de mármoles a utilizar en las salas y gabinetes del piso principal, muy especialmente en la capilla.

De estos menesteres lapidarios no estuvo exento el mármol del Principado. Entre las memorias efectuadas durante la construcción áulica destaca la enviada el 28 de octubre del año 1745, cuando ya iban avanzadas las obras, en la que se incluye un desembolso por los trabajos realizados de 10.538 reales, con el siguiente texto: «Gastos que se hicieron en las canteras de Asturias para descubrir los mármoles, jaspes, pórfidos y otros muchos, según los pagó D. Nicolás Antonio de Posada con orden que tuvo del Sr. D. Miguel Herrero de Ezpeleta, intendente de las reales Casas».[19]

---

[18] Tárraga Baldó (2009, pp. 371 y 372).
[19] De la Plaza (1975, apéndice XIX, p. 363).

FIGURA 2.4. Muestrario de mármoles n.º 3 (siglo XVIII) que se examinaron para la construc-
ción del Palacio Real de Madrid. Se investigaron canteras de todo el país, incluidas las de
Rengos (Cangas del Narcea) y se dispusieron en 8 cajas. Galería de las Colecciones Reales en
Madrid. Cortesía de José María Fernández Díaz-Formentí (JMFD-F).

En el prólogo a los *Discursos* del Conde de Toreno, publicados en 1978
en edición facsímil por Emilio Marcos Vallaure, este autor señala lo que sigue:
«Cuando el conde de Toreno inicia sus trabajos sobre las canteras de mármol
de la comarca de Rengos, hacía más de treinta años que D. Nicolás Antonio
de Posada había registrado distintas canteras de la misma clase (en realidad
se trataba de carbonatos del Mesozoico) en los concejos de Villaviciosa,
Colunga, Caravia, Ribadesella y Piloña».[20]

Cuando el mencionado conde llevaba a cabo sus exploraciones por las
zonas de Rengos, Degaña y el valle del Sil, al tener conocimiento Francesco
Sabatini (fig. 2.5) —el arquitecto que estaba desde 1760 al frente de las obras
de ampliación del Palacio Real bajo la regencia de Carlos III— de los hallazgos del asturiano, le solicitó, en 1782, el suministro de unas cuantas piezas
de mármol destinadas al enlosado del cuarto principal. Dado el prestigio del
arquitecto, este encargo resultaba ser un reconocimiento casi oficial de la importancia de los yacimientos regionales.

---

[20] MARCOS VALLAURE (1978, p. 36).

FIGURA 2.5. Izquierda, Fracesco Sabatini (Palermo 1721-Madrid 1797), arquitecto de la ampliación y remodelación del Palacio Real de Madrid. Derecha, José Moñino y Redondo (Murcia 1728)-Sevilla 1808), I conde de Floridablanca, pintado por Goya (Museo del Prado).

Ante el interés mostrado por Sabatini, el conde de Toreno encargó al ya mencionado arquitecto Manuel Reguera que elaborase un minucioso informe sobre el mármol cangués, amén de otro sobre el camino para conducir las piezas a Madrid.

En el mentado expediente, fechado en Cangas de Tineo el 8 de julio de 1782, se conceptúan las canteras de los mármoles aprobados por S. M. para las obras de su Real Palacio de gran cantidad y abundancia, en concreto se aludía a las existentes en los citados lugares de Pueblo de Rengos y Moncó, en la parroquia de Vega de Rengos, y la del Puerto de Camposagrado, en la jurisdicción de Tejedo, propiedad asimismo del condado de Toreno. Añadía además la conveniencia de habilitar un camino para explotarlas, ruta que serviría también para extraer la madera de los bosques de Gedrez y Monasterio de Hermo.

Continúa detallando Emilio Marcos sobre estas circunstancias de la siguiente manera:

> Siguen, en líneas generales, las instrucciones para la exploración y acarreo de los mármoles, del tipo común a la época; siendo preciso contar con tres sobrestantes, «dos para la asistencia, y dimensión de las piedras, que se pidan desbasten, y corten arregladas a las plantillas que se remitan de la Corte. Y el otro con mayor sueldo, que lleve cuenta y razón formal de todo, reconozca con frecuencia la apertura del camino y haga mensualmente los pagamentos a todos los trabajadores».

El camino haría posible la explotación de las canteras núms. 11, 12, 13, 25, 26, 49, 50 y 51, así como de las descubiertas durante el reconocimiento, señaladas con los núms. 52, 53 y 54.

El mismo día expidió Reguera otro informe, muy pormenorizado, del «Reconocimiento de la composición y reparos que necesita el camino de el Puerto de la Vega del Palo, para la conducción de los Mármoles de Asturias a Madrid… hecho por encargo del expresado Sr. Conde, por el Arquitecto D. Manuel Reguera, Académico de mérito de la real Academia de San Fernando, y director de la nueva carretera de Gijón, santuario de Covadonga y otras».

El camino comenzaba en el Pueblo, lugar de la parroquia de Vega de Rengos, y seguía por Gedrez y Monasterio de Hermo, remontando el curso del alto Narcea, hasta alcanzar el alto de Val del Ciervo, «donde se dividen las dos Jurisdicciones de Asturias y León, y se entra baxando en la Vega que llaman del Palo». Pasaba luego «sobre la fuente llamada de las Brujas» y faldeando el arroyo de Fleitina, siempre bajando, se llegaba al lugar de Cagualles de Arriba (Caboalles de Arriba), en el concejo leonés de Laciana, desde donde seguía por los lugares de Caboalles de Abajo, Rioscuro, Villarquemado (sin duda el actual Villar de Santiago) y la fragua de los Bayos, al Puerto de la Magdalena y a Murias de Paredes. Para alcanzar por el valle del Omaña, la meseta leonesa, en la oja de la Grandilla (La Garandilla, ayuntamiento de Valdesamario), desde donde enlazaría con los caminos leoneses —por Carrizo— que se dirigían a Villamañán y a la barca de Valencia.[21]

El informe comprende también la descripción del corto camino que se precisaba para la cantera del Puerto de Camposagrado, hasta Caboalles de Arriba, por la collada de Cerredo.

Termina el interesante informe con la relación pormenorizada del presupuesto para los reparos de dichos caminos, que alcanzaba la cifra de 126.200 reales, para la parte asturiana, de 3 leguas y media de longitud, y 334.000 reales, para la leonesa, que comprende 10 leguas y media.

El mismo 8 de Julio, Toreno remite copias de estos informes, junto con carta suya, a Sabatini, quien el día 20 del mismo mes le acusa recibo, en la carta ya comentada al principio y por la que conocemos el inicio de estas gestiones, agradeciéndole el celo y escrupulosidad de las diligencias practicadas, y anunciándole que las haría presentes al conde de Floridablanca (fig. 2.5, derecha), de quien dependía el ramo de caminos.

Toreno le contesta, ya desde Oviedo, a donde se desplazaría para activar las gestiones, el 30 de Julio, celebrando que los informes hayan merecido su aprobación y anunciándole que con dicha fecha escribiría a Floridablanca.

En efecto, en el mismo expediente obra copia de la carta de Toreno al ministro, fechada en Oviedo a 30 de Julio de 1782, insistiendo en el

---

[21] Leyenda de caminos y de poderosas razones para viajar, en: *Discursos pronunciados en la Real Sociedad de Oviedo en los años de 1781 y 1783 por su promotor y socio de mérito el Conde de Toreno* (1785, p. 96). Datos de este informe son recogidos por ADARO RUIZ (1990, p. 219).

asunto: franqueo del camino para la saca de mármoles, su utilización para la explotación de los montes de Gedrez y Monasterio y para el comercio y tráfico natural de las provincias de León y Asturias.

Antes de su recibo ya Floridablanca, informado por Sabatini, expide una Orden al gerente de la Audiencia del Principado, D. Julián Matías de Azcárate, dada en San Ildefonso el 31 de Julio, poniéndole en antecedentes de las gestiones de Toreno, para cumplir el encargo de «66 piezas de mármol blanco» para el Real Palacio, que le hiciera Sabatini, y ordenándole que, a la vista de los informes, los encargados del camino de Asturias hagan examinar los caminos de que se trata y le informen en consecuencia por medio del Regente «si el coste de las obras corresponderá a la utilidad, que se pretende sacar de ellas, así para adorno del Palacio de Madrid, y otras obras reales, como beneficio que puede resultar, a los naturales del País del trabajo de las canteras, para escusar en parte su emigración».[22]

Prosigue el prólogo señalando una correspondencia entre el conde de Toreno y Jovellanos, fechada el 9 de septiembre de 1782 en Cangas[23].

El sesgo que ha tomado este proyecto no me es fácil comprenderlo, porque ahora mismo me encargan de Madrid y de orden del Sr. Conde de Floridablanca otra remesa de piedras con el mayor apuro asegurándome que después de pulimentadas las ha de presentar al Príncipe S. E. en la jornada de El Escorial, y que el Sr. Sabatini está firmísimo, en que se ha de romper el camino, y conducir estos mármoles: Por eso, vuelvo a decir, que no puedo comprender una determinación tan extraordinaria, y que será muy contingente que el parto salga derecho, pues se hace preciso, aunque sucintamente, que yo haga a vm. una pintura del carácter de Dn. Jacinto Fuertes. No le niego habilidad, pero siempre piensa filosóficamente y con tal desgracia que no ha puesto jamás mano en cosa que bien saliese, porque su genio quisquilloso, y su dictamen preferente, y opuesto, a cuanto proyectan otros, que nada vale en su opinión, no le da lugar a otra cosa; este modo de pensar es el que le hace desgraciarse en todas. A la vista tenemos el ejemplo en la carretera de León suspensa por sus historias, y por tan repetidos recursos hachos al Consejo, y siendo tan opuesto, como vm. No puede ignorar, por estos motivos al arquitecto Dn. Manuel Reguera ¿qué podremos esperar de su informe y cómo saldrá ello? Vaya otro diseñito de Vista Alegre, suponiendo lo primero, la misma oposición a Reguera, y adherido en un todo al dictamen de Fuertes, contemple vm. Un hombre nimio, y misterioso, sin que otro que su compañero le disuada de lo que aprende,

---

[22] MARCOS VALLAURE (op. cit., pp. 38-40).

[23] Toda esta documentación se conserva en la Real Academia de la Historia, entre los papeles del Diccionario Geográfico-Histórico de Asturias, leg. 108/6, que inventarió J. L. PÉREZ DE CASTRO (1959, p. 281). La menciona el mismo autor (Deseo y esfuerzo de Jovellanos por Gijón II, p. 161, nota 5) y MADRAZO MADRAZO (1977, p. 77).

pues habiéndole escrito yo largamente e informándole por menor de todo, me responde: Que el asunto es sumamente arduo: Que se necesita mucho tiempo, y tomar varias razones para desempeñar el cargo con hombría de bien, y conciencia: Ya empezamos con escrúpulos a los principios ¿contemple vm. cómo serán los finales?...

Yo estaba persuadido que la comisión era para vm. y el Sr. Melgarejo, y que en la Secretaría, por poner el camino de Gijón, pusieron el de Asturias; pero nunca pude entrar en ello al Sr. Regente, ni hacerle que lo consultase antes de pasar los documentos que previene la Orden a los otros, porque cómo es creíble que el Ministro de Estado se acordase de unos nombres, que hace más de cinco años que se hallan sin empleo, ni encargo alguno, y que no puede ignorar que el camino de Asturias (si se debe entender el de León) ha cesado por causa de ellos?[24]

Tampoco Jovellanos expresó mucho entusiasmo con la propuesta de su amigo. El asunto quedó medio paralizado; sin embargo, dos años después Sabatini comisionó al maestro marmolista Juan Bautista Galeotti para inspeccionar los yacimientos de Cangas, que una vez visitados, emitió un informe el 12 de junio de 1784 conceptuándolos de superior calidad y abundancia, añadiendo haber «descubierto otra cantera muy abundante de mármol azul con vetas blancas, inmediata á la cueva de Sequeras; y asimismo que en el sitio llamado la Peña Alba se hallan diferentes mármoles con vetas blanquizcas y azuladas».[25]

El conde de Toreno suplica a Galeotti —en cartas de 1786 y 1787— que interceda sobre la construcción de un camino de Rengos a Caboalles y Carrizo que permitiría sacar piedra marmórea para la ampliación del Palacio Real.[26]

Gobernando ya Carlos IV, Galeotti, tras posteriores expediciones por la zona de Cangas de Tineo entre 1791 y 1792, describe ciertas canteras de mármol blanco en La Cueta, dando cuenta de una desgraciada caída del conde de Toreno cuando visitaban otro minado en Larón. Finalmente, el 28 de mayo de 1793 matiza desde el Pueblo de Rengos de la «poca calidad de la piedra del lugar y encuentra excusada la ejecución del camino que, con la inmediata utilidad de servir para la provisión a Palacio de jaspes y mármoles de las canteras asturianas, soñaba Toreno lo que significaba que en nueve años este marmolista había cambiado drásticamente de criterio sobre la utilidad de las explotaciones de esos entornos».[27]

---

[24] Pérez de Castro (1967, pp. 161-164).

[25] Conde de Toreno (*Discursos…*, edición facsímil, 1978, p. 54). Datos que también recoge Luis Adaro Ruiz (1989, p. 210). El Archivo del Palacio Real (serie Obras de Palacio, cajas 1066 y 1067) recoge la documentación del primer viaje de Galeotti a Asturias entre mayo y junio de 1784 (caja 1067, expediente 10).

[26] Archivo del Palacio Real de Madrid (serie Obras del Palacio, caja 1067, expedientes 13 y 14).

[27] Archivo del Palacio Real de Madrid (serie Obras del Palacio, caja 1067, expediente 13). Datos recogidos por Álvarez Muñoz y Fernández Sampedro (2018, pp. 51 y 52), que incluye

Enigma de la estatua de Carlos III en el Palacio Real

Conocida la primitiva metodología extractiva de esta roca ornamental, resulta del máximo interés el relato que recoge Manuel Álvarez Pereda acerca de la abundancia de mármol de diversas tonalidades que existe en el valle superior del Narcea, especialmente en las inmediaciones de Rengos, de la que dio cuenta el conde de Toreno en sus *Discursos*. El texto completo de esta posterior referencia al empleo de la susodicha petrología es como sigue:

> Junto a Vega de Rengos había una cantera de la variedad casi totalmente blanca, poco inferior al mármol de Carrara, de donde se extrajo el bloque para la estatua de Carlos III que hay en el Palacio Real de Madrid (frente por frente de la gran escalinata). De la extracción de este bloque en el siglo XVIII, la historia nos deja un misterio aún sin resolver y que conocemos gracias a una consulta que realizó un siglo después, en 1872, el arqueólogo y coronel de infantería Pedro de la Garza del Bono al Presidente de la Real Academia de la Historia.[28]

La fig. 2.6 recoge la transcripción gráfica de la carta de 8 de noviembre de 1872 en la que Pedro de la Garza pregunta a la *Real Academia de la Historia* si tenía noticia del descubrimiento de un sepulcro en la zona de Cangas de Tineo entre 1770 y 1780 tras la extracción de un bloque de mármol blanco para hacer una estatua del rey Carlos III (fig. 2.7), ubicada en el zaguán frente a la escalinata, y que expresa:

> Excmo. Sr.
> Por los años de 1770 a 1780, se extrajo en Asturias un bloque de mármol blanco, con objeto de hacer una estatua colosal que representara al Rey Dn. Carlos III; para esto se hizo un gran desmonte, habiendo descubierto incrustado en la roca y en una profundidad que no hay datos para determinar, un sepulcro monumental, que constaba de doce columnas salomónicas, dentro del cual había un esqueleto en forma de aspa, y próximo a la cabeza se hallaba un cráneo de raza vacuna medio petrificado.
> La cantera donde se encontró este sepulcro se hallaba en el Valle de Rengos o Rengos, juzgado de Cangas de Tineo.
> Hay datos para creer que el Conde Toreno, abuelo del Conde actual, intervino en la explotación del bloque citado y por consiguiente que vio el sepulcro que se hallaba en la cantera.
> Tengo la curiosidad de saber si la Academia de la Historia tiene noticia de este descubrimiento.
> Dios que de a Vd. muchos años. Madrid, 8 de noviembre de 1872.
> El Correspondiente, Pedro de la Garza.

---

un informe sobre canteras de mármol de Asturias (1791-1793) de Galeotti (p. 19).
[28] Álvarez Pereda (2022).

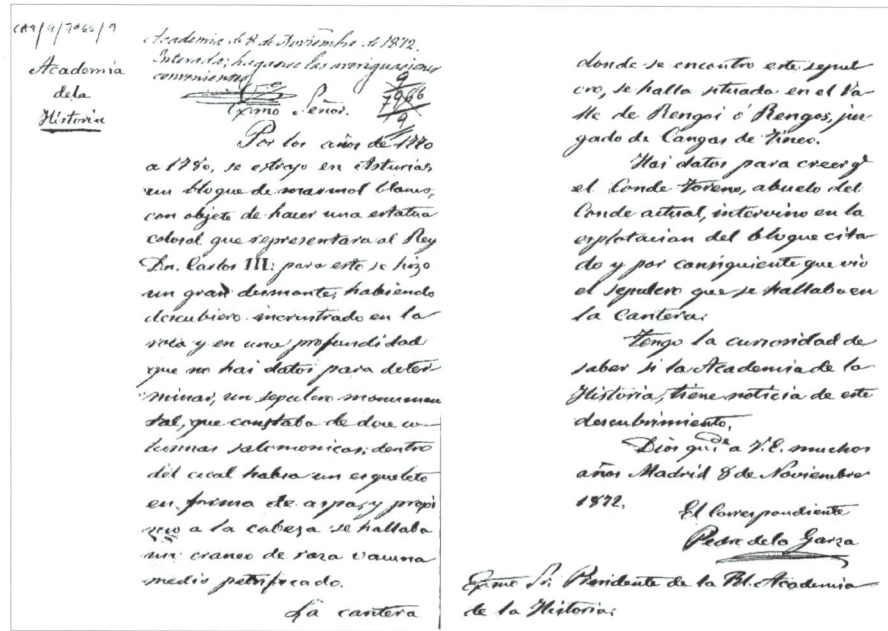

FIGURA 2.6. Carta de Pedro de la Garza interesándose por el descubrimiento de un sepulcro en la zona de Cangas de Tineo.

FIGURA 2.7. Estatua de Carlos III como general romano, obra del escultor francés Pierre Michel (1791), realizada según se relata con mármol de Cangas del Narcea y que se encuentra en el gran zaguán de entrada frente a la escalera principal del Palacio Real de Madrid (JMFD-F).

Desconocemos si contestó o no la *Real Academia de la Historia*, pero no parece descabellado que haya salido un bloque de mármol blanco tan voluminoso en Rengos, aunque el yacimiento esté actualmente afectado por una fracturación derivada tanto de la deformación tectónica como de la intensidad de las voladuras que posteriormente se llevaron a cabo en él.

No obstante, la procedencia del mármol de la estatua de Carlos III es un asunto controvertido, disputándose su origen también la sierra de Mijas como lo demuestra un documento malagueño de fines del siglo XVIII, concretamente fechado el 18 de enero de 1794. Tal escrito recoge que el maestro marmolista cantero Antonio Gómez menciona como Galeotti solicitó material de Alhaurín de la Torre para diferentes piezas del nuevo palacio de Carlos IV en Madrid. Lo hizo en estos términos: «Primeramente una pieza de mármol blanco de 12 pies de largo, que pueda servir y sea capaz para construir con ella una estatua del Rey Carlos III (que en paz descanse) que debe colocarse en el nicho que se halla frente de la escalera principal del Real Palacio de la Villa y Corte de Madrid». Más adelante añade: «Dos óvalos de 4 pies y cuarto de largo y finalmente ocho piezas de 4 pies de largo cada una de la misma piedra, destinadas para otras tantas efigies que han de ponerse y servir de adorno al Salón de Embajadores del citado Real Palacio de Madrid».[29]

Casita del Príncipe en el Pardo

Otro episodio histórico relevante en relación con el mármol astur aconteció en la explotación de Larón, cuyo componente fue destinado con preferencia a la construcción de la Casita del Príncipe en Madrid (fig. 2.8); con posterioridad se continuó beneficiando, aunque con intermitencias, alcanzando la segunda mitad del siglo pasado hasta 1986. Refiere López Álvarez un interesante comentario:

> El 1 de agosto de 1786 se publicaba en la Gaceta de Madrid, en las páginas 502 y 503, una noticia que daba cuenta del descubrimiento de una cueva en términos del pueblo de Larón (Cangas del Narcea) en el «paraje llamado la Vega de la Casa» que está junto al camino que conduce a la braña de este pueblo.
>
> La cueva apareció cuando se explotaba una cantera de mármol con destino a un pabellón que los Príncipes de Asturias, los futuros reyes Carlos IV y María Luisa de Parma, estaban construyendo en el Real Sitio de El Pardo, en la provincia de Madrid. El proyecto era del arquitecto Juan de Villanueva. La obra se inició en 1784 y concluyó en 1788, y es la conocida como Casita del Príncipe.[30]

---

[29] BELTRÁN FORTES y LOZA AZUAGA (2003, pp. 10 y 11).
[30] LÓPEZ ÁLVAREZ (2013 a).

Figura 2.8. Fachada principal de la Casita del Príncipe, en el Real Sitio de El Pardo, Madrid (Internet).

Referencias de los siglos XIX y XX

Además de lo expuesto acerca de la participación minera del insigne linaje del condado de Toreno, y una vez superada la traumática etapa de la Guerra de la Independencia, no se tiene constancia de un aprovechamiento efectivo del mármol en la favorable Cangas de Tineo; en esa zona, a partir de 1813, los montes públicos empezaban a ser gestionados por los recién creados Ayuntamientos y la Diputación Provincial.

Todo ello después de que el clérigo ovetense Francisco Javier Martínez Marina abordara en 1800 la *Descripción Geográfica-Histórica de Asturias*. Para el municipio de Cangas de Tineo demandó, en un principio, la colaboración de José Marcelino Queipo de Llano y Bernaldo de Quirós (VI conde de Toreno) y del canónigo Pedro de Ayala, los cuales no aceptaron la propuesta.[31]

Fue entonces elaborado un escrito, en 1802, por encargo del obispo de Oviedo Juan de Llano Ponte donde se expresa, al mencionar la parroquia de San Juan de la Vega de Rengos, «como en el lugar de Pueblo y sitio de la Muriella y a la falda de la montaña o puerto llamado el Rañadoyro, del que tiene un arroyo que se une al Narcea, y toda la ladera e inmediaciones es una cantera dilatadísima de varios mármoles de que, entre otras producciones del Principado da particular noticia el Conde de Toreno en sus Discursos a la Sociedad de Oviedo impreso en Madrid en año 1789».[32]

En base a una instrucción de 1823, las administraciones públicas se hicieron cargo de las competencias económicas y de la elaboración de los presupuestos, teniendo la potestad para decidir aumentos en los arbitrios

---

[31] Pérez de Castro (1959, p. 93).

[32] López Álvarez (2012, p. 8).

municipales para la ejecución de obras. Una parte sustancial del cómputo lo constituían los empedrados y afirmados de caminos, realización y mantenimiento de enlosados, aceras, plazas y puentes, así como la mejora de los cementerios. Para todo ello, era determinante el uso de materiales rocosos, entre los que se encontraban partidas de las calizas y los mármoles, por lo que resultaba imprescindible la apertura de canteras.[33]

Recién iniciada la década de los años treinta, el ilustrado y polifacético SANTIAGO ALVARADO DE LA PEÑA hizo referencia en su libro *El Reino Mineral* a la riqueza asturiana, al mencionar los minerales de carbonato de cal —en el apartado de «Noticias de minas de España»—, señalando como «se hallan muchas y buenas canteras de mármoles que se benefician».[34]

Adquirieron notoriedad las iniciativas del diputado cangués José Uría Álvarez-Terrero desde 1831 y, sobre todo, al ser nombrado miembro de la Comisión de Poderes el 30 de enero de 1836. Tanto él como los alcaldes Pedro José Pidal, Juan Uría Llano y sucesores debían de resolver las incidencias que surgían entre los vecinos debido a la extracción temporal de materiales pétreos de las canteras de la zona meridional del concejo, cuya propiedad correspondía a varias localidades próximas entre sí (Pueblo de Rengos, Moncó, Vega de Rengos o Gedrez) y cuyos verdaderos límites no todos conocían.

Mediada la centuria, PASCUAL MADOZ al referirse en su *Diccionario* del año 1849 a la parroquia de Vega de Rengos relata cómo «en términos del lugar de Pueblo se encuentran 2 abundantes canteras, la una de escelente mármol blanco, y la otra de mármol de color de plomo».[35] Precisamente es en 1855, época de este ilustre político, cuando se establece la Ley Madoz para los aprovechamientos comunales, que involucraba de nuevo a los Ayuntamientos y Diputaciones tanto en la cesión de terrenos para afrontar la explotación como en las actuaciones para su deslinde. Para ello, se establecía la necesidad —por parte del beneficiario— de solicitar licencia y pagar un arbitrio, con lo cual comienzan a surgir los primeros empresarios interesados en esta materia, pues en el arranque de la piedra aparece entonces un nuevo factor: el riesgo.[36] Concretamente, en el municipio cangués cada parroquia controlaba el aprovechamiento de las rocas, como se indica en el presupuesto del concejo de 1856, interesándose cada vez más en mantener unos buenos accesos para sus localidades.[37]

---

[33] CARPIO GARCÍA (1983, pp.165-170).

[34] ALVARADO DE LA PEÑA (1832, p. 189).

[35] MADOZ (1985, p. 424). También alude este autor a que en Cangas de Tineo abundan las canteras para edificios, «muchas de las que se hallan sin esplotar por estar ignoradas entre lo más escondido de aquellas sierras» (MADOZ, *op. cit.*, p. 111).

[36] CARRETERO GÓMEZ (2022, pp. 53-54).

[37] *Libro de Actas de las Sesiones Municipales* (1856), capítulo VIII del presupuesto, sobre conservación y reparación de caminos, indicando años después (1869) las grandes dificultades de tránsito entre Rengos y Larón, que exponían sus alcaldes de barrio Joaquín Martínez Fernández y Francisco Álvarez Casín. Atravesar por el Rañadoiro se hacía prácticamente inviable en invierno.

A partir de mediados de ese siglo empieza a tomar relevancia la intervención del Distrito Minero de Oviedo, una vez que el ingeniero jefe provincial recibe una instrucción de la Comisión Permanente de Geología en relación con un R. D. de 15 de febrero de 1865, por la que los técnicos superiores, destinados en la provincia al servicio general de la minería, serían los encargados de hacer los estudios relacionados con la referida Comisión:

> Para el conocimiento de la riqueza y proporcionar resultados de utilidad, siendo indispensable emprender el examen geológico de los criaderos inspirándose en las ideas de los autores de esta materia como Werner, Fournet, de Beaumont, Dambrée y otros, además de las observaciones de capataces y directores de las minas. Hay que comprobar los accidentes que aparezcan en longitud y profundidad, así como los cambios que pudieran haber y el origen de los minerales o rocas.[38]

En este sentido, la aportación de ingenieros de relevancia pertenecientes a dicha Comisión Permanente, tales como Amalio Maestre y Casiano de Prado, permitió tener un conocimiento aceptable de la abundancia de mármoles en el concejo de Cangas de Tineo, especialmente en base a los estudios y escritos previos de Guillermo Schulz.

Época de aportaciones geológico-mineras

El siglo XIX representó un período en el que la ciencia geológica recibió un importante impulso. A ello colaboró de forma significativa, como ya se adelantó, el ingeniero-geólogo de origen alemán Guillermo Schulz, el primer inspector, en 1833, al frente del Distrito Minero de Asturias y Galicia con sede en Ribadeo y luego, en 1844, destinado a Asturias. Concluyó rigurosas investigaciones sobre los recursos de la región, promoviendo la actividad minera como nunca se había llevado a cabo en épocas precedentes y dejando una brillante bibliografía sobre la geología regional.

En tal sentido, este ilustre técnico, refiriéndose a la escasez de litologías carbonatadas en el occidente de Asturias, sí indica la existencia de mármol de Rengos y Vega de Ribadeo (desde 1916, Vegadeo):

> Estas sin embargo no faltan del todo y las pocas que se encuentran son mayormente de textura sacaroidea ó de verdadero mármol; mencionaremos en primer lugar la faja caliza rica en hermosos mármoles que cruza por el valle y pueblo de Rengos á tres leguas S.S.O. de la villa de Cangas; esta faja tiene el ancho de un cuarto de legua y se estiende en longitud paralela á las rocas pizarrosas sobre dos leguas de S. á N. magnético formando como estas en su rumbo una curva muy abierta; hácia el estremo Sud se halla en esta faja caliza la cueva de Sequeras

---

[38] *AHA*. Libro de registros de entrada de correspondencia (1850-1872). Sección de Minas, número 6919, pp. 73-76.

de considerable estension y con muchas estalactitas; los mármoles más preciosos, ya del todo blanco como el de Carrara, ya de rosa clara, ya verdes se encuentran cerca del pueblo de Rengos, por desgracia á excesiva distancia de la costa y otras vías de comercio. Otra faja mucho menor, de mármol gris claro, se halla al N de la Vega de Rivadeo á orillas de la ría y es algún tanto esplotada aunque más bien para cocer cal que no como piedra de construcción y adorno.[39]

Esta variedad de notable pureza se conocía por esa época como «mármol estatuario» por su aplicación a la realización de obras escultóricas.[40]

Más adelante se alude a diversos tipos de calizas ornamentales que aparecen en la zona oriental asturiana, pero que, en realidad, no son estrictamente mármoles desde el punto de vista petrográfico:

> En la región de la caliza carbonera del Este de Asturias se hallan algunos mármoles jaspeados, v. g. en las cercanías de Llanes y Nueva, tambien los hay rojos y color de rosa en Llanes y Sobreescobio, casi negros cerca de Infiesto, blanquecinos, de color gris claro y de varios colores rubios en la comarca de Nava, en cuya hermosa casa de baños se pueden ver muchos de estos mármoles empleados en la construcción y en los adornos.[41]

Resultó importante que, a mediados de siglo, el ingeniero navarro Joaquín Ezquerra del Bayo tradujera al castellano las teorías expresadas por el prestigioso geólogo británico Charles Lyell, el cual denominó como «calizas hypogénicas o primitivas» que aparecen en lechos «constituyendo un mármol blanco, cristalino y granuliento muy a propósito para escultura». Su origen se mantenía por esa época aún en el campo de la controversia y la especulación, «considerándose derivado de unas condiciones particulares en distintos periodos de formación del globo terráqueo, sometido a la acción de fuerzas cristalinas muy intensas sobre las masas sedimentarias, con analogía de la que nace del calor de los gases volcánicos o de las rocas plutónicas».[42]

En 1851 se celebró la primera y *Gran Exposición Universal de Londres*, instalada en el Crystal Palace e inaugurada por la reina Victoria. Con tal motivo se enviaron desde Asturias remesas de minerales y rocas recopiladas por los ingenieros inspectores de minas Guillermo Schulz, Amalio Maestre y Eugenio Fernández. Entre ellas figuró un muestrario de mármol blanco extraído en

---

[39] SCHULZ (1858, p. 15).

[40] YAÑEZ Y GIRONA (1845, p. 170). Este texto pertenecía a la colección del conde de Toreno, depositada en la biblioteca de la Facultad de Geología de la Universidad de Oviedo (código 282-III).

[41] SCHULZ (*op. cit.*, p. 65).

[42] LYELL (1847, p. 272).

Lozana (Piloña), seleccionado por el Distrito de Oviedo en base a su extraordinaria pureza y luminosidad.[43]

En un manuscrito de 22 de abril de 1853, Manuel de Ibargoitia, administrador general de la casa de Toreno, pone en conocimiento el interés de personas por el monte de Muniellos, entre ellas algunos capitalistas ingleses, quienes después de su inspección, visitaron con provecho las canteras de mármol en el paraje de Rengos.[44]

Un experto muy consultado por Francisco de Borja Queipo de Llano y Gayoso de los Prados (VIII conde de Toreno) fue FELIPE NARANJO Y GARZA, quien en 1862 editó un *Manual de Mineralogía*, en el que describe las características del mármol de esta manera: «de textura sacaróidea, ó granosa; es una roca metamórfica, es decir, la caliza más ó menos compacta, y sedimentada primeramente por la vía acuosa é influida posteriormente por una acción ignea que la dio el grano y el aspecto cristalinos. No debe considerarse como verdadero mármol caliza alguna que no haya sido metamorfizada; hay además infinidad de mármoles por su distinto color».[45]

Asimismo, describe las diferentes variedades de mármoles conocidas en su tiempo y usuales en el comercio y entre los lapidarios (blanco, sacaroideo, negro, estatuario, cipolino, ruiniforme, brechiforme, etc.). Relata —aunque de manera errónea— la existencia de mármol negro, mezclado de conchas y otros fósiles, en Asturias, que «yace en terreno carbonífero».

Años después, Máximo Fuertes Acevedo hace una corta referencia a los mármoles con el siguiente detalle:

> Escaso uso se hace de esta piedra en Astúrias, porque el precio de su trabajo y pulimento es bastante elevado, y los edificios de Astúrias són por punto general modestos en su construcción, escepto algunos palacios y monasterios donde oportunamente se han utilizado estos materiales en obras de ornamentación. La exportación que pudiera hacerse de esta piedra, aún hecho el desbaste al pié de de la mina, ocasionaría grandes gastos en su transporte por la falta de comunicaciones fáciles y ventajosas: así es que si alguna vez se beneficia es tan sólo para hacer objetos de utilidad, como pilas de baños, ó de adorno muy raros por cierto, ó bien en la construcción de edificios, aprovechando tan sólo los mármoles de color uniforme. El precio por lo general, al pie de la cantera es de 100 reales el metro cúbico y de 160 en el mercado.[46]

---

[43] Según recogió el *Boletín Oficial de la Provincia de Oviedo* de 5 de marzo de 1851, p. 2. Entre la amplia relación de minerales asturianos enviados a Madrid para formar parte de la exhibición de España en la Exposición de Londres figura «una muestra de sulfuro de la mina nombrada Conde de Toreno de Cangas de Tineo».

[44] LÓPEZ ÁLVAREZ (2014, p. 44).

[45] NARANJO Y GARZA (1862, pp. 154 y 159). Un ejemplar de este libro dedicado a dicho conde de Toreno, está depositado en la biblioteca de la Facultad de Geología de la Universidad de Oviedo.

[46] FUERTES ACEVEDO (1884, p. 167).

FIGURA 2.9. Francisco de Borja Queipo de Llano y Gayoso de los Cobos (Madrid, 1847-1890), VIII conde de Toreno. Retrato de 1880 por Ignacio Suárez Llanos (Palacio de las Cortes).

Los negocios marmóreos del VIII conde de Toreno

A parte de los datos históricos del siglo XVIII ya relatados de Buenaga y el V conde de Toreno, durante el mes de mayo de 1864 se produce un intercambio de opinión entre Manuel de Ibargoitia, apoderado del VIII conde de Toreno (fig. 2.9) 47, y un vecino de Cangas de Tineo llamado Manuel de Gamoneda, representante de una sociedad que se había constituido para explotar el mármol de Rengos.[48]

Tras un cruce de propuestas, el VIII conde de Toreno acordó el arrendamiento de los terrenos de su propiedad, donde se hallaba la roca marmórea, firmándose el siguiente contrato de explotación (fig. 2.10):

[47] El VIII conde de Toreno tuvo un notorio historial político, pues fue alcalde de Madrid (1874-75), diputado a Cortes y presidente del Congreso, además de ministro de Fomento (1875-79) y de Estado (1879-80).

48 Carta del apoderado del VIII conde de Toreno, Manuel de Gamoneda, sobre la explotación de la mina de mármol en Rengos concejo de Cangas de Tineo (Asturias). *Archivo Histórico de la Nobleza,* signatura: Toreno.C.5.D.19-20, código de referencia: ES.45168 AHNOB/TORENO,C.5.D.19-20. Portal de Archivos Españoles (PARES), Ministerio de Cultura y Deporte.

El Señor Don Manuel de Ibargoitia vecino de esta Corte en concepto de apoderado del Excmo. Sr. Conde de Toreno, de una parte; de otra el Sr. D. Manuel de Gamoneda vecino de Cangas de Tineo, contratan lo siguiente.

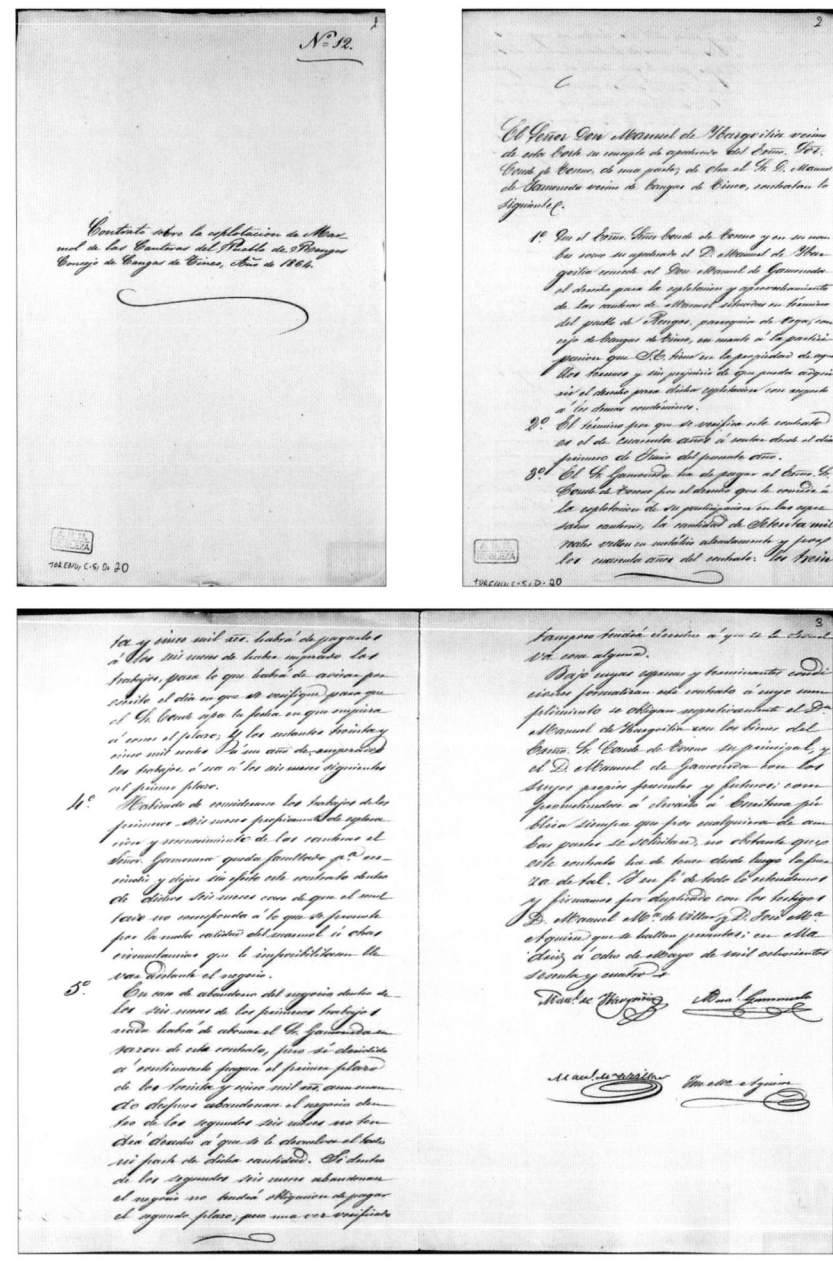

FIGURA 2.10. Contrato de explotación de las canteras de mármol de Rengos en 1864.

1.º Que el Excmo. Sr. Conde de Toreno y en su nombre como su apoderado el D. Manuel de Ibargoitia concede al Don Manuel de Gamoneda el derecho para la esplotación y aprovechamiento de las canteras de marmol situadas en término del pueblo de Rengos, parroquia de Vega, concejo de Cangas de Tineo, en cuanto á la participacion que S.E. tiene en la propiedad de aquellos terrenos y sin perjuicio de que pueda adquirir el derecho para dicha esplotacion con respecto á los demas condóminos.

2.º El término por que se verifica este contrato es el de cuarenta años á contar desde el dia primero de Junio del presente año.

3.º El Sr. Gamoneda ha de pagar al Exmo. Sr. Conde de Toreno por el derecho que le concede á la esplotacion de su participación en las espresadas canteras, la cantidad de setenta mil reales vellón en metálico alzadamente y por los cuarenta años del contrato: los treinta y cinco mil reales habrá de pagarlos á los seis meses de haber superado los trabajos, para lo que habrá de avisar por escrito el día en que se verifique para que el Sr. Conde sepa la fecha en que empieza á correr el plazo; y los restantes treinta y cinco mil reales á un año de empezados los trabajos, ó sea á los seis meses siguientes al primer plazo.

4.º Habiendo de considerarse los trabajos de los primeros seis meses propiamente de esploracion y reconocimiento de las canteras el Señor Gamoneda queda facultado para rescindir y dejar sin efecto este contrato dentro de dichos seis meses caso de que el resultado no corresponda á lo que se promete por la mala calidad del marmol ú otras circunstancias que le imposibilitasen llevar adelante el negocio.

5.º En caso de abandono del negocio dentro de los seis meses de los primeros trabajos nada habrá de abonar el Sr. Gamoneda en razon de este contrato, pero sí decidido á continuarlo pagase el primer plazo de los treinta y cinco mil reales, aun cuando despues abandonase el negocio dentro de los segundos seis meses no tendrá derecho á que se le devuelva el todo ni parte de dicha cantidad. Si dentro de los segundos seis meses abandonase el negocio no tendrá obligación de pagar el segundo plazo; pero una vez verificado tampoco tendrá derecho á que se le devuelva cosa alguna.

Bajo cuyas expresas y terminantes condiciones formalizan este contrato á cuyo cumplimiento se obligan respectivamente el D.ⁿ Manuel de Ibargoitia con los bienes del Excmo. Sr. Conde su principal, y el D. Manuel de Gamoneda con los suyos propios presentes y futuros; comprometiendose á elevarlo á Escritura pública siempre que por cualquiera de ambas partes se solicitase, no obstante que este contrato ha de tener desde luego la fuerza de tal. Y en fé de todo lo estendemos y firmamos por duplicado con los testigos D. Manuel M.ª de Villar y D. José M.ª Aguirre que se hallan presentes; en Madrid á ocho de Mayo de mil ochocientos sesenta y cuatro.

Los trabajos desarrollados posteriormente durante escasos años en zonas adyacentes a Reguero de los Prados tuvieron, por lo general, un carácter intermitente, extrayendo bloques y placas mayoritariamente bajo pedido previo. En su mayoría, limitó su comercialización a ámbitos municipales o dirigidos a su utilización en edificios palaciegos, así como otros de signo religioso, coincidiendo con un momento de importante crecimiento de la villa de Cangas.

Consolidación del saber geológico

Desde 1876 adquirieron trascendencia cronoestratigráfica los reconocimientos por el NO de España del geólogo francés profesor de la Universidad de Lille Charles Barrois (fig. 2.11) relatando la existencia de niveles de rocas carbonatadas en el occidente asturiano sometidas, en ocasiones a procesos de metamorfismo, asignándoles la denominación de «Calizas de Vegadeo».

En este entorno mencionó los «mármoles blancos sacaroideos de Villavedelle (término de Castropol), al norte de la capital veigueña, constituidos sólo por calcita de contornos irregulares, donde no se encuentra traza de la estructura primitiva, conteniendo pirita y mica blanca. A veces pasan al tipo de cipolinos, como ocurre en Folgueraraza, o incluso incluyen grafito en proporciones variables que les aporta tonalidad gris, como ocurre en Vega de Ribadeo. También llega a presentar pequeños cristales de talco, mica o clorita, difíciles de determinar, en Requenjo».[49]

La información de Barrois es tan rigurosa, original e importante que recogemos de manera literal el relato que hace de estos mármoles:

Figura 2.11. Charles Barrois (Lille, 1851-1939).

---

[49] Barrois (1882). Hay que aclarar que Folgueraraza y Requenjo son lugares de la vecina provincia lucense, cercanos a Mondoñedo.

L'action métamorphique la plus ordinaire de ces calcaires a été une complete recristallisation en place de tout le carbonate de chaux, qui a fait entièrement disparaître les contours antérieurs des restes organiques: les mêmes couches calcaires qui contiennent dans la province de Léon les fameux fossiles primordiaux étudiés par C. de Prado, de Verneuil, M. Barrande, sont parfois transformés dans les Asturies en marbre blanc saccharoïde, à Villavedelle par exemple. Ce marbre blanc de Villavedelle est formé uniquement de cristaux de calcite enchevêtrés ensemble de la manière la plus complexe et la plus serrée, et oú on ne trouve plus trace de la structure primitive; les grains de calcite qui le constituent ont des contours irréguliers, ils sont sillonnés sur les sections de lignes de clivajes, et formés à très rares exceptions près de lamelles hémitropes, maclées suivant les faces du 1er rhomboèdre obtus, comme dans des marbres de Carrare étudiés d'abord par Oschatz.[50] Ces grains de calcite sont absolument transparents, formés en général d'une trentaine de lamelles hémitropes; leurs différences d'orientation dans les grains voisins donnent au microscope des couleurs très variées dans la limière polarisée.

Les calcaires saccharoïdes cambriens des Asturies ne sont pas toujours aussi purs que celui de Villavedelle, dont la stratification est le seul témoin de sa structure primitive. Ils sonr souvent chargés de pyrite dodécaédrique, de mica blanc, et passent alors au cipolin, comme à Folgeraraza; d'autres fois contiennent du graphite en proportion variable (Vega de Rivadeo, Villavedelle), sa couleur passe alors du gris au bleu, et cet état des calcaires cambriens est certes le plus ordinaire. Ils contiennent enfin en abondance (Requenjo), d'autres pailletes talqueuses, micacées, ou chloriteuses, difficiles á déterminer.[51]

---

[50] OSCHATZ (1855, pp. 5 y 6).

[51] BARROIS (*op. cit.*, pp. 51 y 52). La acción metamórfica más común de estas calizas fue una recristalización completa de todo el carbonato cálcico, que hizo desaparecer completamente los contornos de los restos orgánicos anteriores: las mismas capas de caliza que contienen en la provincia de León los famosos fósiles primordiales estudiados por C. de Prado, de Verneuil, M. Barrande, se transforman a veces en Asturias en mármol blanco sacaroideo, por ejemplo, en Vilavedelle. Este mármol blanco de Vilavedelle está forma-do únicamente por cristales de calcita entrelazados de manera compleja y ajustada, donde ya no se en-cuentra rastro alguno de la estructura primitiva; los granos de calcita que lo constituyen tienen contornos irregulares, están surcados en las secciones de las líneas de exfoliación y están formados, con muy raras excepciones, por laminillas hemitrópicas, macladas según las caras del primer romboedro obtuso, como en los mármoles de Carrara, estudiados por primera vez por Oschatz. Estos granos de calcita son absolu-tamente transparentes y están formados generalmente por una treintena de laminillas hemitrópicas; sus diferencias de orientación en los granos vecinos proporcionan bajo el microscopio colores muy variados con luz polarizada. Las calizas sacaroideas cámbricas de Asturias no siempre son tan puras como las de Villavedelle, cuya estratificación es el único testigo de su estructura primitiva. A menudo contienen pirita dodecaédrica, mica blanca y pasan entonces a cipolino, como en Folgeraraza; otras veces contienen grafi-to en proporciones variables (Vega de Ribadeo, Villavedelle), entonces su color cambia del gris al azul, y este aspecto de las calizas cámbricas es sin duda el más común. Finalmente, contienen en abundancia (Requenjo), otras pequeñas placas talcosas, micáceas o cloríticas, difíciles de determinar.

La descripción de Barrois sobre los carbonatos paleozoicos de Asturias no queda aquí, pues un poco más adelante añade lo que sigue en su libro [52]:

> On trouve de la sílice dans ces calcaires cambriens comme dans tous les autres calcaires paléozoïques des Asturies; le quarz s'y montre ça et là dans les préparations, formant sou les nicols des mosaïques de petits cristaux arrondis ou anguleux, serrés les uns contre les autres, et à extinctions vives caractéristiques. Ils est peu abundant (Mondoñedo, Villavedelle).
>
> On doit à Paillete et Bézard[53] l'analyse chimique d'un échantillon de ces calcaires cambriens, gris, modifié, un peu cristallin, ramassé entre Cangas de Tineo et Rao. Il renferme:

Résidu insoluble argilo-siliceux	4,100
Péroxyde de fer alumineux	1,700
Carbonate de chaux	89,800
Carbonate de magnésie	2,220
Eau, un peu de matière colorante	2,180

Poco tiempo antes, había llegado a manos de Joaquín Queipo de Llano un ejemplar. dedicado por el catedrático catalán JUAN VILANOVA Y PIERA, titulado *Tratado de Geología*, que explicaba cuál era el origen geológico de los mármoles y su catalogación dentro de las rocas metamórficas.[54]

En base a las aportaciones sobre la existencia de niveles marmóreos en el occidente astur y las suyas propias, el brillante ingeniero-geólogo aragonés LUCAS MALLADA (fig. 2.12) publicó en 1896 la *Memoria del Mapa Geológico de España*, recogiendo datos de los municipios de Cangas de Tineo (sobre todo, de Rengos, con mármoles

FIGURA 2.12. Lucas Mallada y Pueyo (Huesca, 1841-Madrid, 1921).

---

[52] BARROIS (*op. cit.*, p. 53). La sílice se encuentra en estas calizas cámbricas como en todas las demás calizas paleozoicas de Asturias; el cuarzo aparece por doquier en las preparaciones, formando mosaicos de pe-queños cristales redondeados o angulosos bajo los nicoles, apretados unos contra otros, y con característi-cas extinciones. No son muy abundantes (Mondoñedo, Villavedelle). PAILLETE y BÉZARD (1849) realizaron el análisis químico de una muestra de estas calizas cámbricas, grises, modificadas, ligeramente cristalinas, recogidas entre Cangas de Tineo y Rao.

[53] PAILLETE y BÉZARD (1849, p. 579).

[54] VILANOVA Y PIERA (1878). De nuevo, un ejemplar de este texto, y con su dedicatoria, se conserva con la referencia GE-482 en la biblioteca de la Facultad de Geología de la Universidad de Oviedo.

blancos, rosa pálido y verdosos), así como de Castropol (Vilavedelle) y Vega de Ribadeo. Igualmente, cita las zonas de calizas marmorizadas con aspecto sacaroideo que se hallan en Iboyo (Allande), Navelgas (Tineo), así como las de Paredes y Cadavedo (Valdés).[55]

Culminando la centuria decimonónica, el ingeniero de minas galo M. Martelet, en colaboración con el técnico forestal M. Fatou, realizó desde 1894 un análisis geológico-minero de la zona del Alto Narcea con vistas a informar sobre las riquezas naturales, que por entonces controlaba la entidad franco-belga *Sociedad Minero-Forestal*, que extraía madera del bosque de Muniellos.[56]

Además de descubrir las posibilidades y características de los yacimientos de carbón (que calificaban como Permo-carboníferos) y de los criaderos de hierro, mencionan otros recursos incluyendo las rocas marmóreas, de las que indica que «se emplazan en la formación cambriana, en medio de la cual se encuentran mármoles preciosos de los que su explotación puede, en ocasiones, ofrecer serio interés». Dicho informe lo culminan en Langres (Alto Maine, Francia) el 21 de noviembre de 1895 y fue publicado con posterioridad.[57]

Del mismo modo, en el capítulo dedicado a Cangas de Tineo, del libro *Asturias*, dirigido por BELLMUNT y CANELLA, entre 1895 y 1900, se hacen algunas consideraciones sobre el potencial minero del término municipal:

> El terreno del Concejo es de formación siluriana; y tratando de su constitución minera pueden citarse las margas de Besullo, Tebongo y Corias, el mineral de plomo (galena) en Soto de los Molinos, feligresía de San Pedro de Caliema; antimonio en Folguerajú de Naviego, en Carballo, en Burracán de Cangas y Tande de Sierra; indicios de hulla en Ambasaguas de Cangas y en Las Cruces de Vega de Rengos; en este punto las célebres canteras de mármol de muy variados y preciosos colores, comprendidos en una concesión minera de más de mil hectáreas á favor de la sociedad «Montes de Muniellos», concesionaria también del deseado ferrocarril á San Esteban de Pravia; y por último, en la región de San Pedro de las Montañas se ven minados antiguos, probablemente para explotar oro.
>
> El docto D. Joaquín Queipo de Llano, conde de Toreno, enumeró en un curioso folleto las abundantes canteras que indicamos y cita las de Fuentes de Carballo, Pueblo de Rengos, Malpaso, Rebollo, Pumarín, Moncó, Peña de Cuervo, Gedrez, etc., todas de diferentes clases y muy bellas, unas semejantes al ágata, otras coralíticas ó negras, azules, blancas, rojas, unas con variadas betas, otras con petrificaciones y otras con tonos y apariencia de «aurora y perla». El erudito prócer manifiesta que el Intendente regio general Sabatini y el marmolista de palacio Galeotti graduaron estas piedras en 1784 celebrando su abundancia, calidad y

---

[55] MALLADA (1896, pp. 41 y 42).

[56] LÓPEZ ÁLVAREZ (201?, p. 66).

[57] MARTELET y FATOU (1900, p. 8). La agrupación cultural canguesa *Tous pa Tous* realizó en 2009 una edición digital, en castellano.

belleza y entre aquéllas una dura semejante al pórfido verde. El conde trabajó por difundir esta riqueza y animar su explotación con vías á Castilla y al puerto de Luarca.[58]

FIGURA 2.13. IX conde de Toreno (Madrid, 1890-1938)

Asimismo, de esta etapa más tardía del siglo XIX y comienzos del siguiente se conservan algunas actas notariales de varias escrituras de compraventa de derechos de beneficio de minas y tala de árboles en Cangas de Tineo y Vega de Rengos, en particular realizadas entre Álvaro de Borja Queipo de Llano y Fernández de Córdoba (Madrid, 1864-1938) (XI vizconde de Valoria y IX conde de Toreno, fig. 2.13), propietario de dichos bienes, y distintas compañías madereras interesadas por el bosque de Muniellos, entre ellas la *Sociedad General de Explotaciones Forestales y Mineras «Bosna Asturiana»*, la cual también se fascinó por el potencial minero de este ámbito y sus alrededores.[59]

A partir de principios del siglo XX el conde de Toreno y su familia venden el monte de Muniellos a un banquero bilbaíno y poco después, el 25 de marzo de 1902, se hace cargo del mismo la *Sociedad Bosna Asturiana*, formada por accionistas vascos, asturianos y franceses, que incluían terrenos boscosos de Pueblo de Rengos y Gedrez, mostrando el mismo interés que sus predecesores por el aprovechamiento del mármol, al igual que por las capas de carbón y los niveles ricos en hierro. Manifestaban la misma inquietud que la anterior compañía franco-belga por llevar a cabo el levantamiento de una vía férrea desde Muniellos hasta San Esteban de Pravia.[60]

Ese mismo año se publicó el trascendente *libro Asturias Industrial*, en el cual al relatar la citada entidad extractora de madera se expresa lo siguiente:

> Además de explotar la extensa zona de bosques de Muniellos, pretende aprovechar las abundantes y ricas canteras de mármol de varios colores. Establece que se podría alcanzar una producción a transportar de 5.000 t/año de mármoles y pizarras en el proyecto de ferrocarril hasta Cornellana, ocupando las previsibles canteras un ámbito de

---

[58] CUERVO (1897, p. 194).

[59] *Archivo Histórico de la Nobleza*, signatura: Toreno.C.66.D.271-273, código de referencia: ES.45168 AHNOB/TORENO,C.66.D.271-273. Portal de Archivos Españoles (*PARES*), Ministerio de Cultura y Deporte.

[60] El ingeniero y banquero Ruperto Velasco Heredia, como director de la Compañía redactó el proyecto de esta línea en 1903 y exhibió notable interés por los recursos mineros de Rengos.

12 km de longitud por 2 de ancho, cruzando en dirección S.S.O todo el valle de Rengos desde Ventanueva. Esta faja abundante en caliza marmórea sacaroidea está encerrada dentro de un banco de pizarra de hermoso color negro azulado, de fina contextura.[61]

Cuando en 1905 se edita la *Guía General de Asturias*, al referirse a los términos meridionales de Cangas de Tineo, se indica la riqueza arbórea y las posibilidades de aprovechar los mármoles de las cercanías del bosque de Muniellos, así como de los montes de Peña del Cuervo y Cengadera (Gedrez), a la vez que de Monasterio de Hermo. Igualmente, se señala como a 15 km de la villa se reconoce una faja de tres kilómetros de anchura y once de largo, de norte a sur, de

FIGURA 2.14. Luis Adaro y Magro (Madrid, 1849- 1915). Galería del Consejo Superior de Minería y Metalurgia.

excelente mármol blanco, verde, rosa, amarillo y negro en el valle de Rengos.[62]

Para su ocasional extracción se utilizaba la pólvora que vendía en Cangas José Pallarés Nomdedeu y por ese tiempo se interesaron las marmolerías ovetenses de Fernando Mier, Juan Montoussé y José Vega y Mier ubicadas en la calle Uría, a la vez que Ramón Menéndez de la plaza de San Miguel, por la compra de pequeños bloques de mármol; lo mismo sucedió con el marmolista Ángel Arias Falcón, que tenía su taller en la calle Cámara de Avilés.[63]

En 1916, el empresario e ingeniero de minas LUIS ADARO Y MAGRO (fig. 2.14) publicó, junto con G. JUNQUERA, su trascendental obra *Criaderos de hierro en Asturias*, donde llegan a describir las características sedimentológicas y estratigráficas más notables de la geología del Principado. Incluye un bosquejo geológico en el que se destaca con significativa precisión para la época los niveles carbonatados que incorporan los bancos marmóreos de la zona de Moal, Rengos, puerto de Rañadoiro y Gedrez (fig. 2.15).[64] También recoge los afloramientos calcáreos de la zona de Las Montañas y Besullo.

---

[61] FUERTES ARIAS (1902, pp. 354-361).

[62] GUTIÉRREZ MAYO y ÁLVAREZ URÍA (1905, p. 112).

[63] GUTIÉRREZ MAYO y ÁLVAREZ URÍA (*op. cit.*, p. 265) y *Anuario descriptivo de Asturias* (1904, pp. 50 y 75).

[64] MAÑANA VÁZQUEZ (2002, p. 132). Luis Adaro y Magro falleció un año antes de su edición.

FIGURA 2.15. Mapa geológico del entorno del concejo de Cangas del Narcea (antes de Tineo), con indicación en azul oscuro de los afloramientos de «caliza sacaroidea», según Luis Adaro (1915) sobre plano topográfico de Schulz (en ADARO y JUNQUERA, 1916, t. II Láminas).

Posteriormente, en 1920 el historiador cangués Mario Gómez relata en la descripción de la geología del concejo como «en mármoles tenemos una riqueza y gozan de fama y prometen emporios para esta tierra la faja de Rengos, blanca, rosa pálido o verdosa, que abarca diez kilómetros de largo por uno de ancho; y otra, más larga, que comienza en San Feliz (de las Montañas), se extiende por la Pola (de Allande) hasta Collada y sigue por Navelgas a Cadavedo. Es muy profunda; se oculta en largos trayectos y asoma a la superficie pocas veces. Schulz demarcó también calizas en Corros y la Feltrosa».[65]

---

[65] GÓMEZ GÓMEZ (1920, p. 42).

Entre 1928 y 1932, este afamado y valorado narrador local realizó una serie de descripciones de las localidades, costumbres y personajes del municipio de Cangas del Narcea, recogidas en la popular revista *La Maniega*. En concreto, al referirse al ámbito de Rengos señaló tanto la producción de cal y su distribución hacia algunos pueblos, como la riqueza de las canteras del Pueblo de Rengos a las que «se le espera un gran porvenir el día que se explote el mármol.[66] No obstante, era reiterado el interés hacia el anhelado trazado férreo siguiendo el curso del Río Narcea hasta el puerto costero de San Esteban de Pravia.

A destacar, finalmente, los datos aportados en la campaña de reconocimiento geológico efectuada en el sector meridional del municipio por el profesor Noel Llopis Lladó[67] entre el 18 y 24 de julio de 1959. Varias de sus observaciones y cortes geológicos quedaron recogidas en uno de sus cuadernos de campo[68], describiendo especialmente los niveles carbonatados del Cámbrico, donde reseña la aparición de horizontes marmóreos en terrenos de Moal, Moncó, El Pueblo de Rengos, puerto de Rañadorio, Gedrez y Monasterio de Hermo. Incluso detalla diversos entornos en los que se detectó la apertura de antiguas canteras, sobre las que confirma la existencia de trabajos de extracción de mármol que calificó de excelente dada su textura sacaroidea y neta coloración blanquecina o rosada.

Resulta sumamente ilustrativa la relación de parajes del ámbito del puerto de Rañadoiro (fig. 2.16) en los que reconoció los niveles carbonatados, de los que expresa «están fuertemente metamorfizados hasta transformarse en mármoles o cipolinos de grano grueso o fino, aunque el metamorfismo no ha actuado por igual en todas las capas».

Como conclusión, generalizada por técnicos posteriores, se valoró que en Asturias son escasos los mármoles puros y más abundantes las calizas de aplicación industrial y ornamental, es decir, aquéllas susceptibles de ser cortadas, serradas y pulimentadas para la construcción u otros fines decorativos o artísticos. Los primeros que parecen reunir las mejores características son los del Cámbrico de las zonas de Rengos y Larón (Cangas del Narcea), Degaña y los del Carbonífero de Cardes (Piloña). Entre las calizas ornamentales destacan algunos niveles del Devónico en los concejos de Grado y Salas, así como los de tonalidad rojiza («griotte») del Carbonífero

---

[66] En 2022 destacados miembros de la Sociedad Canguesa de Amantes del País *Tous pa Tous*, recopiló los artículos de MARIO GÓMEZ en el libro titulado *Rumbos. Viaje por Cangas de Narcea, 1928-1952.*

[67] Noel Llopis Lladó (Barcelona, 1911-San Vicente dels Horts, 1968) fue un apasionado y brillante catedrático de la Universidad de Oviedo, impulsor de la creación de la Facultad de Geología.

[68] En concreto, en el señalado con la signatura G-55, LLOP-44, pp. 64-73 y 89-90, depositado en la biblioteca de la Facultad de Geología de la Universidad de Oviedo.

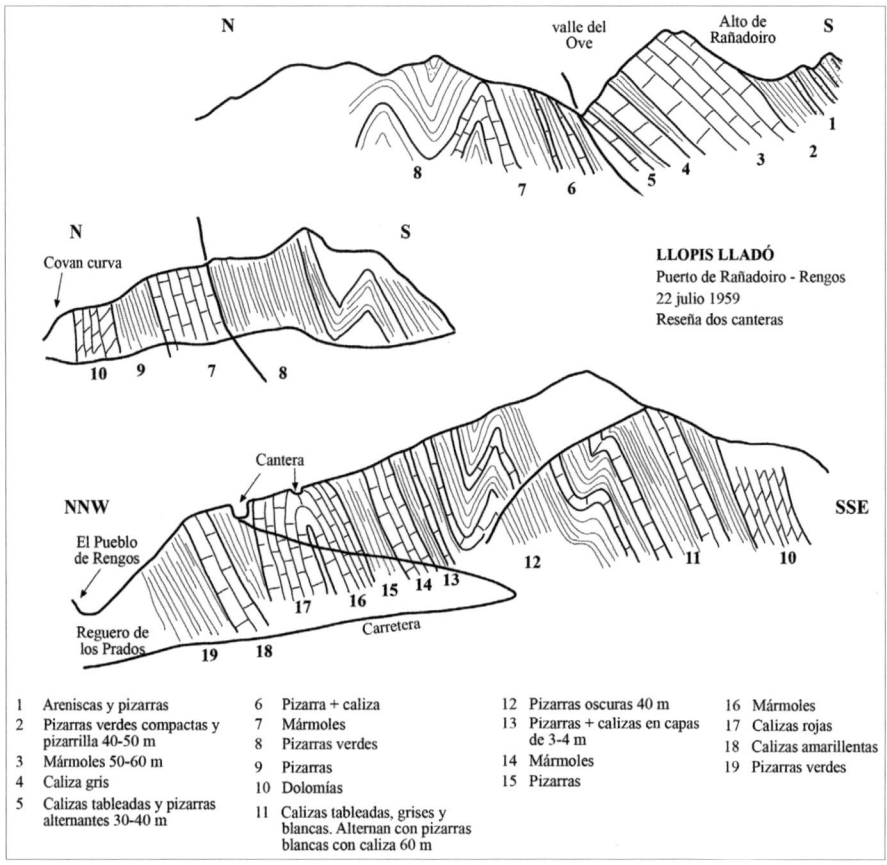

FIGURA 2.16. Corte geológico en el entorno del puerto de Rañadorio (redibujado de LLOPIS, 1959, p. 90).

Inferior explotadas en diversos entornos de la zona centro-oriental del Principado.[69]

De cualquier manera, desde los albores del pasado siglo la preocupación por la extracción del mármol en el entorno meridional del concejo de Cangas de Tineo se redujo sensiblemente derivado, en parte, por la disminución poblacional que tuvo lugar en las principales localidades de la zona (tabla 2.I), a pesar de la existencia de evidentes recursos mineros. Tal reducción quedó de manifiesto por el sensible decrecimiento de las aportaciones a la contribución urbana.[70]

---

[69] GUTIÉRREZ CLAVEROL y LUQUE CABAL (1993, pp. 275 y 276); LUQUE CABAL y GUTIÉRREZ CLAVEROL (2010, p. 187); FERNÁNDEZ SUÁREZ et al. (2013, pp. 80-83).

[70] Resulta llamativo como esta emigración se dirigió hacia países americanos (Argentina, sobre todo), así como a localidades próximas leonesas con explotaciones de carbón

2.I. Elementos poblacionales relacionados con el mármol

Localidad	Vecinos	
	Año 1900	Año 1902
El Pueblo	33	22
Gedrez	61	34
Moncó	27	10
Cruces	8	5
Larón	23	19
Monasterio de Hermo	23	15

Puesto que los vecinos de las distintas parroquias se iban haciendo con los montes de utilidad pública, lo más lógico es suponer que, bajo el control de cada alcalde de barrio, se fueran atendiendo a lo largo de la primera mitad del siglo XX las ocasionales peticiones de las partidas solicitadas. Aquellos vecinos capacitados por un mayor dominio en el arranque del mármol y con mejor conocimiento de los parajes más favorables, son los que se ocuparían de su aprovechamiento. Es muy probable que los más expertos en cantería se dedicaran también a las labores de corte y pulido obteniendo las morfologías que se demandaban (plaquetas, losas, cruces, tiestos, peldaños de escalera, etc.).

Incluso en la capital del municipio ya se había instalado un taller en los años 20, gestionado por un marmolista[71] que, no cabe duda, demandaría la aportación de pequeños bloques del mármol de mayor homogeneidad de alguno de los yacimientos en su día más prolíficos (El Pueblo, Larón o Gedrez).

Entre los muchos afiliados a la revista canguesa *La Maniega* (1926-1932), fundada entre otros por el referido historiador Mario Gómez, figura ya desde el primer número como marmolista Leandro González[72]. A su vez, llegó a hacer funciones de cantero, extrayendo bloques de mármol en parajes del entorno del puerto de Rañadoiro. Más aún, en febrero de 1936, en

---

(Villablino, Caboalles). Por ello, tan solo se dispone de una referencia sobre la comercialización de material marmóreo que tuvo lugar con la venta, por parte del vecino de Pueblo de Rengos Fernando López, de una partida de baldosas entregadas en Cangas con vistas a arreglar la calle Mayor.

[71] Algunos vecinos veteranos señalan como en el barrio del Carmen de Cangas del Narcea posiblemente estuvo trabajando el citado Leandro González y después de superado el conflicto bélico de 1936-39 se ins-talaron Angelín el Rusiu y Cándido Olay, también duchos en este oficio.

[72] Revista *La Maniega* (octubre de 1926, n.° 4, p. 9). Revista *Tous pa Tous*, t. I (1926-1928), Ayalga Ediciones.

la revista titulada *Narcea*, Serafín Rodríguez desde Madrid comenta haciendo memoria del muy valorado poeta y explorador de minas del occidente asturiano el salense Jesús Pérez de Castro, apodado como «Pinón de la Freita», —descubridor de la mayor parte de los yacimientos de Cangas del Narcea— el cual estando reconociendo los terrenos cercanos al citado puerto se topó con el mencionado Leandro, el cantero dispuesto a aprovecharse de mármol para unas obras que debería de hacer en un templo parroquial cercano a la villa. Habiéndose declarado ese día una huelga, el cantero y el representante de las compañías mineras, dejaron escritos unos versos, una vez refugiados en una tasca que se recogen al margen.[73]

> *Buscando en carbón primario*
> *a El Pueblo de Rengos bajé,*
> *y encontré a Leandro, el lapidario*
> *por mármol p'al campanario*
> *de la iglesia de Limés*
> *Aunque yo prisa tenía*
> *jugué el todo por el todo*
> *Y sin par alegría*
> *los dos empinando el codo*
> *nos pasamos todo el día*
> *Que cuando dos calaveras*
> *se pasan horas enteras*
> *en los templos tabernarios*
> *se «dejan» los campanarios*
> *y las Empresas mineras*

Todavía en mayo de 1936 un colaborador local de tal publicación, José Álvarez Martínez, escribió sobre las posibilidades del subsuelo municipal que «en su riqueza minera cerca de Cangas hay canteras de mármol (…). Mármol limpio reluciente, prieto de bellos y originales veteados. Y, sin embargo, se carece de comunicaciones rápidas para llevarlo a las ciudades».[74]

Tampoco se pudo obtener conocimiento certero si, además, el laborioso encargado de una marmolería ovetense de esa época Herminio Pevida, a las órdenes de Francisco y Belarmino Cabal[75] —en cuyo taller, sito en la calle La Lila, llegaron a trabajar hasta 30 operarios, algunos de ellos aprendices— logró adquirir partidas de las explotaciones de Cangas del Narcea o de las más próximas de Infiesto.

---

[73] *Revista Narcea* (1 de febrero de 1936, n.° 9, pp. 4 y 5)

[74] *Revista Narcea* (año II, 1 de mayo de 1936, n.° 12, pp.7)

[75] Belarmino Cabal de la Huerta era hijo, nieto y biznieto de empresarios dedicados al trabajo del mármol, por lo que deberían haber conocido el potencial existente en el concejo cangués. Había adquirido gran experiencia artística en la talla de esta litología ornamental. Sus descendientes suministraron el mármol del mosaico diseñado por Antonio Suárez en el paseo de los Álamos de Oviedo.

Todo ello a pesar de que por esa época ya se habían alcanzado en Asturias notables progresos en los métodos de extracción de los bloques de rocas ornamentales. Uno de esos avances consistía en introducir pólvora o dinamita en las hileras de barrenos, abiertos cada 10-30 cm para favorecer su despegue. Se aprovecha por lo general una línea de fractura en las caras laterales y trasera del gran sillar a desgajar, procurando que estuviera «limpio», o sea, sin grietas o fisuras internas; esto queda patente al escuchar el sonido producido por un simple golpe de martillo.

La operación de arranque manual con barrena constaba de tres partes: 1) hacer en la roca un conjunto de taladros o agujeros cilíndricos, lo que se llama en cada caso «abrir el barreno»; 2) introducir en ellos una cierta cantidad de explosivo, es decir, «cargar el barreno»; 3) prender fuego a este petardo para que con la voladura despegase el bloque rocoso, esto es «pegar el barreno».

El barrenado requería la intervención de dos o tres operarios, haciendo primero un pequeño hueco con un pico o cincel y luego consiguiendo introducir un corto taladro con final en bisel sujetado con fuerza por uno de los trabajadores y los otros dos lo golpean alternativamente con la ayuda de unos grandes martillos de mango largo o de mazas. Si solo es uno el que golpea, en cada impacto se hace girar medio cuarto de vuelta la barrena, si fueran dos se hace otro tanto en cada colisión. Cuando quedase incrustada se trataría de lograr meter otra más larga y así hasta llegar a penetrar la longitud óptima del bloque. Estas operaciones requerían gran pericia y destreza de los intervinientes implicados y no están exentas de riesgos. En algunos casos se llegaba a disponer de hasta cinco longitudes de barrenas, según el alcance final.

Después de meter el cartucho en cada agujero se cegaba con arcilla («atacar el barreno») encajando a la vez una aguja larga, que permitía hacer un hueco en él y además, al sacarla, dejar una canaladura por donde introducir la mecha, con lo que finalmente se daría la pega de forma simultánea.[76]

Cuando se logró realizar la perforación con ayuda del martillo neumático accionado con aire comprimido, la labor de arranque se ejecutó con más rapidez y se hizo menos fatigosa, requiriendo para ello la instalación de un compresor en su proximidad.

En cualquier caso, había que calcular con precisión la cantidad de explosivo para que, de esta forma, se facilitara finalmente tras la voladura la separación simultánea de la roca, evitando obtener bloques demasiados irregulares —que luego habría que corregir y modelar—, hasta lograr ángulos rectos en

---

[76] Para una información más detallada y precisa, consultar a EZQUERRA DEL BAYO (1851, pp. 146-162) (puesto a la venta en la librería ovetense de Rafael Cornelio Fernández bajo el título *Elementos de laboreo de minas*, como puso en conocimiento de los técnicos mineros asturianos el *Boletín Oficial de la Provincia de Oviedo* de 11 de julio de 1851). También en HEISE y HERBST (1943, t. I, pp. 166-172, 218-219 y 261-267).

esquinas y vértices, así como alisando sus caras, para lo cual se empleaban escuadras, compases y saltarreglas (esto es, dos reglas móviles alrededor de un eje, lo que permite trazar ángulos diferentes), así como distintos equipos de pulido. Con ello se lograría la forma más perfecta posible del bloque según los deseos y dimensiones del adquiriente.

Otro progreso interesante se produjo cuando se alcanzó mecanizar el aserrado para el corte de los bloques y la obtención de placas, consiguiendo producir el desplazamiento continuado por acción del empuje del agua (sistema hidráulico).

Sin embargo, no se tiene constancia de que esta por entonces novedosa tecnología se hubiese empleado con regularidad en la mayoría de las canteras y talleres de mármol de Asturias. Tampoco otros sistemas más avanzados y tardíos para la extracción de bloques, como el uso de hilo diamantado para lograr un incremento sustancial de la velocidad de corte, que no llegó a incorporarse en nuestra región.

ESCULTURAS NOTABLES DE MÁRMOL EN ASTURIAS

Esparcidas por el territorio astur se encuentran esculturas y otros objetos artísticos cincelados en mármol de diferentes épocas y orígenes, de los que sólo se pretende citar algunos de los más significativos. En ocasiones, se referiría a material de origen asturiano, pero la mayoría de las veces correspondería a depósitos foráneos.

Hay que señalar que, especialmente en la Alta Edad Media hispánica era bastante habitual el reaprovechamiento de componentes de lujo, como es el caso del mármol, procedente de construcciones de la Antigüedad, con frecuencia de la época romana.

Oviedo

La presencia de la romanización es bastante común en este ámbito geográfico. Cuando se construyó la Facultad de Medicina de Oviedo en el actual campus universitario de El Cristo—entre las calles Julián Clavería y Fuertes Acevedo— se arruinó completamente un yacimiento arqueológico de época romana (Las Murias de Paraxuga). En las excavaciones llevadas a cabo en 1973, se encontraron elementos arquitectónicos de una villa, con restos de, al menos, los siglos IV y V d. C. (lienzos de muros, fíbulas, cerámica de época altomedieval, monedas de Augusto, anillos…).[77] Como se mostrará seguidamente, los hallazgos se desperdigan por otras zonas del concejo como se mostrará seguidamente.

---

[77] GONZÁLEZ (1957).

Pila bautismal de La Corte

Durante unas obras efectuadas durante 1968 en la sacristía de la iglesia de Santa María la Real de la Corte apareció, en un hueco en forma de hornacina, una pila bautismal de baño o inmersión tallada en mármol, junto con otra de formato convencional. Se trata de un recipiente rectangular de una sola pieza, sin tapa, de paredes muy robustas y con unas dimensiones de 1 x 0,63 x 0,55 m (fig. 2.17).

FIGURA 2.17. Pila bautismal romana de Santa María la Real de la Corte.

Aunque al principio se consideró del período visigótico (siglos VI o VII), el arqueólogo Emilio Olávarri Goicoechea la consideró romana, en concreto del tiempo del emperador Augusto (siglo I). Esta atribución estuvo basada en la decoración del contorno de la pila (un «kymation lésbico» recto), ornato que suele figurar en las molduras de los entablamentos clásicos romanos junto con otros adornos.

Según opinión de algunos expertos, el mármol es de origen portugués lo que hizo pensar que procede de Mérida o Itálica y que, tal vez, llegó a Oviedo en tiempos de la monarquía asturiana, al igual que otras obras escultóricas.

De una etapa próxima, aunque no de la misma época, es la pila bautismal que se ha encontrado en los trabajos de ampliación del *Museo de Bellas Artes* (véase fig. 2.20).

Museo de Bellas Artes

Las obras realizadas en el *Museo de Bellas Artes de Asturias* durante el año 2008 fueron de enorme interés para demostrar la existencia de estructuras de época romana. Además de la fuente alargada, cajeada y tallada en caliza cretácica (fuente de la Rúa), datada entre los siglos III y V d. C., apareció a escasos metros del manadero un nuevo capitel corintio tallado en mármol blanco con tonos grisáceos decorado con hojas de acanto, típico del siglo III (fig. 2.18), amén de un as de bronce del emperador Tiberio (siglo I) y un taller azabachero del siglo XV, el más antiguo que se ha excavado.

FIGURA 2.18. Capitel de mármol de orden corintio del siglo III hallado en la ampliación del Museo de Bellas Artes de Asturias. (Museo Arqueológico de Asturias). Cortesía de Rogelio Estrada.

FIGURA 2.19. Microfotografía en nicoles cruzados del mármol del capitel, a 30 y 60 aumentos.

El mármol constituyente tiene un aspecto sacaroideo de color blanco grisáceo con una alternancia de vetas de color gris azulado. El estudio microscópico permite distinguir un tamaño de grano fino con cristales deformados y con tendencia al alargamiento, presentando cierta orientación y bordes de grano ameboidales. La textura se define como granoblástica heterométrica, ofreciendo un bandeado paralelo (fig. 2.19). Asimismo, se observan algunos cristales de tamaño muy pequeño de origen detrítico (cuarzo), incoloros y con superior relieve.[78]

Sus características petrográficas confirman que se trata de un mármol tipo cipolino con el clásico bandeado gris atribuido a una procedencia hispana, cuyo origen no ha podido confirmarse.

Además del bello capitel, en los estudios arqueológicos de esta excavación se encontró un trozo de una pileta cristiana (fig. 2.20), única en Asturias, en un solar de la calle de la Rúa cercano a la iglesia de San Tirso.[79]

La pieza posee una morfología cuadrangular elaborada con mármol blanco de aspecto homogéneo y sacaroideo. Corresponde al borde superior de una gran pila bautismal, del tipo denominado «en forma de cuba», utilizada para bautismos por inmersión parcial del catecúmeno; posee pequeñas dimensiones (16 x 8,5 x 5 cm) y según las pruebas con carbono 14 pertenece a la época paleocristiana (fechada entre los siglos V y VI). Su primer uso debió de ser el de fuente pública o bañera palaciega y se supone que procede de Mérida o Itálica, huyendo de la invasión musulmana.

La pileta presenta un gran labrado con un sogueado y motivos vegetales típicos de una temática religiosa, así como un buen trabajo de pulido en su parte interna.[80]

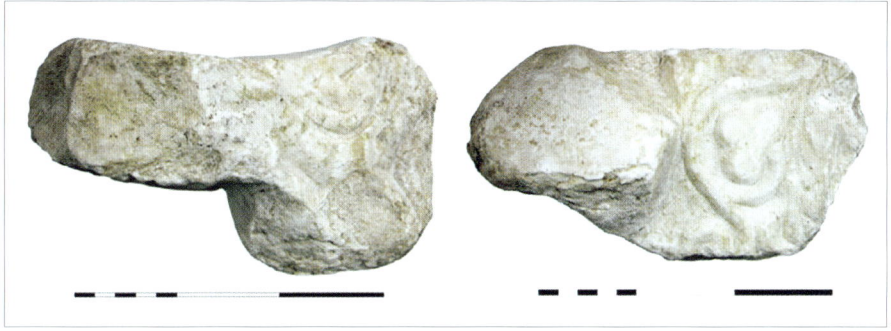

FIGURA 2.20. Fragmento de la pila bau-tismal hallada en las excavaciones del Museo de Bellas Artes. Cortesía de Roge-lio Estrada.

---

[78] RODÀ DE LLANZA *et al.* (2009).

[79] FRECHILLA (2008).

[80] Según descripción del arqueólogo Rogelio Estrada, encargado de las excavaciones efectuadas durante la ampliación del Museo de Bellas Artes.

El estudio petrográfico realizado permitió determinar que se trata de un mármol de grano fino, muy homogéneo, constituido por agregados monofásicos de calcita distribuidos en forma de mosaico. La muestra presenta una textura granoblástica poligonal, donde la mayor parte de los cristales de calcita presentan puntos triples de recristalización, bordes rectilíneos bastante claros y maclas abundantes no deformadas (fig. 2.21)[.81]

Esta estructura marmórea presenta, según las autoras del estudio, las características propias del mármol de Carrara (antigua mina Luni).

FIGURA 2.21. Microfotografía en nicoles cruzados del mármol de la pila bautismal (30x y 60x).

San Julián de los Prados

Este monumento monástico, también conocido como Santullano, fue edificado en el siglo IX durante el reinado de Alfonso II *el Casto* y ha sido declarado Patrimonio de la Humanidad de la Unesco en 1998.

Posee una estructura basilical, con una nave central (la de mayor superficie de las iglesias asturianas de este estilo) separada de las laterales por arcos de medio punto apoyados en pilares de sección cuadrada. Sobresale especialmente la rica decoración pictórica que presenta.

La decoración escultórica se reduce a la arquería interior de la capilla mayor, donde se conservan fustes marmóreos y capiteles corintios reutilizados, de posible cronología visigótica (fig. 2.22). Se trata de piezas con gran perfección técnica labradas en mármol (salvo el segundo por la izquierda que está esculpido en arenisca), probablemente procedentes de un taller ubicado en la comarca de Tierra de Campos (Comunidad de Castilla y León).

Sin embargo, cabe destacar, como muy significativas, dos placas de mármol existentes en la capilla mayor (intradós de los arcos del transepto) decoradas con hexágonos y motivos florales, reaprovechadas como revestimiento interior de las jambas de la capilla central (fig. 2.23) y que son igualmente reutilizadas y de procedencia desconocida.

---

[81] RODÀ DE LLANZA *et al.* (*op. cit.*, p. 3).

FIGURA 2.22. Fustes de mármol y capiteles visigodos utilizados en el ábside central de la iglesia de San Julián de los Prados.

FIGURA 2.23. Jambas de mármol en la iglesia de Santullano.

Testero de San Tirso

Un caso especial de muestras marmóreas se encuentra en la iglesia de San Tirso el Real, una de las pocas edificaciones que realizó Alfonso II *el Casto* en Oviedo. De la estructura original del templo prerrománico del siglo IX, sólo se conserva la parte superior del muro testero del ábside central, quedando el resto unos 3 m por debajo de la actual calzada (fig. 2.24).

FIGURA 2.24. Testero de San Tirso el Real con columnas de mármol.

El vano forma un ventanal tríforo conformado por tres arcos semicirculares con dovelaje de ladrillo (el central con diámetro algo mayor), soportados por cuatro columnas de mármol; de ellas, las dos centrales son exentas y entregas las laterales. Las semicolumnas de mármol de los extremos son romanas reaprovechadas, de tradición corintia, talladas a buril, y los capiteles centrales son de talla original, inspirados en los laterales, con el collarino sogueado asturiano y decoración vegetal esquematizada (fig. 2.25).

Figura 2.25. Detalle de los capiteles de San Tirso el Real. Los dos laterales entregos y los centrales, de tradición corintia, exentos (Arias, 2009, p. 13).

San Miguel de Lillo

La iglesia de San Miguel de Lillo fue consagrada por el rey Ramiro I en el año 848 y, según el *Liber Testamentorum* (siglo XII), donada a la Iglesia nueve años después.

En este monumento naranquino han aparecido capiteles de mármol blanco, compuestos por tres filas de hojas superpuestas y con el extremo superior redondeado, datados del siglo IX, así como otros que permanecen incorporados al edificio. Su composición, sin poder aportar datos precisos, podría ser de caliza de tonalidad grisácea y blanca en el interior; están dispuestos sobre columnas en ventanales.

Los capiteles 5 y 6 de la fig. 2.26, ambos de mármol gris, están depositados en el *Museo Arqueológico Nacional (MAN)*.[82] El primero (con unas dimensiones de 32 cm de altura, 30 cm de ancho y diámetro de 25 cm) consta de tres frentes cerrados los laterales por un listel que parece continuación del ábaco; es casi rectangular y su decoración consiste en tres órdenes de hojas de cabo redondo y saliente nervio central, de las cuales, en los distintos planos en que se encuentran, las de las volutas se encorvan y una de ellas está calada. El collarino es abultado y el ábaco liso.

El capitel n.º 6 (con unas dimensiones de 27 x 29 x 29 cm) está decorado en sus cuatro frentes con dos filas de pencas también a modo de hojas de cabo redondo, con pronunciado nervio central, que llegan al número de doce en la parte inferior y en la superior dos por frentes y una en cada ángulo y soportando el ábaco.

Asimismo, en el *Museo Arqueológico de Asturias* se exponen barroteras (fig. 2.27), algunos capiteles (fig. 2.26) y tableros de cancel.

[82] Agradecemos a Lorenzo Arias Páramo, profesor de Historia del Arte de la Universidad de Oviedo, la información que nos facilitó sobre esos capiteles.

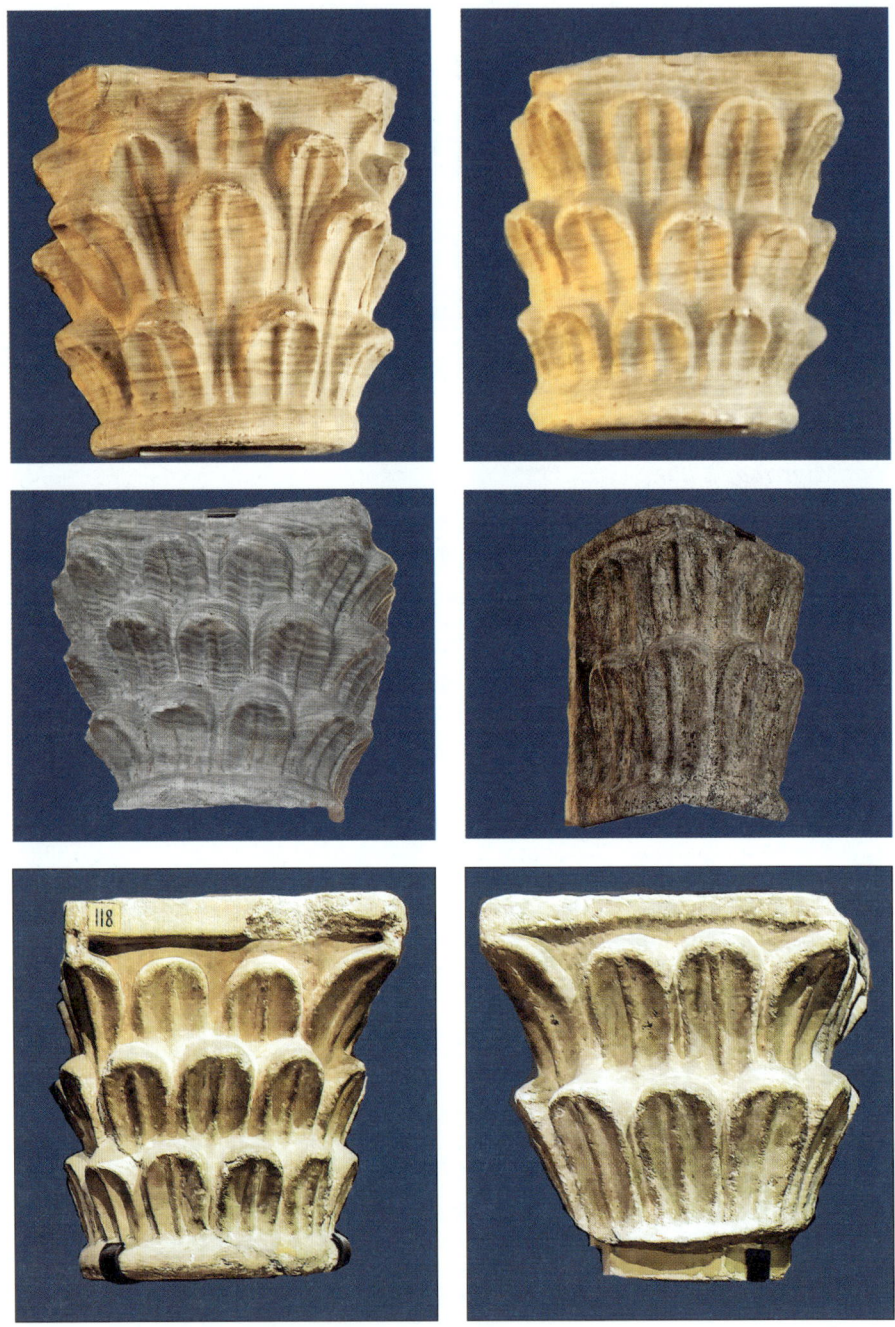

FIGURA 2.26. Capiteles de mármol de San Miguel de Lillo (Oviedo). *Museo Arqueológico de Asturias*. Los dos inferiores (5 y 6) del siglo IX se hallan en el MAN.

FIGURA 2.27. Barrotera de cancel procedente de San Miguel de Lillo. *Museo Arqueológico de Asturias.*

Santa María de Naranco

La iglesia de Santa María de Naranco, construida durante el reinado de Ramiro I (842-850) en un núcleo territorial donde existieron asentamientos romanos, forma parte de un conjunto áulico que contaría con varias edificaciones de las que sólo permanecen en pie el aula regia y la vecina iglesia de San Miguel de Lillo, ambas declaradas Patrimonio de la Humanidad de la Unesco en 1985.

Aunque en la construcción del edificio —máxima expresión del estilo ramirense— se utilizó como aparejo murario (sillares y contrafuertes) preferentemente caliza pardo-amarillenta del Cretácico Superior extraída de zonas inmediatas, algunas columnas, arcos, enjutas y líneas de impostas son de una arenisca grisácea del Jurásico (procedentes de Gijón o Villaviciosa), hecho muy patente

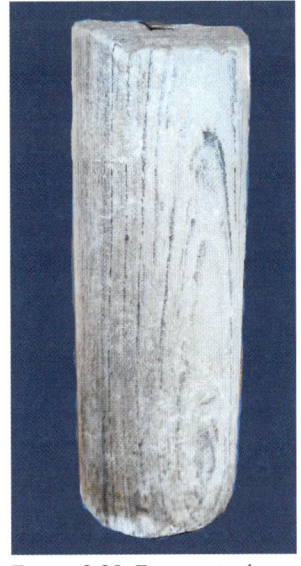

FIGURA 2.28. Fragmento de fuste de Santa María del Naranco. *Museo Arqueológico de Asturias.*

en el imafronte de los frontispicios. Además de lo dicho se han encontrado restos de columnas de mármol (fig. 2.28), aunque expertos —como Lorenzo Arias— son de la opinión que más bien procederían de San Miguel de Lillo y que fuesen reutilizados en el ábside.

Palacio de Alfonso III el Magno

La fortaleza medieval levantada por este monarca en el apogeo y culminación del Reino de Asturias se encontraba al lado de la actual plaza de Porlier en Oviedo, en el ángulo oeste de la muralla. El palacio data del año 875 y permaneció levantado hasta 1909, cuando fue derribado.

En el *Museo Arqueológico de Asturias* se conservan dos grandes columnas de mármol con capiteles corintios provenientes del antiguo castillo, aunque se cree que pudieron ser reutilizadas de un antiguo edificio romano de *Lucus Asturum* (fig. 2.29, extremos). Asimismo, se preserva un capitel de tradición corintia, con unas dimensiones de 52 x 52 x 43 cm, de la segunda mitad del siglo IX en el *Tabularium Artis Asturiensis* (fig. 2.29, centro).[83]

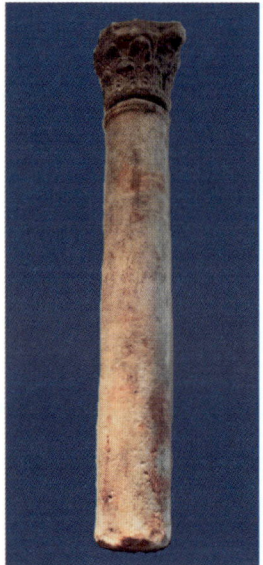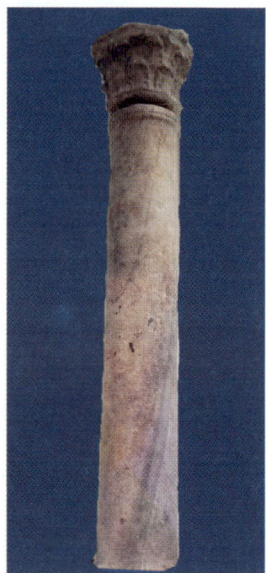

FIGURA 2.29. Columnas romanas reutilizadas en el palacio de Alfonso III en Oviedo (*Museo Arqueológico de Asturias*). En el centro, capitel procedente del mismo palacio desaparecido (*Tabularium Artis Asturiensis*).

---

[83] Nuestra gratitud a Francisco José Manzanares Argüelles, máximo responsable de la colección artística del Pau Picón en Oviedo, la oportunidad de visitar el museo y poder fotografiar el aludido capitel.

Sarcófago de Itacio

La existencia en la capilla del Rey Casto (panteón de los Reyes) de la catedral de Oviedo de la cubierta de sarcófago de Itacio o Ithacius —datado en el siglo V d. C.— está documentado desde el siglo XVI (fig. 2.30). El elemento decorativo de la lauda de mármol bajoimperial romano consiste en un doble roleo de acanto en cada una de las vertientes, con un listón superior donde existe una inscripción latina que subraya la importancia del material de la pieza («*praetioso marmore*»).[84] Su origen, a quién perteneció y cómo llegó a Oviedo un objeto de dimensiones tan notables (2,08 x 0,65 m) permanece sujeto a un significativo número de interrogantes y preguntas.

Para su estudio se llevó a cabo, a partir de una muesca, una caracterización arqueométrica, consistente en análisis petrográficos al microscopio, de cátodoluminiscencia y de valoración isotópica, resultando que su origen es lusitano (fig. 2.31):

> El mármol de esta cubierta de sarcófago es de color blanco o blanco-rosáceo, con buena cristalización y cierta translucidez. Presenta textura isotrópica granoblástica con un mosaico de cristales equigrandulares y grano fino, con una dimensión máxima del grano de 1,3 mm, siendo la dimensión media de 0,9 mm. Los cristales son subidiomorfos sin deformación intracristalina, con diferente morfología de contacto, mayoritariamente redondeada y convexo-cóncava ocasionalmente suturada. Presenta también pequeños cristales subredondeados de cuarzo y pequeños cristales de calcita alrededor suyo o mezclados.

FIGURA 2.30. Cubierta del sarcófago de Itacio, construido con mármol de Estremoz (Portugal).

---

[84] VIDAL ÁLVAREZ *et al.* (2016, p. 125).

115

La luminiscencia es homogénea, de intensidad media. Los cristales de cuarzo no presentan luminiscencia. Los análisis de espectrometría de masas de relaciones isotópicas (IRMS) de carbono ($\partial^{13}C$) y oxígeno ($\partial^{18}O$) se llevaron a cabo posteriormente. Presenta un valor isotópico positivo de 3,02 ‰ en $\partial^{13}C$ y un valor negativo de -5,25 ‰ en $\partial^{18}O$. En este caso, los valores coinciden con las señales isotópicas del mármol de las canteras de Estremoz (Portugal)[85] y Pentélica (Grecia). De nuevo (el estudio también considera dos sarcófagos de Toledo), la valoración conjunta de estos valores con el resultado de los análisis petrográficos y de isótopos concluyen que las características de la muestra de mármol son iguales a las del mármol del anticlinal de Estremoz, pudiendo incluso confirmar que procede de las canteras situadas cerca del mencionado pueblo de Estremoz.[86]

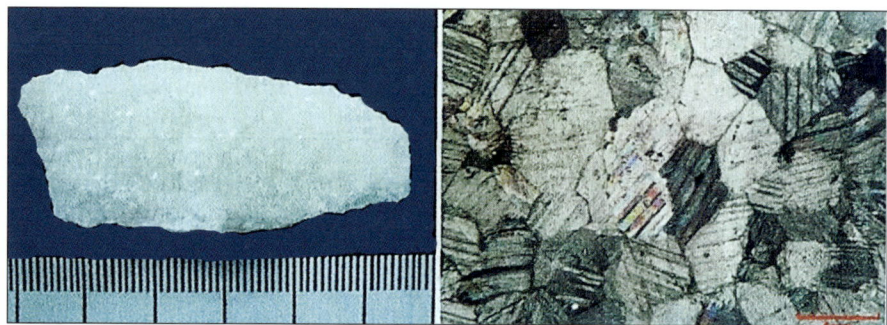

Figura 2.31. Mármol del sarcófago de Itacio procedente de Estremoz. Vidal Álvarez *et al.* (2016, p. 125).

Esculturas en el Ayuntamiento

Encima de la puerta lateral de la fachada principal, por donde se accede al Archivo Municipal se encuentra un bello escudo de Carlos III de España esculpido en mármol, sostenido por dos leones y coronado por dos ángeles fig. 2.32).

El edificio consistorial representó la fachada moderna de la ciudad mirando a extramuros. Levantado en sus inicios con carácter clasicista, en el primer cuarto del siglo XVIII, por maestro cántabro Juan de Naveda, los trabajos se centraron en la parte central y en el ala occidental. Mediado el siglo, Marcos de Velasco abordó la construcción de la crujía oriental que sufrió nuevas ampliaciones a partir de 1778, a cargo de Francisco Pruneda y Cañal, maestro mayor de la ciudad, que encargó colocar el aludido escudo con orla en 1780.

---

85 Las canteras de mármol lusitanas más prestigiosas se sitúan en Estremoz, localidad del Alentejo Central, bastante cercanas a la frontera con la provincia de Badajoz y con amplio empleo en Mérida.

86 Vidal Álvarez *et al.* (*op. cit.*, pp. 124 y 125).

Figura 2.32. Escudo de Carlos III en el Ayuntamiento de Oviedo.

Figura 2.33. León en el Ayuntamiento de Oviedo.

Bajo el arco principal, en el muro de la izquierda, existe una bella cartela barroca, cuya inscripción trae grabado: «Reinando / la magestad de Don Carlos / tercero / se reedificaron estas / casas a expensas de / los propios de la civ / dad. Año de 1780».[87]

Por otro lado, comenzando el siglo XIX, el Consistorio decidió engalanar la fuente que se encontraba en la plaza anexa, desde mediados del siglo XVI. Para ello encargó un motivo escultórico en caliza marmórea de tonalidad grisácea a un maestro imaginero local, Gabriel Antonio Fernández, alías «Tonín», que trabajaba en el taller de Toribio de la Nava (discípulo de Juan de Villanueva). El resultado fue un león de notables dimensiones que, una vez desaparecida la fuente, quedó colocado y luce aún hoy en un lateral de la citada puerta municipal (fig. 2.33).

Placas de mármol

La ciudad mantiene distribuidas distintas placas u objetos incorporados a edificios civiles o religiosos, realizados con esta litología metamórfica, por lo general implantados a lo largo del siglo XIX y primera mitad del XX.

Es común que no se disponga de información precisa de su procedencia, aunque en algunos casos, las características petrográficas del material lo hacen asimilable al extraído en Cangas del Narcea.

---

[87] Manzanares Rodríguez (1960, p. 18).

FIGURA 2.34. Placa dedicada al VII conde de Toreno (Oviedo 1786-París 1843) en el palacio de Malleza-Toreno de Oviedo. Derecha, retrato realizado por Manuel San Gil. Museo del Prado (depositado en la Real Academia de la Historia).

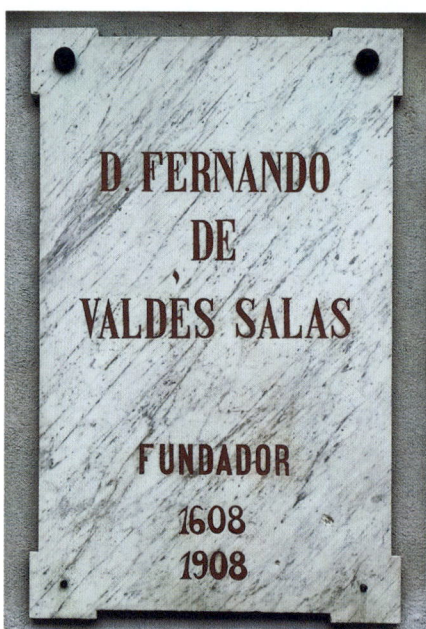

FIGURA 2.35. Placas en mármol. Una asignada al creador de la Universidad de Oviedo y otra a los héroes de la Guerra de la Independencia (1808).

Se pueden destacar las siguientes:

— Placa del palacio de Malleza-Toreno de 1916 dedicada a José María Queipo de Llano y Ruiz de Saravia (VII conde de Toreno y vizconde de Matarrosa), presidente del Consejo de Ministros con Isabel II (fig. 2.34).

— Placa en el monumento a Valdés Salas, ubicada en el patio central del edificio histórico de la Universidad de Oviedo, con motivo del centenario de su fundación (fig. 2.35 izq.).

— La situada en la calle Cimadevilla de 1808, dedicada en su centenario a los héroes de la Guerra de la Independencia, presenta la característica de estar algo combada (fig. 2.35 dcha.), fenómeno que suelen ofrecer algunas placas de mármol o de otras rocas microcristalinas (p. ej., cuarcitas).

— En la entrada del propio edificio histórico de la Universidad de Oviedo están colocadas varias placas de mármol. Una recuerda la visita del rey Amadeo en agosto de 1872, siendo rector León de Salmeán. Otra rememora la visita de Alfonso XIII en 1908, siendo rector Félix de Aramburu. Una tercera alude a los profesores que crearon e iniciaron la Extensión Universitaria (1898) y por último otra evoca la memoria de Leopoldo Alas Argüelles (1987) (fig. 2.36).

— En el zaguán de entrada al Ayuntamiento se colocó una placa de mármol en octubre de 1937 con una inscripción reconociendo a los funcionarios municipales que dieron su vida en la defensa de Oviedo durante la Guerra Civil.

— En el centro de la plaza de Riego, en el monumento dedicado a Rafael del Riego y Flórez, militar y político liberal que encabezó el pronunciamiento de 1820, existen cuatro placas de mármol blanco con veteado gris en cada una de las caras, de la que solo una contiene una inscripción como reseña del militar tinetense defensor de la Constitución de 1812.

— En la iglesia de los Dominicos, en el lado de la epístola de la nave y capilla de Santo Domingo, se encuentra un busto en mármol gris de Manuel Fernández Castro que, entre otros cargos, fue rector del Seminario Conciliar. En el mismo lado, en la capilla del Sagrado Corazón, hay una lápida sepulcral de mármol blanco de otro dominico, José Ramón Navia Osorio, fallecido el 22 de abril de 1937.

— Asimismo, en el palacio de Camposagrado, existe una lápida marmórea a la memoria del juez Jacobo López de Rueda, fallecido trágicamente el 18 de septiembre de 1911. Hay una inscripción sobre mármol haciendo referencia a la adquisición de este palacio en 1861, reinando Isabel II.

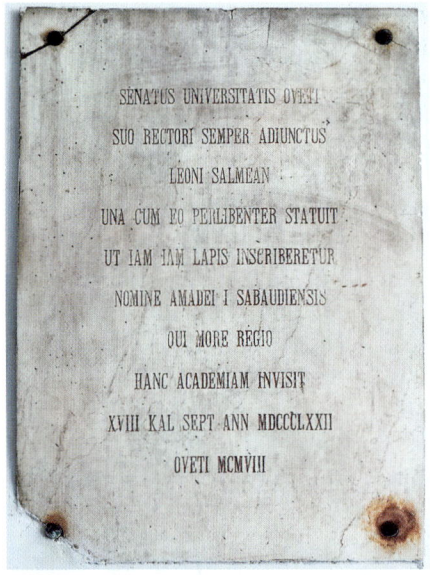
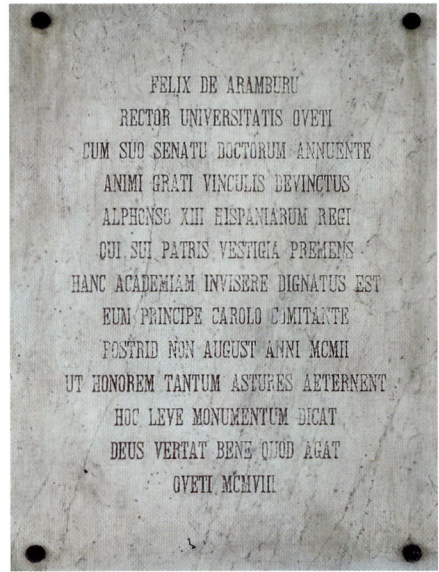
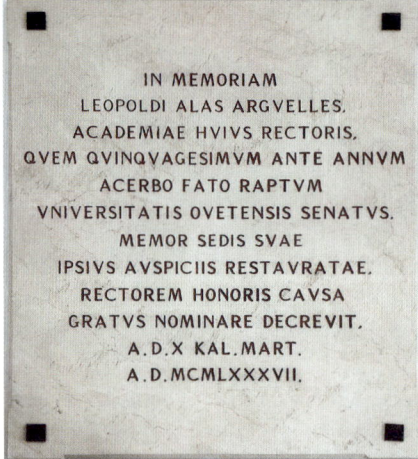

FIGURA 2.36. Placas de mármol que se localizan en la entrada principal del edificio histórico de la Universidad de Oviedo.

Covadonga

Flanqueando la explanada frente a la entrada del Santuario mariano, Patrimonio Nacional instaló en el año 1964 dos grandes leones esculpidos en mármol de Carrara (fig. 2.37). Provenían del pazo denominado «El Pasatiempo» en Betanzos (La Coruña) y son una copia del monumento funerario de la tumba del papa León XIII, esculpido por Pompeio Marchesi, para la Basílica de San Pedro del Vaticano.

FIGURA 2.37. Uno de los leones de mármol de Carrara a la entrada al Santuario de Covadonga.

Avilés

El topónimo Avilés deriva —según es de amplia aceptación— de un nombre de persona adjetivado Abilius, acaso el viejo dueño de una primitiva casería o posesión de la época de dominación romana, del que derivaría sucesivamente Abiliesse y Abilles, que es como se conoce a esta población en documentos de los siglos XII y XIII. La terminación «–és» es característica de una serie bien representada en Asturias en topónimos formados sobre un antropónimo.

Así pues, en base a argumentos toponímicos parece muy probable que en los principios de lo que luego se convirtió en la Villa del Adelantado debió de existir un asentamiento romano.

Pila bautismal de San Nicolás de Bari

En la iglesia de San Nicolás de Bari de Avilés se conserva un capitel romano utilizado como pila bautismal (fig. 2.38). Es el más antiguo que se conserva en la ciudad, y ya fue

FIGURA 2.38. Capitel romano usado como pila bautismal en la iglesia de San Nicolás de Bari.

descrito por Jovellanos, el 15 de julio de 1792, cuando escribe: «me sorprendió a la entrada un bellísimo capitel romano de mármol blanco de orden corintio». Se sospecha que fue importado en la época de la monarquía asturiana.

Capiteles en el Museo de Historia Urbana

En el *Museo de Historia Urbana* se exhiben dos capiteles de mármol (fig. 2.39) que podrían representar restos de la antigua iglesia de Santa María citada en el *Liber Testamentorum* y que debía levantarse donde ahora se halla la iglesia de San Nicolás —hoy San Antonio de Padua o de los Padres Franciscanos—, o incluso donde está la capilla de los Alas.

FIGURA 2.39. Capiteles de mármol de los siglos VIII-IX. El de la izquierda mide 43 x 29 cm, el de la derecha 40 x 30 cm (*Museo de la Historia Urbana de Avilés*).

Cementerio de La Carriona

Resulta incuestionable que la costumbre de emplear mármol en muchos camposantos de las principales localidades asturianas estuvo de moda hasta mediados del siglo XX, en particular con singular valor artístico en varios de los mausoleos de las sagas más notables de Asturias, que llegaron incluso a incorporar verdaderas figuras esculturales, además de lápidas y cruces, puesto que su uso simbolizaba el poderío económico familiar. Por lo común, fueron realizadas en mármol blanco puro, aunque también con ligeros e irregulares veteados de tonalidad gris claro.

Sin embargo, si se exceptúan probablemente distintos trabajos que se ejecutaron con anterioridad a la primera mitad del pasado siglo, para el resto de los panteones o nichos, es mucho más probable que la procedencia de la mayoría de esta roca ornamental procediera de explotaciones ajenas a las asturianas y varias de ellas labradas por marmolistas foráneos.

La Villa del Adelantado cuenta con un extraordinario patrimonio de estatuaria funeraria en el cementerio municipal de La Carriona, con obras de relevantes artistas; a destacar los mausoleos realizados entre finales del siglo XIX

Figura 2.40. El «Ángel anunciador» forma parte del panteón de los marqueses de San Juan de Nieva, ubicado en el cementerio de La Carriona en Avilés.

y comienzos del XX. Entre ellos, sobresale el «Ángel anunciador», esculpido en mármol de Carrara por Cipriano Doiztúa en 1902, obra de arte que fue galardonada en 2015 como la mejor escultura funeraria española (fig. 2.40).

Castrillón

El castillo de Gauzón, ubicado en el Peñón de Raíces, muy cercano a Avilés, fue la fortaleza más emblemática de los Reyes de Asturias. Constituyó un estratégico emplazamiento defensivo de Alfonso III *el Magno*, construido probablemente sobre una edificación romana preexistente, de especial interés pues allí se confeccionó la Cruz de La Victoria en el año 908. Las campañas arqueológicas efectuadas constataron un asentamiento previo a la época de la monarquía asturiana, datado entre finales del siglo VI y el siglo VII.

El castillo ya es citado en la *Crónica Silense* (siglo XII) aludiendo al rey Alfonso III, al que considera constructor del *opidium Gauzon* y señala la existencia de una iglesia en el mismo, edificada en honor de San Salvador «decorada por preciosísimos mármoles» (fig. 2.41).

123

FIGURA 2.41. Infografía del castillo de Gauzón en el promontorio natural del Peñón de Raíces.

Resulta del máximo provecho histórico el manuscrito de la crónica del famoso *Passo Honroso* (1434) donde se documenta el empleo de mármoles altomedievales procedentes del castillo de Gauzón en el palacio de los Quiñones en León, hoy conocido como de los Condes de Luna (*BIC* desde 1931).[88]

Esta mansión que data del siglo XIV fue construida por Pedro Suárez de Quiñones y en ella estuvo instalado el Tribunal de la Inquisición, para caer posteriormente en desuso. Tras su restauración en 2009 para sede de la Universidad de Washington, acoge el Centro de Interpretación del Reino de León (*El legado de un reino. León, 910-1230*). Desde el punto de vista arquitectónico se conserva el cuerpo central de la fachada, construido de piedra de sillería, de estilo gótico (torre renacentista) con dintel sobre modillones, un gran arco apuntado cobija el tímpano, y se encuadra en ancho molduraje (fig. 2.42, izda.); el tímpano conserva tres escudos de las familias involucradas en la obra. En la parte superior destaca un amplio ventanal tríforo con arcos de medio punto sujetados por columnas y capiteles reutilizados de estilo ramirense (fig. 2.42 dcha.). Las columnas están construidas con mármol blanco, las de los extremos estriadas en espiral, rematadas por capiteles corintios.

La publicación de Emilio Marcos Vallaure recoge una descripción de Sánchez Cantón que pasó inadvertida a los historiadores:

> Assi fecho, e subtilmente obrado el faurate declarado, el capitán mayor del paso lo mandó poner encima de un muy lindo mármol de piedra, muy liso e fermoso, de color blanca, el cual fue escogido entre otros asaz mármoles que en las casas del generoso, famoso, discreto

[88] MARCOS VALLAURE (2020).

Figura 2.42. Palacio de los Condes de Luna (León). Izquierda, fachada con portada de finales del siglo XIV. Derecha, fustes y capiteles visigodos reaprovechados del ventanal.

> caballero Diego Fernández de Quiñones, su padre, estaba a cubrir en el [*su*] barrio de Palaz de Rey, que es *[en]* la ciudad de León; los cuales el famoso caballero Diego Fernández fizo traer a su muy gran costa del lugar de Rayces, allende la villa de Avilés, que son a veinte e seis leguas, por la obra de sus casas que en dicho barrio tiene…, el cual mármol había de luengo cerca de once palmos; assi escogido por maestros pedreros saviamente, fue fecho llevar allende de la puente…[se refiere a la de San Marcos, de la misma ciudad de León].[89]

Este relato pone de manifiesto que el material marmóreo del ventanal (fig. 2.43), de modo muy evidente los dos fustes centrales lisos, y seguramente los tres esbeltos fustes de mármol que se encuentran en el interior del palacio leonés, procedan del castillo de Gauzón.

---

[89] Sánchez Cantón (1964), citado por Marcos Vallaure (2020, p. 10).

FIGURA 2.43. Vano tríforo en la planta superior del palacio de los Condes de Luna.

Gijón

El origen romano de Gijón está constatado por varios hechos: Aras Sestianas dedicadas al emperador Augusto (el documento epigráfico más importante del norte de España), las termas de Campo Valdés, la robusta muralla construida a finales del siglo III y la fábrica de salazones hallada en la plaza del Marqués.

Durante unas excavaciones realizadas en el palacio de Revillagigedo de Gijón se hallaron dos fragmentos de una misma placa de mármol decorada en relieve, datados en el siglo V d. C., hoy conservadas en el *Museo Arqueológico de Asturias* (fig. 2.44). Se conjetura en la existencia de un taller local de escultura, activo durante los siglos IV y V d. C.[90]

Se realizó una caracterización arqueométrica sobre dos muestras con los siguientes resultados:

La primera muestra de mármol es de color blanco, con un nivel de cristalización alto. Presenta un grano medio, con una dimensión del grano de 1,5 a 2 mm. Textura isotrópica poligonal granoblástica. La luminiscencia es muy

[90] FERNÁNDEZ OCHOA *et al.* (1986).

Figura 2.44. Fragmentos de mármol procedente de Estremoz (Portugal) en el palacio de Revillagigedo (Gijón). *Museo Arqueológico de Asturias*, y texturas microscópicas. Vidal Álvarez *et al.* (2016, p. 126).

baja. Los análisis concluyen que la primera muestra corresponde a un mármol de origen hispánico, y que sus características son equivalentes a las de los mármoles de las canteras de Estremoz.

La segunda muestra, de grano algo más fino, presenta características equivalentes a las del mármol del anticlinal de Estremoz, pero de un tipo en particular, el de Borba, que en ocasiones puede ser confundido con mármol de Luni-Carrara. En este caso concreto, el análisis de espectrometría de masas de relaciones isotópicas (IRMS) de carbono ($\partial^{13}C$) y oxígeno ($\partial^{18}O$) se realizó a una de las muestras de Gijón, puesto que ambos corresponden a fragmentos de una misma pieza. El resultado es un valor isotópico positivo de 1,72 ‰ en $\partial^{13}C$ y un valor negativo de -5,89 ‰ en ∂^{18o}, valores compatibles, como en el caso anterior (se refiere al sarcófago de Itacio ya mencionado), con las señales isotópicas de las canteras de Estremoz y Pentélico. Siendo el mármol de la muestra procedente sin duda de Estremoz (es plenamente descartable su procedencia griega), al tratarse de fragmentos de una misma pieza, podemos concluir que ambas muestras pertenecen a la misma cantera que podemos situar en el anticlinal homónimo.[91]

---

[91] Vidal Álvarez *et al.* (2016, pp. 125-127).

Villaviciosa

De la iglesia prerrománica de San Salvador de Priesca —consagrada en el año 921, cuando los reyes astures habían trasladado la Corte a León— procede un tablero de mármol (fig. 2.45) que ofrece una estructura parcialmente deteriorada, pese a lo cual se adivina la habilidad artística del artesano que realizó su labrado.

Otra placa seccionada existe en la iglesia de San Salvador de Valdediós, ubicada en una pequeña capilla de la fachada meridional que recoge el acontecimiento grandioso de la consagración del templo en el año 893, con la asistencia de diversos obispos de hasta siete diócesis. En su fachada oriental existen además dos columnas de mármol gris blanquecino en el ventanal del altar mayor.

FIGURA 2.45. Tablero de cancel procedente de San Salvador de Priesca. *Museo Arqueológico de Asturias.*

Santa Cristina de Lena

Esta iglesia también prerrománica data del siglo IX, fue construida bajo el reinado de Ramiro I. El presbiterio (fig. 2.46), constituido por un cuerpo saliente, está dotado de nártex y de iconostasio, formado por tres arcadas de medio punto, que descansan sobre cuatro capiteles (fig. 2.47) con sus respectivos fustes de mármol de tipo clásico reaprovechados, decoradas con huecos rectangulares cerrados por celosías caladas y un cancel visigodo que delimita con precisión la zona de fieles y oficiantes.

A modo de colofón, el repertorio de obras artísticas que se pueden encontrar a lo largo del territorio asturiano no acaba aquí. Entre ellas habría que incluir, por su notoriedad, la majestuosa figura en mármol de la Virgen con el Niño —recuperada por Fortunato de Selgas en la demolición de la iglesia de la Santísima Trinidad de Madrid— situada en la fachada de la iglesia Jesús Nazareno, de la Quinta de Selgas (considerada «el Versalles asturiano»), en el El Pitu (Cudillero), realizada por el escultor florentino Michelangelo Naccherino. A su vez, merece la atención el cementerio de Luarca, donde son abundantes los ejemplos estatuarios realizados con mármol blanco.

FIGURA 2.46. Santa Cristina de Lena, vista del presbiterio.

FIGURA 2.47. Capiteles de Santa Cristina de Lena.

3
MÁRMOLES EN LITOLOGÍAS DEL CÁMBRICO – I
(ASPECTOS GEOLÓGICOS Y UTILIZACIÓN)

Si yo fuera un poeta
galante, cantaría
a vuestros ojos un cantar tan puro
como en el mármol blanco el agua limpia
Y en una estrofa de agua
todo el cantar sería:
«Ya sé que no corresponden a mis ojos,
que ven y no preguntan cuando miran,
los vuestros claros, vuestros ojos tienen
la buena luz tranquila,
la buena luz del mundo en flor, que he visto
Desde los brazos de mi madre un día».

Poema «Si yo fuera un poeta»,
de Antonio Machado.

CARACTERÍSTICAS GEOLÓGICAS GENERALES

El grupo de rocas marmóreas de mayor relevancia se localiza en la Zona Asturoccidental-Leonesa (*ZAOL*) en relación con los ya indicados niveles carbonatados del Cámbrico Inferior-Medio, allí conocidos como *Formación Vegadeo*.[1] Esta unidad litoestratigráfica se extiende a lo largo del flanco occidental del Antiforme del Narcea y la falla de Allande.[2] En los concejos de Cangas del Narcea y Degaña la *Formación Vegadeo* se encuentra marmorizada

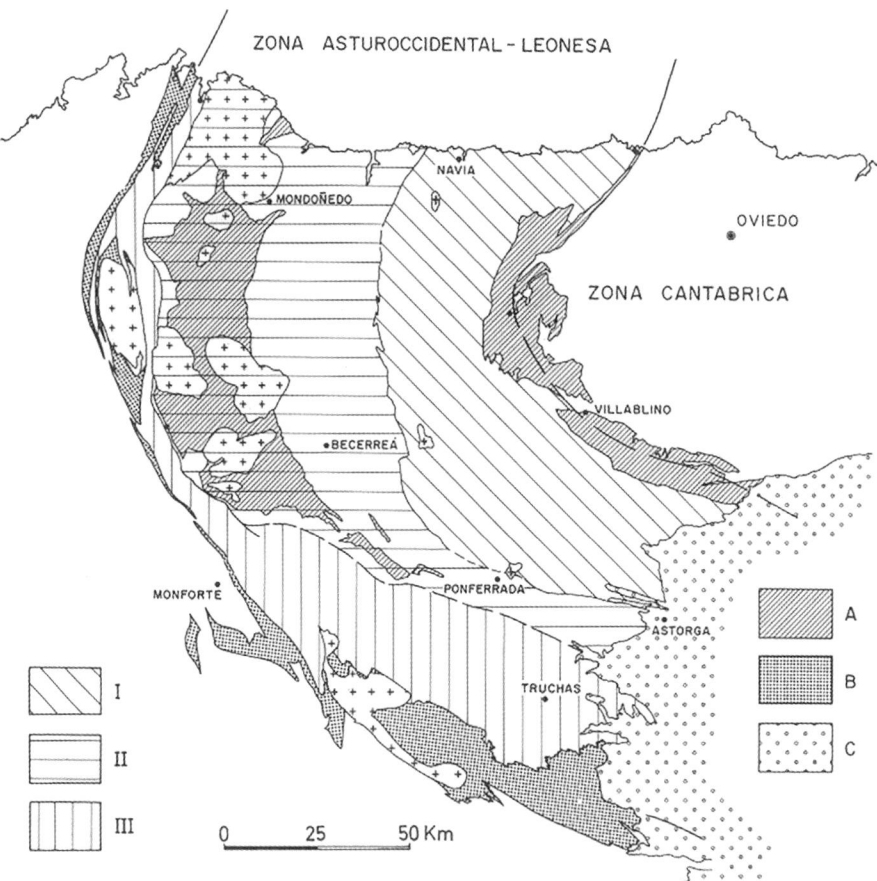

FIGURA 3.1. Dominios de la Zona Asturoccidental-Leonesa. Leyenda: I. Dominio del Navia y alto Sil; II. Dominio del manto de Mondoñedo; III. Dominio de la Sierra del Caurel-Truchas; A. Precámbrico esquistoso; B. Precámbrico porfiroide («Ollo de Sapo»); C. Terciario; Rocas graníticas representadas con pequeñas cruces (MARCOS, 1973, p. 12).

---

[1] BARROIS (1882).

[2] MARCOS (1973, p. 17).

en mayor o menor grado por un metamorfismo regional causado, probablemente, por la intrusión de rocas ígneas que no llegan a aflorar; estas rocas profundas son también responsables de alguna de las mineralizaciones auríferas relativamente cercanas.

La intervención de los procesos metamórficos dificulta mucho el estudio sedimentológico de las calizas de la *Formación Vegadeo*, ya que la recristalización que han sufrido llega a borrar las estructuras sedimentarias y los restos fósiles.[3] Sin embargo, tanto en el entorno de la ría del Eo (Vilavedelle) como en otros sectores de menor relevancia cercanos a Vegadeo y Castropol, se han reconocido tramos calcáreos, si bien en estos casos la transformación en mármol ha sido más débil.

De este a oeste, en la *ZAOL* se han diferenciado tres dominios: 1) Navia y alto Sil; 2) manto de Mondoñedo; y 3) Sierra del Caurel-Truchas, este último fuera de los límites territoriales de Asturias (fig. 3.1).

En la tabla 3.I se muestran las características de las formaciones litoestratigráficas que se han distinguido en el occidente de Asturias.[4]

3.I. FORMACIONES LITOESTRATIGRÁFICAS EN EL DOMINIO DEL NAVIA Y ALTO SIL

Formaciones		Espesor	Edad
Formación Agüeira (grauwackas y pelitas negras con facies turbidíticas)		> 3.000 m	Caradoc-Llandeilo
Pizarras de Luarca (pizarras negras masivas)		300-1.200 m	Llanvirn-Llandeilo
Serie de los Cabos (areniscas, cuarcitas y pizarras alternantes)	M. Sup.	3.000-4.500 m	Cámbrico Superior-Ordovícico Inferior
	M. Med.		
	M. Inf.		Cámbrico Medio-Superior
Caliza de Vegadeo (calizas, dolomías y mármoles)		100-300 m	Cámbrico Inferior
Cuarcitas de Cándana (arcosas, cuarcitas y pizarras)		1.000-2.000 m	
Pizarras del Narcea (pizarras y grauwackas)		—	Precámbrico

---

[3] BARROIS (*op. cit.*, p. 51).
[4] MARCOS (*op. cit.*, p. 45), con leves modificaciones.

Cuando el metamorfismo sufrido no ha sido muy intenso, dentro de la *Formación Vegadeo* —sedimentada hace 500-510 millones de años— es posible identificar restos de arqueociatos y otros fósiles. (figs. 3.2 y 3.3), así como unas estructuras organosedimentarias denominadas estromatolitos, generadas por la actividad de determinados microorganismos, generalmente cianobacterias. La relación entre estromatolitos y bacterias, evidente en los estromatolitos actuales, convierte a las estructuras antiguas de este tipo en pruebas de vida en la Tierra. Los más antiguos que se conocen se remontan a edades de unos 3.500 miles de millones de años.

Uno de los estudios más completos y detallados que se han hecho de la estratigrafía de la *Formación Vegadeo* es el publicado por Zamarreño y Perejón (1976), cuando en el puerto de Piedrafita (Lugo), concretamente en el km 444,5 de la carretera de Madrid a La Coruña (fig. 3.4), describen una sucesión de unos 220 metros de espesor en la que distinguen tres miembros similares a los que se conocen en otras zonas de Asturias (fig. 3.4)[5]:

El *Miembro Inferior* está constituido predominantemente por una alternancia de pizarras verdes y dolomías marrones (V_{1b}) que forman capas continuas de unos 0,50 a 1 m de espesor o bien de morfología lenticular que en el relieve dan la apariencia de capas continuas. Esta serie de alternancias alcanza una dimensión de unos 75 m y por debajo existe un nivel basal de unos 37 m de calizas gris-azuladas con intercalaciones de limolitas compactas pardas y más raramente de pizarras (V_{1a}). La mayor parte de las calizas son oolíticas y de poco grosor hallándose interestratificadas con limolitas y pizarras compactas; el espesor de estos conjuntos oolíticos oscila entre 0,30 m y 3 m y son muy frecuentes en ellos la estratificación cruzada y los riples. Existe otro tipo de calizas

FIGURA 3.2. Estromatolitos en el Cámbrico Inferior. Izquierda, en la base del Miembro Inf. de la *Formación Láncara* en Irede (León). (ZAMARREÑO, 1972, lám. V). Derecha, en la *Formación Vegadeo*. Carretera de Fonsagrada a Logares, cerca de Villardíaz (Lugo) (MARCOS, 1973, lám. I A).

---

[5] ZAMARREÑO y PEREJÓN (1976, pp. 17 y 18).

(no oolíticas) en las cuales es común la textura nodulosa, repartidas en capas de cerca de un metro de potencia aunque a veces forman niveles delgados de calizas interestratificadas con pizarras y en estos últimos abundan los arqueociatos (figs. 3.5 y 3.6).

El *Miembro Medio* tiene una potencia de unos 90 m y en él se pueden distinguir cuatro partes con características litológicas diferentes. En la base unos 25 m de dolomías amarillas con laminaciones (V_{2a}) dispuestas en bancos de unos 1,50 a 2 m seguidas de unos 18 m de calizas gris oscuro (V_{2b}), en capas de 0,80 a 1,50 m de espesor que alternan con calizas masivas. Por encima se sitúan unos 17 m de dolomías amarillas con laminaciones alternando con dolomías masivas dispuestas todas ellas en capas de 0,80 a 1 m de grosor (V_{2c}). Por último, en la parte alta existen unos 30 m de calizas y dolomías oscuras en bancos muy potentes y que sólo esporádicamente exhiben algunos niveles de intraclastos (de menos de 1 cm) que pueden dar la falsa apariencia de laminación (V_{2d}). Es en este Miembro medio (junto con el siguiente a techo) al que se refieren la mayoría de autores al denominar la Formación Vegadeo ya que es el

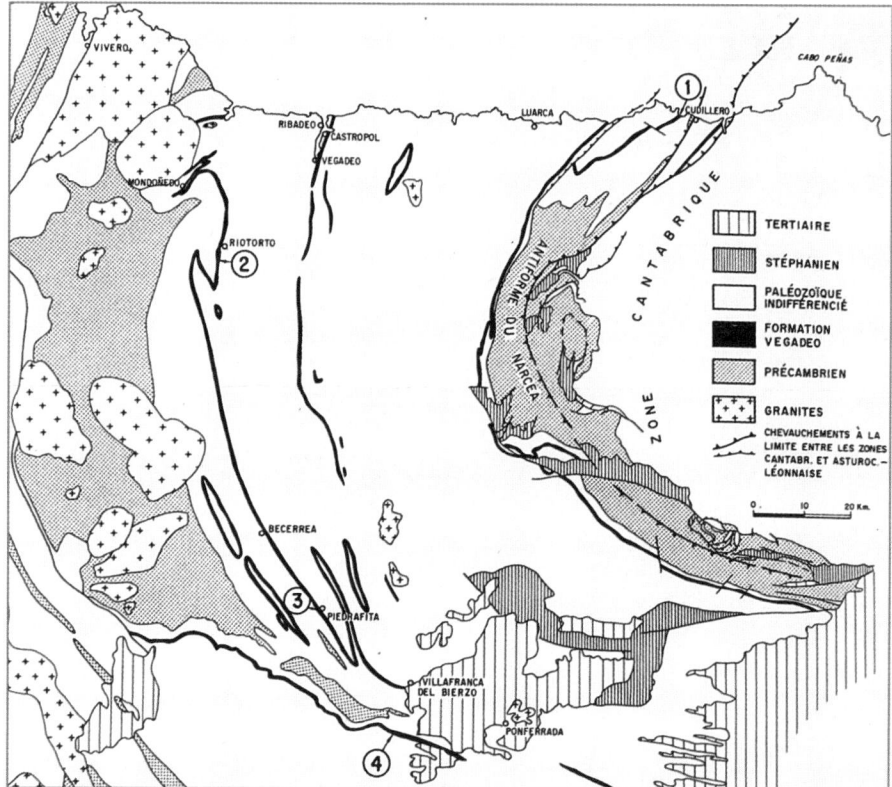

FIGURA 3.3. Trazado esquemático de la *Formación Vegadeo* y localización de los yacimientos de fósiles (arqueociatos) en la ZAOL. Leyenda: 1. Concha de Artedo (Asturias); 2. Hermida, al sur de Riotorto (Lugo); 3. Puerto de Piedrafita (Lugo); 4. Cabeza de Campo, al oeste de Ponferrada (León) (DEBRENNE y ZAMARREÑO, 1975, p. 18).

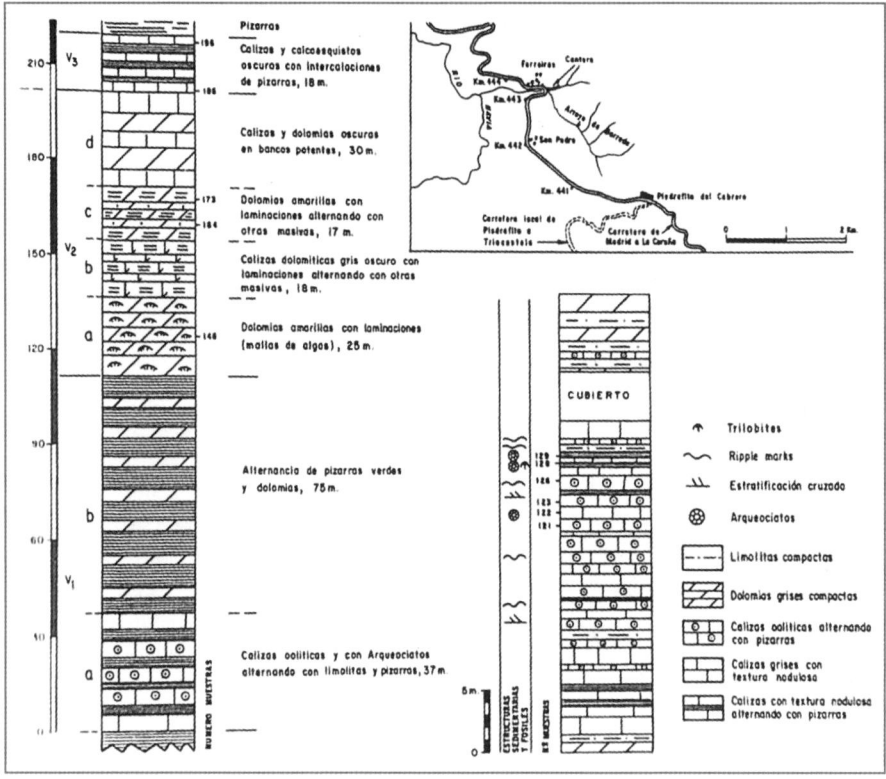

FIGURA 3.4. Izquierda, columna estratigráfica de la *Formación Vegadeo* en Piedrafita (Lugo). Derecha, detalle del tramo V1a (ZAMARREÑO y PEREJÓN, 1976, p. 19).

tramo carbonatado más continuo y masivo dentro de la formación por lo que sobresale en el relieve y puede ser fácilmente cartografiado.

El *Miembro Superior* está formado por calizas y calcoesquistos de tonalidades oscuras con abundantes intercalaciones de pizarras y tiene una anchura de unos 17 m (V_3). Las calizas y calcoesquistos contienen una fauna más o menos abundante de equinodermos y en menor proporción de Trilobites. Hay que destacar la presencia en su base de una capa de calizas oscuras de grano grueso de 40 cm de espesor que contiene equinodermos en gran abundancia.[6]

El geólogo galo BARROIS, en su magna monografía de 1882, comenta que ha encontrado en la *Formación Vegadeo* numerosos fragmentos de trilobites del género *Paradoxides* (concretamente 58 ejemplares en la Vega de Ribadeo y 68 en el tinetense puente del Rodical) (fig. 3.8), de los que publica bellos dibujos. Dentro de estos ejemplares, Barrois distingue dos nuevas especies:

---

[6] DEBRENNE y ZAMARREÑO (*op. cit.*); ZAMARREÑO *et al.* (1975, p. 45).

136

FIGURA 3.5. Miembro inferior de la *Formación Vegadeo* al norte del Puerto de Piedrafita (Lugo). a. oolitos dolomitizados; b. estratificación cruzada en los niveles oolíticos; c. oolitos deformados tectónicamente; d. microfacies de las calizas con equinodermos; e y f. calizas con textura nodulosa con arqueociatos (ZAMARREÑO y PEREJÓN, 1976, p. 20).

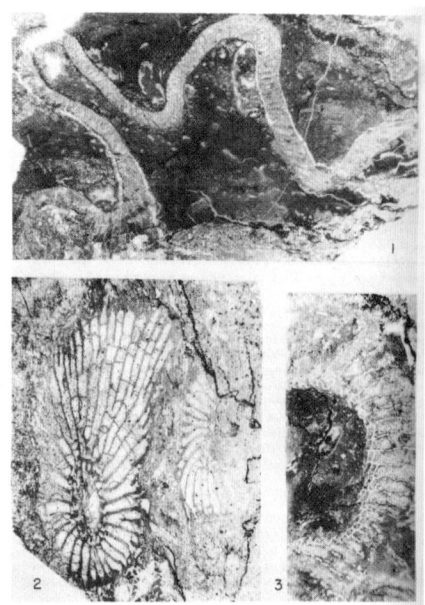

FIGURA 3.6. Arqueociatos en el Miembro inferior de la *Formación Vegadeo* en la región de Ponferrada (León). Leyenda: 1. *Coscinocyathus calathus* Bornemann; 2. *Anthomorpha sisovae* (Vologdin); 3. *Aficyathus alloiteaui* Debrenne; 4. *Anthomorpha sisovae* (Vologdin); 5. *Anthomorpha immanis* Debrenne; 6. a) *Anthomorpha* cf. *rata* (Vologdin), b) *Anthomorpha sisovae* (Vologdin) (DEBRENNE y ZAMARREÑO (1975, pp. 22 y 23).

Paradoxides barrandei (fig. 3.9, n.° 1) y *Conocephalites castroi* (fig. 3.9, n.° 2).[7] La primera de estas especies la dedica a su compatriota Joachim Barrande, precursor de la teoría de la «Fauna primordial», denominación recibida por una fauna fósil que se creyó que correspondía a los primeros seres que habían poblado la Tierra. Estas ideas fueron respaldadas en su época por hallazgos similares de Casiano de Prado.[8]

Los dos miembros inferiores han sido datados como del Cámbrico Inferior, mientras que el superior alcanza el Cámbrico Medio. Los estudios sedimentológicos realizados sobre esta sucesión revelan la existencia de dos facies principales en los niveles carbonatados del Cámbrico Inferior. Por un lado, tenemos los sedimentos depositados en las zonas más someras del dominio marino, que caracterizan el tramo superior y han dado lugar a las dolomías, y por otro la facies sublitorales del miembro inferior consti-tuidas por calizas con arqueociatos. El otro tipo está representado por las litofacies típicas de un ámbito de llanura o zona intramareal («*carbonate*

---

[7] BARROIS (1882, pp. 169-172 y lámina IV).
[8] PRADO *et al.* (1860, p. 520).

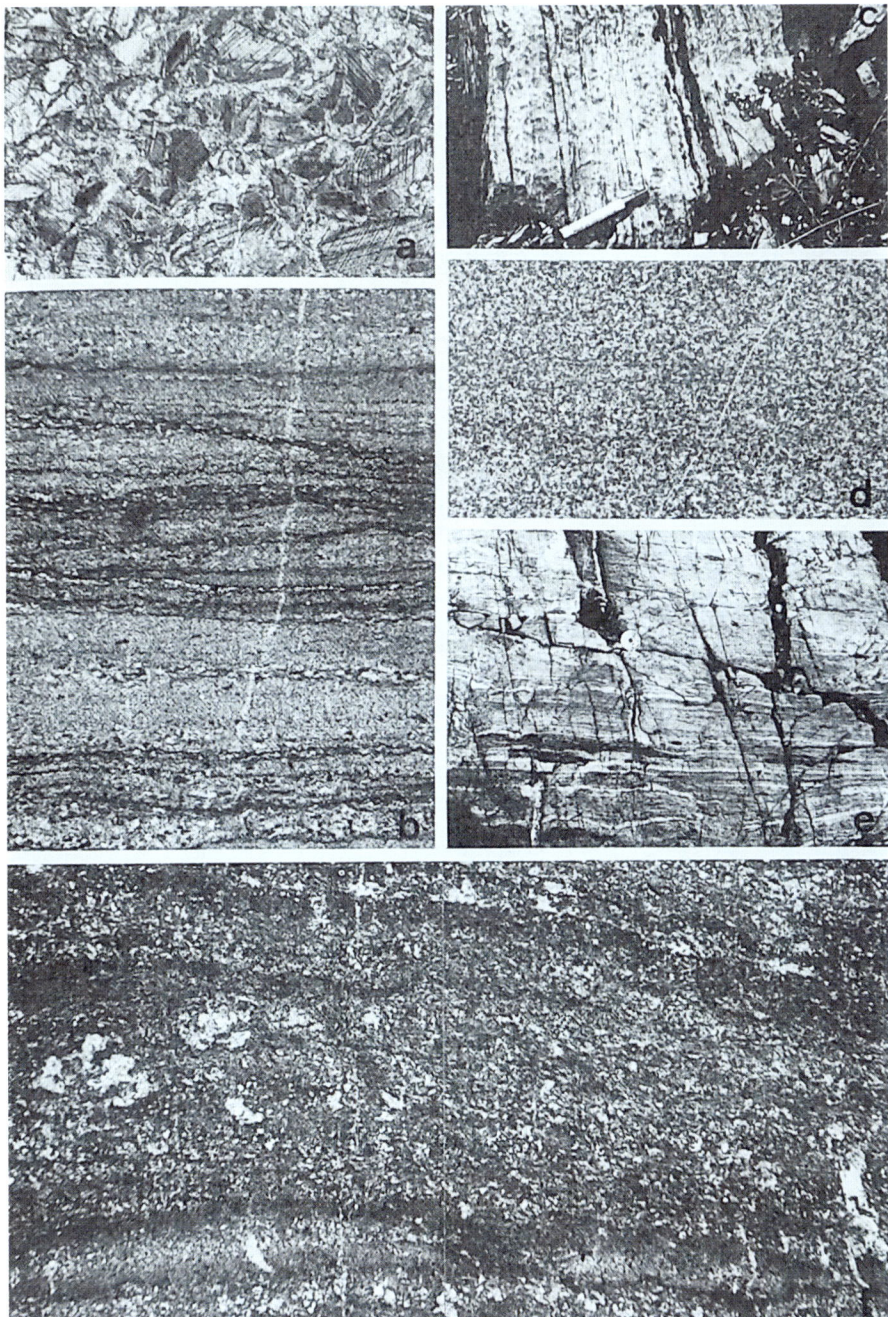

FIGURA 3.7. *Formación Vegadeo* en el Puerto de Piedrafita (Lugo). Miembro Superior: a. Biomicrita recristalizada con equinodermos; c. Aspecto de las calizas y calcoesquistos. Miembro Medio: b. Laminaciones inorgánicas con pellets y cuarzo; d. Pelesparitas dolomitizadas; e y f. Dolomías formadas por mallas de algas (ZAMARREÑO y PEREJÓN, 1976, p. 21).

FIGURA 3.8. Trilobites (*Paradoxides*) de gran dimensión (longitud de la parte visible 21 cm) procedente de los alrededores de la localidad de Vegadeo (Museo de Geología de la Universidad de Oviedo).

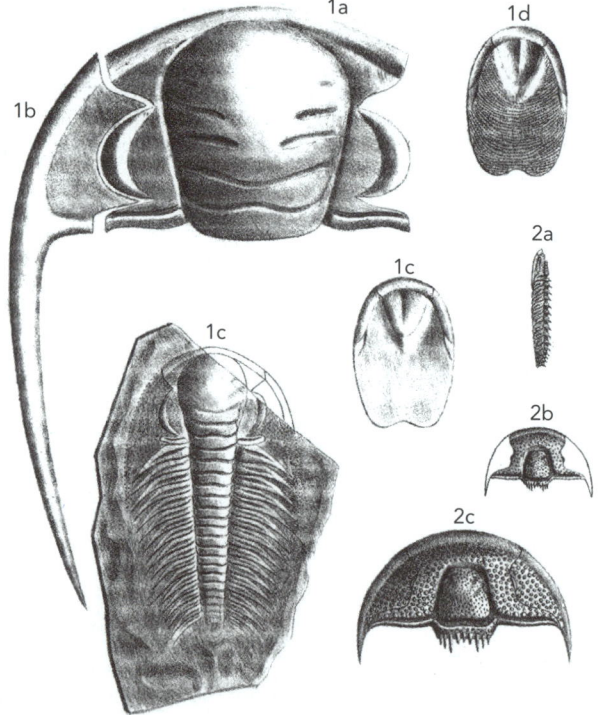

FIGURA 3.9. Dos especies de trilobites (*Paradoxides Barrandei* y *Conocephalites Casteroi*) de ejemplares recogidos en las inmediaciones de Vega de Ribadeo o Vegadeo (BARROIS, 1882, lámina IV).

tidal flat»)[9] acreditadas por la abundancia de dolomías con laminaciones, depósitos algares, calizas con birdeseyes, algunos niveles de oncolitos y de estromatolitos, y presencia de grietas de desecación, bien aparentes en el miembro medio.

En este sentido, los mármoles de Rengos, Gedrez, Cerredo y Castropol —que serán descritos con detalle en el capítulo 4— se formarían en el miembro superior de los tres que define Isabel Zamarreño, si bien este último se habría depositado en un medio nerítico no excesivamente profundo, donde en algunas zonas se ha podido identificar en la base un nivel de equinodermos en su mayoría dolomitizados (dato importante que justificaría la aparición de talco en las muestras marmóreas a causa del metamorfismo). Asimismo, se aprecian algunos fósiles afectados por silicificación (podrían aportar parte de la sílice que daría lugar a la aparición de granos de cuarzo dispersos que, como se verá en el capítulo 7, también se identifican al microscopio en diversos mármoles.[10]

Igualmente, los taludes de la carretera de Pueblo de Rengos a Monasterio de Hermo (Monasteriu d'Ermu) proporcionan una buena sección de la *Formación Vegadeo* que, en este territorio, presenta una orientación de N-S a NO-SE. En la columna estratigráfica obtenida en estos parajes de Cangas del Narcea, se vuelven a diferenciar los tres miembros, alcanzando en su conjunto una potencia algo superior a los 150 m (fig. 3.10):

> *Miembro inferior* (55-65 m). Constituido por pizarras, calizas ligeramente marmorizadas y dolomitizadas.
>
> *Miembro medio* (75 m). Lo conforma una serie de dolomías amarillentas en la base, a las que se superpone un tramo de unos 50 m de pizarras grises, calizas pisolíticas y calizas dolomíticas, entre las que se encuentran intercalados delgados horizontes de mármol gris.
>
> *Miembro superior* (20-25 m). Compuesto, de vez en cuando, por mármoles masivos blanquecinos con dispersas cristalizaciones de pirita más o menos oxidadas, los cuales muestran una distribución geográfica discontinua. A pesar de la recristalización que le afecta, ocasionalmente se llegan a observar fragmentos de organismos atribuidos a trilobites. En ausencia de metamorfismo, las facies son similares a las de la parte alta de la *Formación Láncara* de la Zona Cantábrica, lo que ha permitido datarla como del Cámbrico Medio. Presenta interés como roca industrial por lo que fue explotada en diversas canteras, a la vez que prospectada en varios ámbitos cercanos.

---

[9] Este término define la «llanura de mareas» que, desde un punto de vista sedimentológico, corresponde a un medio costero que se sitúa entre los niveles superior e inferior del dominio de las mareas, con reducida intensidad de corrientes y oleaje, en el que se depositan tramos carbonatados.

[10] ZAMARREÑO Y PEREJÓN (1976, pp. 17-32).

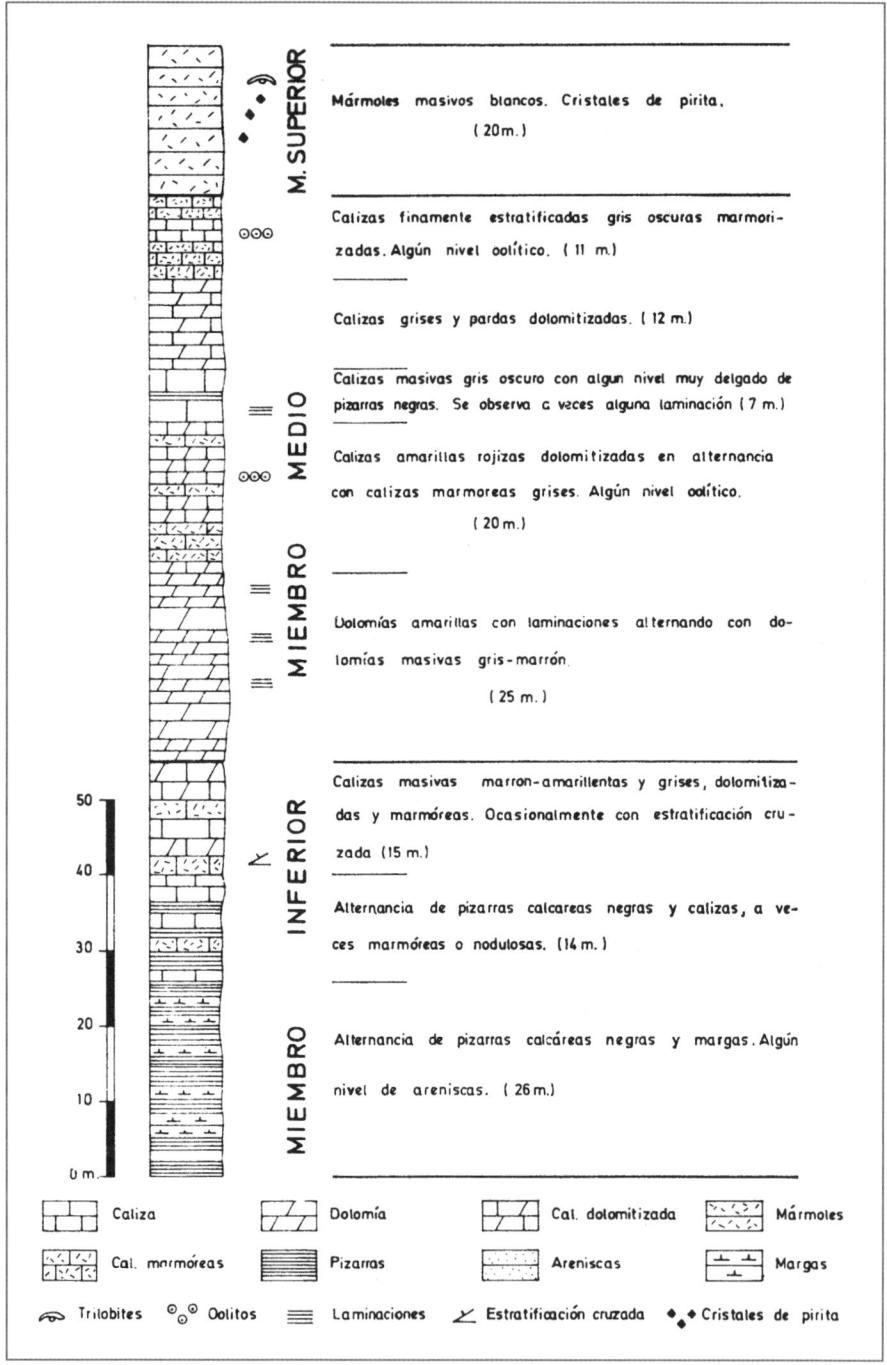

FIGURA 3.10. Columna estratigráfica de la *Formación Vegadeo* representativa de Cangas del Narcea y Degaña (PULGAR *et al.*, 1981, p. 6).

Esta formación litoestratigráfica presenta su máximo desarrollo por los territorios de Las Montañas, Moal, Rengos y puerto del Rañadoiro[11] (Cangas del Narcea), así como en Cerredo (Degaña), continuando su afloramiento por terrenos de Tejedo y Cuevas del Sil (León). Se trata de un tipo petrológico conocido específicamente como «mármol de Rengos». Por lo general, las calizas algo marmorizadas de los miembros inferior y medio de esta unidad cámbrica son de tonalidad grisácea, mientras que en el superior la coloración vira a blanquecina con ocasionales tonos grisáceos o rosáceos.

El proceso metamórfico que se origina en este entorno significa que el protolito[12] carbonatado sufrió una sensible modificación en su composición mineralógica y química y en sus relaciones intercristalinas (o textura), como consecuencia de las nuevas condiciones de presión y temperatura a las que estuvo sometido.

Es probable que, como ocurre en algunos lugares a lo largo de la falla de Allande (Abaniella, Iboyo, Faidiel, San Pedro y San Félix de las Montañas), existan reducidos apuntamientos de rocas intrusivas escasamente visibles y con una edad próxima a 300 millones de años, relacionadas con procesos metamórficos y mineralizaciones auríferas de escasa extensión que los romanos explotaron en amplias cortas a cielo abierto.[13]

El grado de fisuración que, con cierta frecuencia, presentan los yacimientos penaliza su actual aprovechamiento industrial, al ser difícil la extracción de bloques con identidad comercial tal como hoy en día se demandan. De manera general, estos mármoles se llegaron a utilizar para losas y plaquetas con fines funerarios o como baldosas, escalones, encimeras, mesas, morteros, adornos, etc. El proceso también incluía una trituración previa para obtener marmolina o grava blanca con destino a terrazos y, de manera ocasional, en construcción de obra civil.

Así llegó a suceder, en este último caso, de forma generalizada su uso para empedrados, gravilla y bordillos de las carreteras provinciales o rutas comunales, como ocurrió en el siglo XIX y en la década de los años 50 del pasado y, de manera particular, en el programa de ejecución y mejora de caminos vecinales del concejo de Cangas de Tineo de 1 de mayo de 1880 que contó con la contribución de la Administración municipal, los habitantes

---

[11] Rañadoiro es una sierra montañosa que supera los 1.000 m de cota, incluida dentro del parque natural de las Fuentes del Narcea y de Ibias y próxima a la reserva de la biosfera de Muniellos.

[12] El término *protolito* deriva del griego protos = primero, anterior, y lito (lithos) = piedra, roca. Se aplica a una roca sedimentaria, ígnea o metamórfica, de la cual procede una roca metamórfica concreta.

[13] No lejos de Larón (al suroeste) se identifica una corta a cielo abierto de época romana para oro en el paraje de Corralín. Igualmente ocurre cerca de Faidiel, al oeste de Besullo, donde se intersectó un nivel de unos 3 m de potencia de mármol blanco al efectuar, en 1973, un sondeo por parte de la empresa *Unión Explosivos Río Tinto* en la ladera meridional del arroyo de Faidiel.

inscritos mayores de 16 años y la Diputación Provincial. El estado de las principales vías de comunicación quedó claramente reflejado en un mapa del concejo dibujado el 27 de febrero de 1885 por el ingeniero-topógrafo Dámaso Rodríguez Arango.

El empleo del mármol tampoco faltó en viviendas señoriales de la villa como queda recogido, en el verano de 1887, en el diario ovetense *El Carbayón* cuando, al indicar las posibilidades «importantísimas y lucrativas» de esta roca, expresa que «el mármol del término de Rengos se está empleando en la actualidad en una casa que se construye en Cangas, con el que se han vestido veinte y cuatro huecos, con piezas de las dimensiones que el dueño del edificio ha convenido. En él se puede admirar la blancura y finura de este mármol que nada tiene que envidiar a los famosos de Italia y que los italianos explotan a precios fabulosos».[14] Sin duda, se trataba de la mansión de los Flórez en la calle Mayor o alguna de las que se levantaron en esas fechas en la calle Uría.

Desde la emigración en La Habana, el periodista natural de Llamero (Candamo) José González Aguirre (1857-1913) expresó en 1897 como en Larón, al pie del monte Rañadoiro, hay dos grandes canteras, una de excelente mármol blanco y otra de color del plomo. Cita lo propio en la parroquia de Vega de Rengos al pie del mismo monte donde hay dos canteras abundantes, una de mármol blanco y otra gris.[15]

En espacios afectados por una importante deformación tectónica y/o intenso metamorfismo, las calizas de la *Formación Vegadeo* exhiben localmente una esquistosidad primaria de flujo, adoptando texturas lepidoblásticas a nematoblásticas con estiramiento de los cristales en una dirección preferente. (fig. 3.11), siendo entonces más intensiva la presencia de fracturas (diaclasas) o microfisuras («pelos» en términos mineros) que limitan la potencialidad extractiva de los mármoles.

Dentro de la repartición de las rocas industriales aprovechadas en los municipios de Cangas del Narcea y Degaña, se han venido incorporando las marmóreas tal como recoge la tabla 3.II[16] y la fig. 3.12.

---

[14] *El Carbayón*, año IX, n.° 1945 de 1 de agosto de 1887, p. 1.

[15] GONZÁLEZ AGUIRRE (1897, pp. 161 y 374).

[16] FERNÁNDEZ SUÁREZ *et al.* (2013, p. 121).

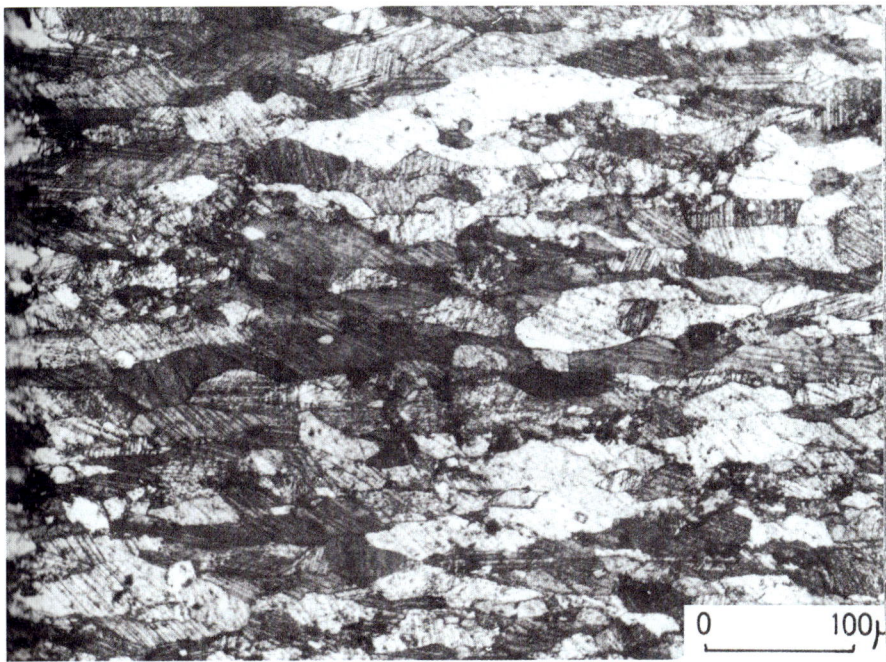

FIGURA 3.11. Esquistosidad primaria de flujo en calizas de la *Formación Vegadeo*, en el valle de Burón (Fonsagrada, Lugo) (MARCOS, 1973, lám. XXIII B).

3.II. DATOS IDENTIFICATIVOS DE LOS YACIMIENTOS CARBONATADOS EN LA *FM. VEGADEO*

N.°	Denominación	Concejo	Coordenadas UTM (huso 30)
66	Sardón (Moncó)	Cangas del Narcea	X = 204102 / Y = 4770552
69	Reguero de los Prados	Cangas del Narcea	X = 218168 / Y = 4761141
71	Los Castiellos o Campoaviao	Cangas del Narcea	X = 204718 / Y = 4767568
73	Chanos de la Braña (Larón)	Cangas del Narcea	X = 206212 / Y = 4766393
82	El Patatero (Monasterio Hermo)	Cangas del Narcea	X = 209361 / Y = 4765826
108	Entrecastiechos	Degaña	X = 218168 / Y = 4761141

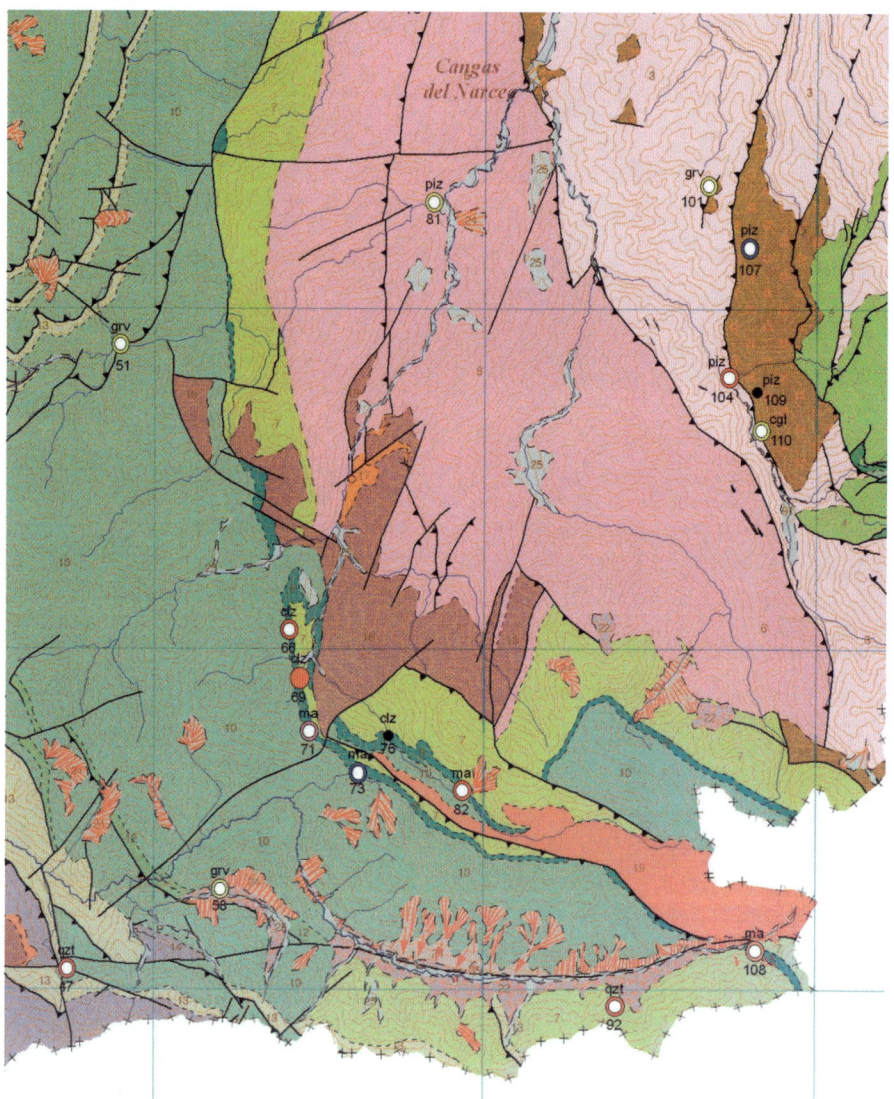

FIGURA 3.12. Mapa geológico del ámbito de Cangas del Narcea y Degaña. Leyenda: 6. *Serie del Narcea* (color rosa, Neoproterozoico); 7. *Grupo Cándana* (amarillo, Cámbrico Inferior); 8. *Formación Vegadeo* (verde oscuro, Cámbrico Inferior-Medio); 10. *Serie de los Cabos* (verde claro, Cámbrico Medio-Superior); 19. Cuencas carboníferas (marrón, Estefaniense). La explicación de los números de los yacimientos en tabla 3.II. Mª. T. LÓPEZ LÓPEZ, ed. (2013).

KARSTIFICACIÓN DEL NIVEL DE MÁRMOL CÁMBRICO

La proliferación de zonas afectadas por el metamorfismo no ha impedido la presencia de cuevas producidas por la erosión kárstica de los mármoles cámbricos y calizas adyacentes que se encuentran en la zona meridional de Cangas del Narcea (Larón, Sequeras, Campoaviao) y Degaña (Fonchada), alguna ya era conocida desde el siglo XVIII.[17]

Cueva de Larón

Descubierta el 11 de julio de 1786 al efectuar la explotación del mármol blanco que existe en la zona, presenta unas dimensiones de 22 m de longitud, 10 m de ancho y 4-6 m de alto. Sin embargo, lo que más impresionó de la oquedad fue la belleza de sus morfologías estalactíticas y estalagmíticas, de las que también se hizo eco el conde de Toreno inmediatamente tras el hallazgo:

> Tiene esta cueva 78 pies de largo y 37 de ancho, siendo muy sólido y llano el pavimento. De este a la bóveda (semejante a una media naranja) habrá a trechos hasta 5 varas, y en otros más de 7. Rodéanla 11 columnas o pilares como de cristal, que forman un medio círculo, las cuales separadas entre sí a algunas distancias, y a 3 pies de las paredes, sostienen el techo, como si se hubiesen colocado artificialmente. Su materia es agua congelada. Estas cristalizaciones figuran diferentes y extraños dibujos tan petrificados y duros que admiten pulimento. La media naranja, que sirve de cubierta, iguala en blancura a la nieve, dividiéndose en diversos rollos o pelotones a manera de nubes que parecen espuma o nata de leche. Las paredes y toda la circunferencia son de mármol blanco finísimo; y habiendo quedado muy clara la gruta con la luz que la entra por el boquerón, representa una sala teatral de hermosa y agradable perspectiva. Podrían pulimentarse muchos trozos así de la cubierta como de los pilares. Llegando al fin de la cueva se halla cerrada por todas partes con la misma cantera de mármol, la cual es abundantísima y casi inagotable.[18]

Cueva de Sequeras

También conocida como de Sequeiras (o del Acebal), está emplazada al sureste de Gedrez, en la ladera meridional del río Narcea cerca del pico la Veiga, a una altitud de 1.322 m, casi en el límite de los términos municipales de Monasterio de Hermo y Degaña. Su localización, en un paraje escabroso, es bastante desconocida a pesar de que ya fue reseñada en 1785.[19]

---

[17] De su popularización se encargó LÓPEZ ÁLVAREZ (2013 a y b).
[18] LÓPEZ ÁLVAREZ (2013 a).
[19] LÓPEZ ÁLVAREZ (2013 b).

FIGURA 3.13. Entrada a la cueva de Sequeras entre rocas marmóreas.

El motivo reside en su elevado emplazamiento e intrincado acceso desde el puente de El Patatero, después de atravesar terrenos carboníferos y una imponente masa boscosa, no muy lejana del collado de Peña del Cuervo, a la vez que sobrepasada la reguera del Infierno. En su entrada se identifican calizas muy fisuradas, con un notable grado de marmorización, con tonalidad gris blanquecina, dando lugar a frecuentes bloques desprendidos en su entrada por colapso parcial del techo (fig. 3.13).

La primera descripción de esta famosa cueva se debe, de nuevo, al V conde de Toreno, de la que relata con cierto detalle el texto que sigue:

XVII. En la Parroquia de Santa María de Xedréz se halla la prodigiosa cueva de Sequeras, muy peculiar por su extrañeza.

Está situada al Poniente en la cumbre de los montes de dicho Lugar y parage de su nombre.

Su entrada mira al Oriente, que se reduce á un agujero grande á manera de puerta; y entrando por esta, baxando como quatro pasos, se comienza á subir por una especie de escalera muy ancha, que forman las mismas peñas, siendo necesario asirse siempre de unos pilastrones que sirven de pasamano.

Luego que se suben trescientos pasos sigue derecha la cueba como otros trescientos, poco más ó menos.

Pasado este tramo, se llega á un hueco de bastante extensión, y mucha altura, y aquí parece que se acabó la cueba; pero se observa que, á un lado de esta habitación (llamémosla así) hay en la superficie una especie de ventana larga y estrecha, y entrando por ella, á treinta pasos en el mismo tramo, se encuentra otra cueba redonda que vulgarmente llaman el Pozo, aunque carece de agua en todo tiempo.

Para seguir adelante se necesitan fixar unas vigas largas, que alcancen de parte á parte las peñas, y se pasa por encima de ellas.

Descendiendo despues á lo profundo del pozo, por otro conducto bastante trabajoso, se halla otra puerta, que dando vuelta á mano izquierda, y siguiendo por ella, se camina por un trecho de sesenta pasos, que dirige á otra habitación redonda, cuya cubierta asimila á la media naranja, siendo, siendo su altura de veinte varas.

Tanto el techo, ó cubierta, como su piso, son de especial solidez y blancura; y de la misma materia se ven en ellos diferentes figuras, y lo mismo en su circunferencia, originadas por las aguas, que filtran las peñas superiores en todos tiempos, que recibidas sobre un terreno arenusco, se vitrifican y cristalizan con la misma frialdad que hay en la cueva, percibiéndose en esta estancia con mayores grados el frio, que en los demás parajes de ella.

Los particulares y grabados dibuxos que forman y fomenta aquella agua, que se cristaliza, ofrecen á la vista un espectáculo agradable.

Se ven pirámides de todos tamaños muy perfectos, representando su techo hermosos pabellones, fabricados por la misma naturaleza.

El suelo, en medio de la desigualdad que padece, causa admiración al verle por la brillantez de sus extraordinarias vitrificaciones, las que por sus configuraciones diversas serían muy dignas del Real Gabinete de Historia Natural de nuestro Monarca, si pudieran sacarse sin romperse.

No tiene la cueba más salida, ni respiradero que el de su entrada, por cuya razón es muy oscura, y se necesita llevar porción de luces, para reconocerla, porque si estas faltasen, sería imposible que ninguno acertase á salir de ella.

El reflexo de las mismas luces, que reverbera en las cristalizaciones, representa un hermoso, natural teatro, con el que los artificiales no tienen cotejo.

Por último, hemos estado tres horas reconociéndola menudamente, no habiéndonos atrevido á registrar más espacios de ella, porque para escudriñar todas sus concavidades y senos se necesitarían días; pues se afirma por tradición de los naturales, que un hombre, que penetró su interior, aseguró después que había salido por otro boquerón distante más de dos leguas de la entrada primera; y es verosímil que si se profundizase esta cueva se hallase en su centro el alabastro florido por lo que denotan sus señales.[20]

En una amplia sala circular de su interior se hallaron restos de haber sido usada como dormitorio por unos monjes primitivos. También fue destacable la visita que giró el teósofo, erudito y prolífico escritor cacereño Mario Roso de Luna.[21]

---

[20] CONDE DE TORENO (*op. cit.*, pp. 27-30).

[21] Revista *La Maniega* (n.° 35, noviembre-diciembre de 1931, p. 3). También lo recoge Mario Gómez en su libro titulado *Rumbos*, como recopilación de sus múltiples artículos en dicha revista.

Acerca de las grutas de Cangas del Narcea, en el libro *Asturias* de BELLMUNT y CANELLA, fray Justo Cuervo escribe lo siguiente: «Entre ellas es la más notable la de Sequeras, por la extensión de sus galerías y por la forma y dimensiones de sus estalacmitas y estalactitas, que llegan á unirse formando filigranadas columnas de materia caliza y caprichosas pannifames». Prosigue afirmando que es tan curiosa la descripción antedicha que de esta gruta hacía el conde de Toreno, que reproduce literalmente el texto.[22]

Asimismo, al este de Gedrez, en los impresionantes riscos de Peña Furadada, en la vertiente septentrional del río Narcea, se hallan diversas oquedades de limitada extensión, con frecuencia usadas como oseras, siendo común la observación de los plantígrados desde el monte de la Cengadera, o bien de distintos lugares del entorno de dicha localidad o de Jalón.[23]

Cueva de Campoaviao

Se encuentra en Rengos (cerca de un kilómetro de una desviación de la carretera al puerto del Rañadoiro existente donde la fuente de Oleiro, también llamada del Cura), y se reconoció en 1927 (figs. 3.14 y 3.15).

Tanto esta oquedad como la anteriormente descrita recibieron un fuerte apoyo divulgativo del médico Florentino Molás Basanta que se lamentaba de su escasa promoción:

> Si Cangas constituyese parte de algún Estado extranjero las grutas de Sequeras y Campoaviao eran conocidas de todos y por todos admiradas. Con mucho menos motivo he visto en Suiza anunciar en todos los hoteles y estaciones de ferrocarril: picos, desfiladeros, vertientes, que a cualquiera que haya recorrido este concejo le defraudan y se da uno cuenta de que en el turismo, la palanca principal está en una buena y bien llevada propaganda.[24]

FIGURA 3.14. Figuras kársticas en la cueva de Campoaviao. Cortesía de José María Fernández Díaz-Formentí (JMFD-F).

---

[22] CUERVO (1897, pp. 194 y 195).

[23] Según comentario del vecino de Gedrez José Manuel Collar Marrón.

[24] Según indica Juaco López Álvarez, este escrito fue publicado en *La Maniega* (n.° 17, diciembre de 1928, p. 6).

FIGURA 3.15. Entrada a la cueva de Campoaviao
(JMFD-F).

En la descripción que el galeno hizo de dicha cavidad indica como:

Se encuentra primero una ancha y espaciosa sala cubierta de estalactitas y hacia la izquierda una profunda sima cuyo final no se topa y
al arrojar una piedra su sonido se pierde en el infinito. Continuando de
frente la cueva se estrecha, dirigiéndose hacia abajo y reduciendo su
altura lo que obliga a caminar encogidos hasta encontrar una nueva
expansión donde existe una oquedad. Ascendiendo hacia ella, no sin
dificultad, se alcanza una galería de nuevo rellena de estalactitas y tras
caminar por ella un buen trecho una serie de orificios, más o menos an-
chos, dan acceso a nuevas galerías siempre descendentes. En todo el recorrido el aire es respirable, sin denotar el menor síntoma de opresión.

Sobre la situación de la cueva de Campoaviao, a la vez que la de Sequeras,
el informe de la visita en la revista *La Maniega*[25] incluye un detallado esquema de sus accesos realizado por el topógrafo cangués Jenaro Flórez (fig. 3.16).

---

[25] Artículo de Florentino Molás Basanta «Una visita a la gruta de Campoaviao» (*La Maniega*
n.° 17, diciembre de 1928, pp. 6-8).

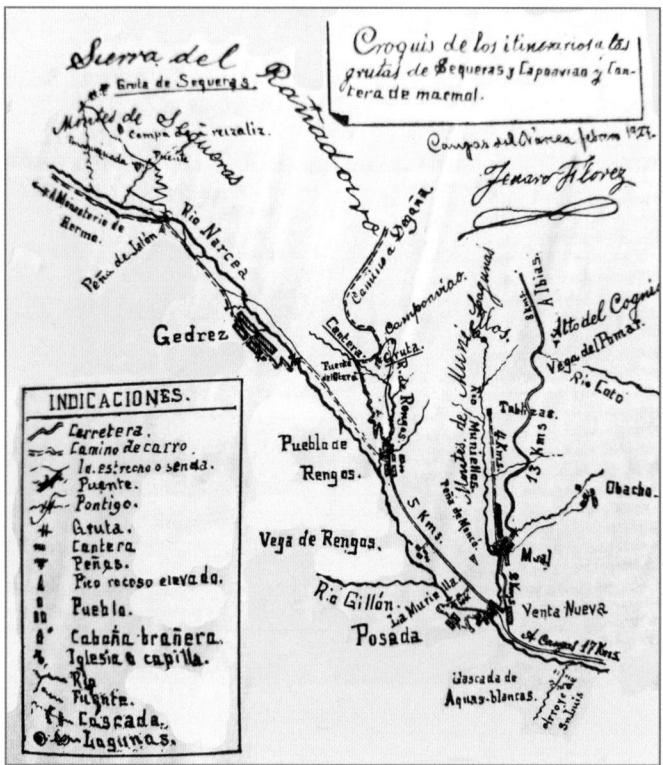

FIGURA 3.16. Croquis de situación de las cuevas de Campoaviao y Sequeras (*La Maniega*, 1928).

Posteriormente esta cueva se¹ a visto parcialmente afectada en la zona de entrada al ejecutar las labores para la extracción de mármol en su entorno.

Cueva de Fonchada

Ubicada a una cota de 1.202 m se accede a ella desde las inmediaciones de La Pruída (Cerredo, Degaña), superado el kilómetro 103 de la carretera AS-15, localizándose en pleno Parque Natural de las Fuentes del Narcea, Degaña e Ibias, tomando la senda que dirige a las lagunas de Chagüeños, también conocidas como Llagüeños (figs. 3.17 y 3.18), cercanas al pico homónimo, en las estribaciones de Peñamayor.

En concreto, está ubicada en la pared oeste de la denominada Peña Corón de Abajo, en la inmediatez a las antiguas explotaciones de mármol de Campo Las Corradas. Al igual que acontecía en la cueva de Campoaviao, en ésta se puede observar varias manifestaciones kársticas (figs. 3.19 y 3.20), tales como segregaciones de calcita dando lugar a reducidas formaciones estalactíticas, o pequeños grupos columnares, así como acumulaciones de bloques arrastrados por la abundante circulación de agua que, ocasionalmente, fluye por su interior.

En el cartel que aparece en la entrada de la cueva de Fonchada se puede leer el siguiente texto, que suele repetirse, de manera similar, en otras muchas grutas asturianas:

Figura 3.17. Paisaje de la senda de las lagunas de Chagüeños, con crestones de calizas marmorizadas.

Figura 3.18. Peña Corón de Abajo donde se encuentra la cueva de Fonchada, al sur de La Pruída (Cerredo, Degaña).

Figura 3.19. Entrada de la cueva Fonchada. (JMFD-F).

153

FIGURA 3.20. Fenomenología kárstica en la cueva Fonchada (JMFD-F).

Cueva con leyenda propia, ya que parece ser que sirvió de refugio a los moros que huían de las gentes de Don Pelayo tras su derrota. Vivieron en ella mucho tiempo y se cuenta que con el oro que llevaban construyeron un juego de bolos de oro macizo que con su brillo extraordinario les iluminaba en la oscuridad de la cueva.

Este tesoro aún nadie lo ha encontrado, aunque muchos lo han buscado y aseguran que es cierto que existe.

En la actualidad una sima que existía en su interior se ha hundido.

UTILIDAD ARQUITECTÓNICA DEL MÁRMOL CÁMBRICO

El término municipal de Cangas del Narcea es, con sus 823,6 km², el más extenso de los 78 municipios de Asturias; forma parte de la Mancomunidad Suroccidental, junto con Allande, Ibias y Degaña. Conserva múltiples valores paisajísticos con amplios bosques autóctonos y un refugio sobresaliente de fauna (oso pardo, urogallo, lobo y corzo), en buena parte por su aislamiento y sus deficientes comunicaciones ancestrales con el centro regional. La fauna puede ser avistada en algunos observatorios como los existentes en el entorno de Gedrez, donde con unos prismáticos y algo de paciencia se pueden observar al atardecer los vertebrados que pululan por la Penona de Jalón y Peña Forcada, importante macizo calizo bastante desnudo de vegetación (fig. 3.21).[26]

---

[26] FERNÁNDEZ DÍAZ-FORMENTÍ (2001, p. 227).

FIGURA 3.21. Impresionante masa calcárea de la Penona de Jalón y Peña Furadada, vista desde el monte Cengadera (JMFD-F).

En la zona del Alto Narcea, no lejos del lugar de nacimiento del río homónimo, en proximidad con el límite oriental del afamado bosque de Muniellos, se encuentran algunas localidades nombradas por haber beneficiado en sus inmediaciones depósitos de mármol (Moncó, Pueblo de Rengos, Gedrez, Monasterio de Hermo o Larón). Este espacio geográfico se caracteriza por una orografía bastante accidentada y abrupta, con elevaciones descollantes; su máxima cumbre la exhibe el Cueto de Arbas (2.007 m), situado sobre el puerto de Leitariegos. También son prominentes los picos que enmarcan la zona marmórea, con altitudes que rebasan el millar de metros: Peneo Redondo (1.145 m), Los Corrales (1.282 m), El Candano (1.140 m), Peña Furadada (1.756 m), Mozu y Piedra (1.252 m), Picu Perdigueira (1.476 m), Caniellas (1921 m) o Los Grallos (1.866 m).

El concejo está compuesto por 54 parroquias, de las cuales se resumen las características demográficas de las implicadas en las explotaciones del mármol (tabla 3.III).[27]

---

[27] RODRÍGUEZ GARCÍA (2010).

3.III. Datos de algunas parroquias del concejo de Cangas del Narcea

Parroquia	Superficie (km²)	Habitantes	Densidad población
Gedrez / Xedré	15,3	157	10,3
Larón / Llarón	20,4	7	0,3
Monasterio de Hermo / Monasteriu d'Ermu	30,5	18	0,6
Pueblo / Pousada de Rengos	9,1	190	20,9
Vega / Veiga de Rengos	22,1	230	10,4

En 2024, el municipio contaba con una población de 11.421 habitantes —de los cuales el 48 % reside en la capital—, muy inferior al censo de 1860 (21.750) y de 1920 (24.375), ya que desde esa fecha experimenta una paulatina reducción, acentuada con la clausura de la minería de carbón actividad que tuvo notable importancia.[28]

El concejo cuenta con mucha historia, desde túmulos megalíticos, territorio de pésicos y romanos y de grandes linajes con palacios barrocos con escudos de armas.[29]

Monasterio de Corias: El Escorial asturiano

Cerca de la capital se halla el monumental monasterio benedictino, un ejemplo del arte religioso monástico, de enormes dimensiones —uno de los más grandes de España, ocupando 5.000 m²—, conocido como de San Juan Bautista de Corias. Fue fundado en 1043 por los condes Piñolo Jiménez y de Aragonti (Pinolius Ximenez) y Aldonza Muñoz (Ildoncia Munionis), de nobilísimo linaje de la aristocracia astur y poseedores de una inmensa fortuna que no sabían a qué destinar pues carecían de descendencia al haber fallecido sus hijos Ovaco y Pedro.[30]

Constituye el hecho más sobresaliente en la Edad Media, dado el señorío que adquirió este monumento monástico en toda Asturias (fig. 3.22), con la asistencia y donaciones de los monarcas leoneses, habiendo confirmado desde el 28 de marzo de 1032 el coto al monasterio por concesión de Bermudo III[31]

---

[28] Arango (2024, pp. 88 y 89).

[29] Fernández Fernández (2020, p. 19).

[30] Historia que aparece contada en el *Libro registro de Corias* redactado a partir de 1207 por un monje del mismo monasterio (Gonzalo Juánez), así como en el publicado por el arqueólogo que investigo el monasterio, Alejandro García Álvarez-Busto (2016, p. 55).

31 Ferreiro Blanco (1923, p. 323).

FIGURA 3.22. Monasterio de San Juan de Corias en la actualidad (Internet).

cediéndole como dote, además, diversas iglesias. Su primer abad en 1043 fue Arias Cromaz siendo refrendadas las dotaciones y permutas recibidas de este monarca, con posterioridad en el año 1046, por su sucesor Fernando I.

La construcción original coriense tardó doce años en concluirse, inaugurándose la iglesia en el año 1043 y la vida monacal se organizó en torno a la regla de San Benito. La época de mayor esplendor se desarrolló en los siglos XII y XIII.

Se sucedieron veinte abades a lo largo de más de cuatro siglos, iniciándose su decadencia durante el XIII y XIV, y se consumó el declive a finales del XV. A partir de aquí el cenobio comenzó a regirse por obispos o dignatarios eclesiásticos que vivían en sus diócesis. En 1536 el monasterio se incorpora a la obediencia de San Benito de Valladolid, sin que destacase nada en la vida asturiana.

Los primeros signos de posible utilización del mármol en el monasterio consisten en restos de balaustrada y remate de pasamanos de una escalera, que se conservan en una vitrina del museo instalado en el sótano, materiales arqueológicos datados del siglo XVII (fig. 3.23).[32]

Desde el último cuarto del siglo XVIII se habían instalado en Cangas y más tarde en Corias talleres con actividades artesanales y artísticas, el último gestionado por Manuel de Ron y Llano que dio continuidad a las faenas retablistas y escultóricas del maestro Pedro Sánchez de Agrela, y con el que participaron los

---

[32] Según información de Alejandro García Álvarez-Busto, arqueólogo que analiza el historial del cenobio.

hermanos Antonio y José Plácido García de Agüera. Se extendieron sus trabajos hacia distintas localidades asturianas, incluida alguna de Rengos. Llegaron incluso a labrar mármol, tanto traído de Andalucía como de Cangas, a la vez que caliza y alabastro (en imágenes orantes o escudos), aparte de otras producciones mayoritarias de imaginería en madera tallada. Otros escultores ligados a Corias fueron Pedro Rodríguez Bergoño o Juan García, a lo largo del siglo XVIII.[33]

La relación de los ámbitos con afloramientos de mármol en la zona meridional de Cangas de Tineo ya era anterior al envío de las primeras remesas y colocación de este material en los muros del monasterio. Así lo confirma la participación en las donaciones realizadas entre 1722 y 1768 a la malatería de San Lázaro de Retuertas, enclave situado a un kilómetro del monasterio[34] en la Regla de Corias, con dependencia asistencial de los monjes, por parte de algunos vecinos del Pueblo de Rengos, al igual que de Piedrafita y Jalón, localidades de montaña no muy distantes de Gedrez.[35] Sin embargo, no quedó constancia documental de la extracción por esos años del material marmóreo.

A su vez, cumplido el primer tercio del siglo XVIII, entre los años 1734 y 1738 fue trascendente la construcción de una nueva sacristía adyacente a la iglesia, estando encargado en la redacción de los memoriales de la obra, así como de los materiales a emplear por los canteros y albañiles, fray Genadio, religioso que había recibido en Valladolid una seria preparación sobre los temas arquitectónicos. Simultáneamente, de los primeros pagos se encargaba el ecónomo de la comunidad fray Benito Silva.

FIGURA 3.23. Basas de balaustrada (izquierda) y remate de pasamanos de la escalera de mármol.

---

[33] FERNÁNDEZ FERNÁNDEZ (2022, pp. 33, 38 y 47).

[34] *AHA*. Fondo del Monasterio de San Juan Bautista de Corias. Libro de Gastos (n.º 9.596 y 9597). Datos de rentas desde 1722 a 1768.

[35] *AHA*. Libros 9596 y 9597. (La Malatería de San Lázaro de Retuertas. Rentas de pan, vino y dinero).

Los componentes pétreos empleados en los muros (pizarras negras y areniscas extraídas en entornos cercanos a Corias), así como la cal, producida tanto *in situ* (desplazando bloques carbonatados de diferentes canteras), como trasladada desde diversos caleros, eran los productos más demandados. La localidad de Fontes de Corveiro constituía el enclave más importante por entonces de aportación de rocas calizas, cuyo calero está documentado desde 1612, siendo ya preciso la adquisición de pólvora para arrancar la materia prima.[36]

De enero a junio de 1736 ya se abonaron por los materiales rocosos, aparte de a canteros y peones, la sustancial cifra de 16.967 reales y 28 maravedíes, índice de que los trabajos se encontraban en plena actividad. Estos se intensificarían aún más en 1737 cuando se acarrea cal de tres caleros, dos de Xillón (Gillón) y uno de Porciles, además de la amplia operatividad de canteros, que requirieron disponer de las herramientas construidas por un ferreiro de la Pola (picos, barrenos, barras, cuñas, etc.), tanto para extraer la piedra como para su posterior labrado. Junto a ellos colaboraron cuatro mamposteros, además de peones y albañiles. Los carros y carretas que trajeron los materiales correspondían, entre otros, a Menéndez Berguño, Santiago de Regla, Julio Berguño, Valentín Cejón y Bernardo Paz, representando un gasto, de febrero a noviembre, de 2.767 reales.[37]

En la etapa final de las obras, el memorial de trabajos estuvo bajo el control de los hermanos de la comunidad fray Genadio y Granero, dando por concluidas las faenas arquitectónicas en abril de 1738, después de la implantación de ventanas, puerta, vidrieras, cielos rasos y pintura, con el abono total por estas actividades de 28.525 reales, acercándose el coste total de la obra a los 70.000 reales.

El 24 de septiembre de 1763 el edificio sufrió un pavoroso incendio que destruyó casi todas las dependencias monásticas, salvándose únicamente la iglesia, la sacristía y la biblioteca. La remodelación dejó huella sobre todo en la nueva fachada, monumental y sobria, obligando a la reconstrucción del claustro y del perímetro exterior hasta darle la colosal apariencia que presenta la edificación neoclásica actual.

Se comenta a este respecto en el libro *Asturias* de Bellmunt y Canella lo que sigue, de interés porque menciona el uso de mármol de Rengos y diferentes componentes pétreos:

> Los monjes no se desanimaron con la desgracia, y al cabo de diez años
> comenzaron las obras del grandioso Monasterio que hoy admiramos. Vistos
> y examinados varios planos en el verano de 1773, á la desolación producida
> por el incendio sucedió la animación de los operarios. El estruendo de los

---

[36] FERNÁNDEZ FERNÁNDEZ (2011, p. 24); GARCÍA ÁLVAREZ-BUSTO (2016, pp. 161, 175 y 183). Los reconocimientos realizados en proximidad al monasterio por este arqueólogo detectaron la existencia de restos de un primitivo calero.

[37] *AHA*. Fondo del Monasterio de San Juan Bautista de Corias. Libro de Gastos (n.º 9.526), años 1734-1737. En este entorno de Fontes de Corbero (o Corbeiro) se encuentran afloramientos de niveles carbonatados del Cámbrico. Aquí la malatería contaba con algunas propiedades.

altos castaños derribados en el bosque inmediato se confundía con el canto irregular de las carretas y con los truenos de las canteras. Asusta pensar en los esfuerzos que debieron hacerse en la ejecución de la obra. La piedra empleada en la mampostería estaba á la puerta de casa; pero el mármol vino de Rengos, esto es, de cuatro leguas; la piedra negra del zócalo y de las soleras de los balcones de la fachada, de Villouril; la piedra roja, de Villadestre, pueblos situados en lo alto de la montaña.[38] (fig. 3.24)

En cercanía al poblado de Biescas, a una distancia de 2,5 km de Corias, aflora asimismo este tipo de material. Los fragmentos rocosos eran trasladados en carros, recorriendo los 8,5 km desde el segundo lugar citado, y tras atravesar los terrenos de Villauril, La Pilarina, Corriellos y Las Carboneras, hasta llegar a Corias.

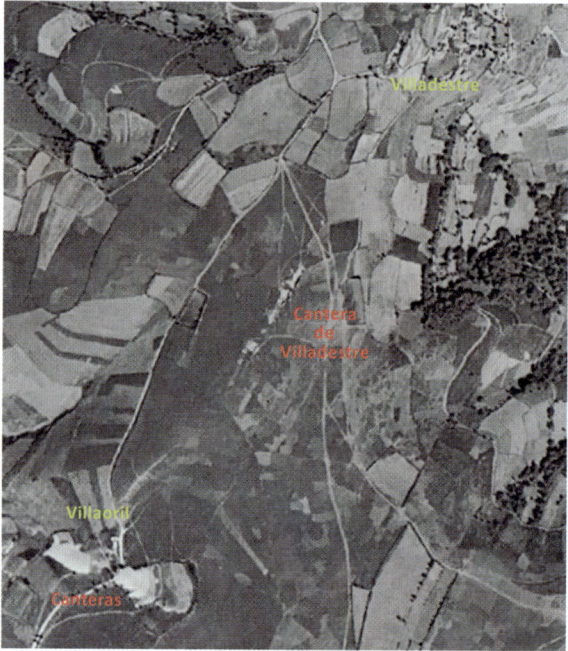

Figura 3.24. Canteras de Villadestre y Villaoril (fotografía aérea de 1957).

38 Estas rocas se localizan en forma de diques de reducida potencia con dirección NE-SO que atraviesan niveles pizarrosos precámbricos en parajes de Villadestre, Villaoril y Biescas, situados el noreste de Corias, según información facilitada por el profesor de Geología en la Universidad de Oviedo Álvaro Rubio Ordóñez. La cantera de Villadestre tenía una extensión algo superior a 200 m según puede apreciarse en la fotografía aérea de la zona correspondiente al vuelo americano (año 1957). En torno a finales de siglo fue rellenada coincidiendo con las actuaciones del programa de ordenación agraria. En un cálculo aproximado, se valora la extracción de unos 12.000 m³ de roca removida suponiendo, como indica el vecindario, una profundidad próxima a 4 m y una anchura media de 15 m.

En los extremos de la fachada, tanto la de la entrada al monasterio como la de la iglesia de San Juan, a los dos lados de las hornacinas con los santos (Domingo de Guzmán y Juan Bautista) existen adornos de pilastras con capiteles y fustes de sillares, de mármol de Rengos (fig. 3.25). El resto de este espacio, como los del conjunto de la fachada principal son de sillares de las canteras antes mencionadas, abiertas en rocas microporfídicas ácidas (riolitas) de tenue tonalidad crema o gris claro con tamaño de grano fino.[39] A su vez, se colocó mármol de la misma procedencia en el claustro mayor.

La reconstrucción de las dependencias monásticas corrió a cargo del arquitecto Miguel Ferro Caaveiro quien diseñó los dos claustros actuales, el principal inspirado en los albores del clasicismo ilustrado, verificando la pureza ornamental y cuidando de manera exquisita el orden de los elementos arquitectónicos.

El exterior está estructurado con balcones y ventanas (en número de 365) dispuestos de forma alterna, y se compone de cuatro pisos. En el centro de la misma, cerca de la cornisa, hay dos plaquitas de mármol con las siguientes inscripciones: en una «COMEN.º LA REEDIF.º DE ESTE MONAST.º AÑO DE 1774», en la otra «Y SE FINALI.º AÑO DE 1808 AÑO DEL PONTIF.º DE PÍO VII». Este frente está construido, en su mayoría, con sillares de las mencionadas rocas microporfídicas trabajados a pie de obra, aunque trasladados en bloques irregulares desde las canteras reseñadas, para ser luego elaborados y colocados siguiendo una excelente tarea de cantería, hasta lograr su perfecto escuadrado. Dichos elementos pétreos poseen una altura entre 20 y 35 cm, dispuestos en hiladas,

FIGURA 3.25. Fachadas con la hornacina de Santo Domingo de Guzmán (izquierda) y en la puerta de la iglesia de San Juan con estructura de pilastras, ambas con capiteles y fustes de mármol.

---

[39] CUERVO (en *Asturias* de BELLMUNT y CANELLA, 1987, t. II, p. 233). Canteras ubicadas unos 2 km al sur de San Pedro de Coliema, donde Corias poseía varias propiedades. También se trasladaron materiales calcáreos de la mencionada localidad canguesa de Fontes de Corbero, situada a unos 5 km al SE de Carballo.

con algunos de ellos, los situados en sus esquinas laterales o en salientes columnares de mármol de tono gris claro, de hasta 40-45 cm, mostrando en su faceta externa un fino pulido. La calidad arquitectónica iguala o supera a la de diversas construcciones nobles, civiles o religiosas, de la capital ovetense.[40]

La fachada paralela a la carretera AS-15, así como la septentrional, están realizadas con mampostería pizarrosa de color gris oscuro del Precámbrico, a veces con una pátina ferruginosa, dominante en su zócalo visible, junto a areniscas de grano medio a grueso de color gris, de posible edad carbonífera que constituyen, sobre todo, las jambas de las ventanas, incluyendo ocasionalmente algún bloque de pequeño a medio tamaño de las rocas intrusivas de tonalidad blanquecina, sin que se llegue a apreciar la presencia de calizas marmóreas. Estos materiales rocosos posteriormente enfoscados proceden, entre otros lugares, de las canteras denominadas «El Piñolo», cercana a Corias, y del paraje Peña Mayor, al norte de la Regla de Corias, ambos a una distancia algo inferior a los dos kilómetros del convento.[41]

El monasterio fue renovado en estilo herreriano y su interior conserva la iglesia, acabada en 1613, así como la sacristía renacentista, únicas dependencias que se salvaron del desdichado incendio.

Los benedictinos pudieron disfrutar poco tiempo del soberbio cenobio dado que fueron expulsados por la desamortización de 1835. En noviembre de 1860 se estableció en Corias una comunidad de dominicos en calidad de usufructo con la condición de abrir un colegio —en caso contrario debería volver al Estado—, restaurándose así la vida monástica. A partir de esa época las reconstrucciones produjeron notables cambios estructurales, entre otros la restauración en 1960 de la cúpula de la iglesia con alguna piedra marmórea de color blanco procedente de las canteras meridionales del municipio (fig. 3.26); finalizando el siglo lucían las actuales fachadas y se había terminado la reforma de la iglesia con un retablo neoclásico de madera policromada. La austeridad de sus muros contrasta con la riqueza decorativa del retablo mayor, de estilo barroco, que data de 1680.

La nueva reforma del convento de Corias resultó «un triunfo de la sencillez de la piedra junto al blanco de la cal ¡que bellamente conjugadas! en una perfecta armonía» colocando piedra a piedra con gran diligencia y cariño.[42] Todo ello fruto de un equipo de canteros que tenían un singular dominio de un oficio tan valorado durante un tiempo en el que la utilización de los materiales rocosos era prioritario y gozaban de un carácter de casi exclusividad.

En la majestuosa iglesia resulta de interés petrológico la escalinata que asciende hacia el altar mayor, ejecutada con emplacado de mármol (fig. 3.27) compuesto por losas de tonalidad blanquecina, levemente rosada o parda, de notable grosor y longitud variable, máxima de 1,5 m y una extensión media

---

[40] Para lo cual, puede consultarse el libro escrito por GUTIÉRREZ CLAVEROL et al. (2012).

[41] GARCÍA ÁLVAREZ-BUSTO (op. cit., p. 220).

[42] Así se expresa en el libro *Centenario Corias 1860-1960*, de los autores FRAY JESÚS MARTÍN y FRAY ALBERTO COLUNGA (1961, p. 87).

comprendida entre 60 y 80 cm. Los ambones del evangelio y la epístola están igualmente revestidos de mármol, con una singular estructura. También es de roca marmórea el escalón de acceso a los altares laterales.

FIGURA 3.26. Trabajos de reconstrucción del monasterio de Corias, hacia 1960. Estos bloques conciernen a mármol blanco (fray JESÚS MARTÍN y fray ALBERTO COLUNGA, 1961, pp. 89 y 94).

FIGURA 3.27. Escalera de subida al altar mayor construida con mármol, con ambones, tanto del evangelio como de la epístola del mismo material.

A lo largo de las amplias estancias del cenobio se identifican, de forma aislada, ornamentos de mármol blanco, caso de los capiteles y dos losas labradas ubicadas en el arco de acceso al coro alto. Resulta llamativo el barreño en mármol amarillo algo sucio, de una sola pieza, colocado en el lado izquierdo de la puerta de entrada al actual comedor (fig. 3.28).

Desde el punto de vista arquitectónico, el conjunto monumental presenta una inspiración escurialense, motivo por el que se conozca como el «Escorial Asturiano», resultando de sumo interés el hallazgo en la planta del sótano de los restos arqueológicos de los muros correspondientes a la primitiva iglesia levantada en los orígenes de este esplendoroso conjunto.43

Basílica de Santa María Magdalena

La antigua colegiata bajo la advocación de Santa María Magdalena en la capital canguesa, constituye una de las mejores muestras del barroco asturiano. Construida entre 1630 y 1642, la parte del crucero se cubre con cúpula pétrea y en dos pechinas de la misma se sitúan los escudos de Queipo de Llano y Valdés, apellidos del fundador y patrono del templo (fig. 3.29). En el presbiterio se emplazan dos monumentos funerarios, uno en el lado

---

43 En 1957 se establece un Instituto Laboral, en régimen de internado, con capacidad para 500 alumnos y en 2013 se convirtió en Parador Nacional.

Figura 3.28. Arco de acceso al coro alto (arriba) con detalle del capitel y losa labrada (abajo a la izquierda) y bañal situado a la entrada del comedor (abajo a la derecha), ambos de mármol.

del evangelio de Fernando de Valdés y Llano, arzobispo de Granada y presidente del consejo de Castilla y el otro de su sobrino, el obispo de Guadix y Coria Juan Queipo de Llano y Navia. Las esculturas de ambos eclesiásticos están labrados, una en mármol alabastrino y la del mitrado de Coria en piedra caliza blanca, aunque de aspecto bastante parecido al que tiene

FIGURA 3.29. Basílica de Santa María Magdalena en Cangas del Narcea, con escalinata y altar de mármol blanco.

enfrente.[44] Este material se considera que ha sido traído desde Andalucía dada la relación de los prelados con dicho territorio en razón de sus funciones pastorales. Ambos fallecieron a mediados del siglo XVII y su talla es atribuida a Pedro Sánchez de Agrela.[45]

El acceso desde el presbiterio y crucero al altar mayor se realiza a través de una escalinata con seis peldaños, construida con mármol de tonalidad blanco-amarillenta y veteado irregular gris, con ambones laterales del mismo material, aunque con partes de tono grisáceo, mostrando una morfología cónica en su parte inferior, de un refinado tallado. El altar se situó con posterioridad, apartado del retablo, erigido en roca marmórea blanca, siguiendo el criterio litúrgico ya establecido tras las decisiones del Concilio Vaticano II.[46]

---

44 GONZÁLEZ SANTOS (1992, p. 19).

45 FERNÁNDEZ FERNÁNDEZ (2022, pp. 97 y 145).

46 El depurado trabajo de talla y su colocación fue realizado por los marmolistas José Luis Peláez Molina y su padre Luis Peláez Martínez sobre un bloque liso en su parte superior y casquero e irregular en la inferior, que obligó primero a escuadrarlo adecuadamente con ayuda de una sierra de disco. Según José Luis, el mármol se había traído de Rengos y también lo emplearon en la reforma del Convento de las Dominicas. A su vez, indicó como Faustino Díaz García, gerente de la importante empresa *Marmolería* Asturiana, fundada en 1961 y ubicada en Siero, llegó a venderles el producto beneficiado en las canteras del sur de Cangas con las que realizaban cruces, así como otros objetos funerarios o pequeños tableros.

En el suelo del templo, bajo la bóveda y en la zona de crucero, se disponen losas de mármol blanco de 50 cm de lado, combinadas con otras de material pétreo pizarroso de color negro, todo ello mostrando una distribución ajedrezada (fig. 3.30).

A destacar también como sobre la portada de la fachada principal hay una hornacina con una imagen de María Magdalena, labrada en piedra marmórea de tono blanco[47], muy probablemente procedente de alguna de las explotaciones del municipio.

FIGURA 3.30. Suelo ajedrezado en la Basílica de Cangas del Narcea, con baldosas de mármol blanco y de esquisto negro.

---

[47] Así lo atestiguan CASADO AGUDÍN y ARTOS CAMPAL (1989, p. 46).

Capilla del Santo Cristo de Gedrez

El hermoso templo del Santo Cristo de Gedrez, emplazado alrededor de un centenar de metros de la parroquia, constituye un buen ejemplo de aprovechamiento de las rocas del entorno en la arquitectura (fig. 3.31).

Se trata de un oratorio con planta paralepipédica, cuya fachada principal y espadaña están revestidos con sillería de mármol blanco extraído en las inmediaciones, muy bien colocada y escuadrada.[48]

Observando el exterior del monumento se aprecian dos tipos de paramentos bien diferenciados que sugieren que la zona del presbiterio, con mampostería irregular de pizarra y arenisca de tono gris oscuro, posee una edad que podría datarse como bajomedieval, mientras la zona frontal y el campanario con sillares de mármol es de construcción más reciente, concretamente de finales del siglo XVIII según reza un letrero grabado: «Esta obra se hizo el año de mil setecientos noventa y cinco, siendo cura Dn. Manuel F. Florez».

Los sillares de mármol presentan una tonalidad blanquecina, si bien recubiertos parcial e irregularmente por una pátina gris oscura que los ensucia, están muy bien alineados y acoplados tanto en la propia fachada, como en la puerta de entrada y en la espadaña, aunque aquí la acción de un rayo trastocó su estructura. La altura de los elementos pétreos oscila entre los 18 y 48 cm, siendo variable su longitud como recoge la fig. 3.32 dibujada con la medición aleatoria de 48 unidades.

FIGURA 3.31. Capilla del Santo Cristo de Gedrez.

---

[48] Buena prueba de que por esta época de finales del siglo XVIII ya se realizaban excelentes trabajos de aserrado, esculpido y pulimentado de esta roca, quizá por especialistas de estos ámbitos.

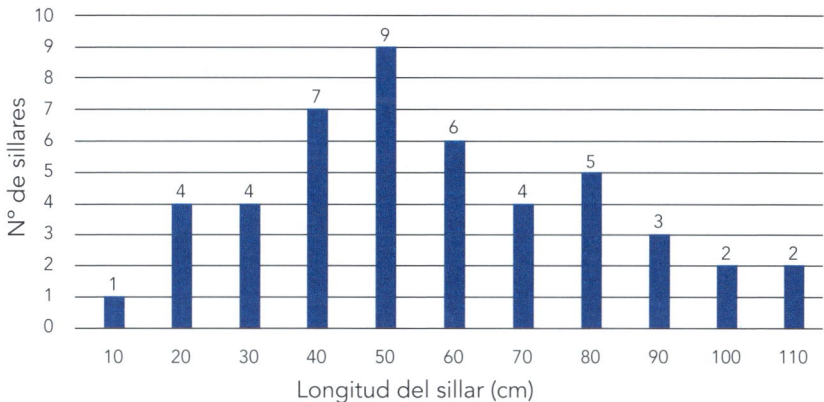

Figura 3.32. Distribución longitudinal de los sillares de mármol en la capilla de Gedrez.

El sillar de mayor longitud alcanza cerca de los 140 cm y está ubicado un poco por encima del dintel de la puerta. Esta distribución tan desigual es indicativa de la dispersa variedad del tamaño de los bloques que, al parecer, procedían de la cantera del Pueblo de Rengos, donde se extrajeron los materiales pétreos, previos a su posterior escuadrado, aserrado y pulido. Se especula que el propio conde de Toreno ofreció su apoyo para el engrandecimiento de esta fervorosa ermita.

Otros enclaves cercanos que usaron mármol local

En la capital de Cangas se encuentra el antiguo palacio de los condes de Toreno, hoy sede de la Casa Consistorial (fig. 3.33), un notable edificio barroco mandado levantar por Fernando Queipo de Llano, III conde de Toreno, y construido en el año 1701, según reza una inscripción grabada en una de las columnas del patio central.

Además, según narró Jovellanos en una visita que realizó a la zona el 26 de marzo de 1795, el muy interesante Gabinete de Historia Natural que Joaquín José Queipo de Llano y Quiñones, V conde de Toreno, había ordenado erigir se emplearon «buenos mármoles del país, algunos de Madrid y Italia».

La razón del gabinete fue fruto de la actividad erudita del aristócrata, pues necesitaba de un espacio preeminente para el estudio y en el que se pudiera acumular la importante colección de muestras geológicas que atesoraba. En las vitrinas de la sala se recogían «muestras de diversos mármoles y jaspes, frutas de piedra y otras cosas, un estante con muestras de mineralogía y una mesita con muestras de cristales petrificados», muestrario que se conservó tras su fallecimiento a pesar de los difíciles años de la Guerra de la Independencia.[49]

---

[49] Díaz Álvarez (2014, p. 93).

FIGURA 3.33. Ayuntamiento de Cangas del Narcea, antiguo palacio de los condes de Toreno, con escudos de armas familiares, tanto en la torre occidental como en la oriental (Internet).

En el salón de plenos del edificio consistorial están colocadas dos efigies de mármol (fig. 3.34)[50] del primer alcalde constitucional de Cangas de Tineo y diputado, José Uría Terrero, y de su hijo José Francisco Uría del Riego que llegó a ser diputado en Cortes y director general de Obras Públicas entre 1858 y 1862, cargo desde el que apoyó la tramitación y ejecución de la magna obra del ferrocarril que conectó Palencia con León y, con posterioridad, los accesos hacia Gijón, que incluyeron el impresionante proyecto del descenso del Puerto de Pajares.[51]

En esta mansión también aparece incorporada una placa de mármol dedicada a la Memoria de los héroes del Regimiento de Voluntarios de Cangas de Tineo en la Guerra de la Independencia, que fue colocada en 1908 y que, por sus características pétreas, debió de ser extraída, serrada y pulimentada en alguna de las canteras del concejo.

A su vez, se usaron rocas marmóreas, tanto para sillares en edificios o como losas y plaquetas en algunos palacios rurales del término municipal de Cangas de Tineo fundados entre los siglos XVII y XVIII ligados al linaje de

---

[50] Algunas citas indican que estas dos estatuas fueron realizadas en Oviedo por José Grajera Herboso en 1865 con mármol de Carrara, aunque dado su tamaño y blancura los bloques originales bien podrían haber sido extraídos en alguna de las canteras de Rengos o Larón. Era común nombrar de Carrara mármoles puros de otras procedencias.

[51] LUQUE CABAL (2018).

FIGURA 3.34. Bustos en mármol de José Francisco Uría y Riego (izquierda) y José Uría y Terrero en la cabecera del salón de plenos del Ayuntamiento de Cangas del Narcea (*Tous pa Tous*).

los Queipo de Llano, como fueron los de San Pedro de Arbas y de Ardaliz (hoy convertido en un alojamiento rural conocido como «Casa de Aldea Palacio de Ardaliz»). En el primero destaca un escudo esculpido con mármol de tonalidad gris clara.[52] A reiterar la ya reseñada mansión de los Llano, levantada en la villa de Cangas a finales del siglo XVIII, según proyecto probable de Reguera González.[53]

Resulta habitual que varios templos, viviendas rurales y algunos puentes de los pueblos de Vega de Rengos, Pueblo de Rengos, Gedrez y Monasterio de Hermo[54] muestren en su construcción sillares, mampuestos o bloques irregulares de mármol de diversas tonalidades, entremezclados con materiales calizos, pizarrosos y cuarcíticos. Otro tanto ocurre en los muros y cerramientos de fincas, en los que los bloques están colocados mayoritariamente «a hueso», esto es, sin emplear aglomerante alguno.

Igualmente, en las localidades de Obayo, al noroeste de Moal, Moncó y Vagaperpera se reconocen sendos escudos heráldicos tallados, con gran probabilidad, en mármoles autóctonos (fig. 3.35).[55]

---

[52] FERNÁNDEZ RIESTRA *et al.* (2011); FERNÁNDEZ FERNÁNDEZ (2011).

[53] LÓPEZ ÁLVAREZ (2013 c)

[54] La iglesia de Santa María de Monasterio de Hermo muestra una placa de mármol, fechada en 1961, dedicada a un destacado párroco. Asimismo, la de San Juan Bautista de Vega de Rengos tiene unos ventanales en su sacristía con jambas y dintel de mármol.

[55] FERNÁNDEZ FERNÁNDEZ (2011).

FIGURA 3.35. Escudos de armas en Obayo, Moncó y Vegaperpera tallados en piedra marmórea.

El escudo de armas de Obayo que se encuentra en Casa Bartuelo (La Veiga'l Tachu), incumbe a la casa de los Martínez, con un tronco del árbol al que está atado con una cadena un león, dos flores de lis a cada lado y en la parte alta el sol, la luna y otra flor de lis. El propietario de esta casa en 1808 era Bartolomé Martínez.

El blasón nobiliario de Moncó luce en La Casona, cuyo poseedor era en el siglo XVIII el hijodalgo Juan de Moncó. Está fragmentado y le falta la parte superior. Lleva las armas de los Martínez: un árbol a cuyo tronco está atado un perro y dos flores de lis a los lados de la copa del árbol, y le faltan por rotura de la parte superior. Se puede leer la palabra Moncó que hace referencia al apellido que llevaron los propietarios de esta casa durante tiempo y que sustituyó al Martínez.

El correspondiente a Casa Campa en Vegaperpera (parroquia de La Regla de Perandones) vuelve a reproducir la heráldica de los Martínez. A fines del XVIII y comienzos de XIX habitaban esta aldea siete vecinos, todos hijosdalgos, a excepción de los Martínez que eran «hijosdalgos de armas pintar».

En el barrio de El Corral (Degaña, a orillas del río Íbias) se localiza la Casa Armera del Capellán, cuya pared exhibe un escudo de mármol blanco con las armas de las familias Álvarez-Caballero, Menéndez y Rodríguez, figurando asimismo la fecha de construcción del edificio en 1781 (fig. 3.36).

Del mismo modo, se reconocen en Cangas del Narcea y diversos pueblos del término municipal diversas placas de mármol conmemorativas o incluso pequeñas losas y cruces funerarias de notable antigüedad (fig. 3.37), cuya procedencia podría asignarse —sin poder ser confirmada de modo taxativo— en base a sus características petrográficas *de visu* a alguna de las explotaciones

FIGURA 3.36. Escudo de la Casa Armera del Capellán (Degaña).

del concejo y elaboradas por marmolistas o trabajadores locales especializados en esta materia canguesa.

También fue común desde principios del siglo XX hasta bien avanzados los años 70 que, en diversos comercios de ultramarinos, tablajerías y pescaderías de la villa o de los principales pueblos del municipio, se colocaran en los mostradores tableros de mármol de tonalidad blanquecina o grisácea, lo que aportaba una mayor referencia de limpieza, durabilidad y elegancia. Incluso, en plena Guerra Civil se instaló en Cangas una farmacia militar en la que llamaba la atención una mesa cuadrada con tablero de mármol de gran pureza destinada a la experimentación.

No resultó infrecuente que en edificaciones de las familias acomodadas se instalaran placas de mármol en el suelo de los portales, en las escaleras de acceso a las plantas o incluso en las balconadas y miradores.

Otro tanto llegó a suceder, con cierta frecuencia, en cafés y confiterías que disponían tanto de pequeñas barras revestidas de mármol, como de mesas que tenían en su parte superior una plancha circular, cuadrada o rectangular igualmente del mismo material blanco y cuya estructura inferior era de hierro o de madera.[56]

Figura 3.37. Algunas cruces de mármol en los cementerios del entorno. Arriba, Cangas del Narcea; abajo izquierda, Cerredo: abajo centro, Larón y derecha, Vega de Rengos.

---

[56] Existen referencias verbales de estos hechos, en especial en la villa, como por ejemplo los cafés Piniello, Madrid o Chacón, con posterioridad a los años 50. A principios de siglo fueron reseñables la cafetería de Evaristo Morodo en la calle Mayor o de Joaquín Rodríguez en la de la Cárcel, además de en algunas tabernas.

4
MÁRMOLES EN LITOLOGÍAS DEL CÁMBRICO - II
(EXPLOTACIONES MINERAS)

Al pie de una cantera
de mármol de Carrara
varios gigantes bloques
restos de una gran ruina semejaban
mientras otro, movido
por cuerdas y palancas,
a un carro conducían
muchos obreros en alegre zamba.
Y antes que te eleves
del vulgo a las miradas
¡no sabes tú los golpes
de cincel y martillo que te aguardan!

Fragmento del poema «Pedazos de mármol»
de Manuel del Palacio

CONSIDERACIONES PRELIMINARES

Este capítulo viene a ser una continuación o complemento del anterior, pues mientras que en aquel se abordaron características relacionadas con la geología de los yacimientos de mármol y su utilización en la arquitectura y en otras obras de arte, en este se tratarán aspectos relacionados con las denuncias mineras y las canteras en las que diferentes solicitantes y técnicos beneficiaron este material.

DENUNCIAS MINERAS INICIALES

Una vez abordadas las referencias históricas acerca del beneficio de una roca tan singular como es el mármol, pasamos a comentar su uso y explotación en épocas más recientes. En los años posteriores a la Guerra Civil los mármoles se fueron incorporando a la nueva legislación minera de septiembre de 1939 en su sección A (rocas). En su artículo IV se estableció que «los dueños de los terrenos pueden aprovecharlos como de su propiedad o ceder su explotación a otros demandantes, excepto si son parcelas de uso público las cuales serían beneficiables con el permiso de la autoridad minera correspondiente, una vez informado el Ayuntamiento». Empieza a intervenir entonces de manera prioritaria en la autorización y control de las explotaciones la *Jefatura de Minas* del Distrito ovetense, aunque sin excluir la intervención de la Administración municipal ni la del Servicio Forestal.

Aunque en el año 1940 ya se habían presentado en Piloña algunas denuncias, son cuatro las primeras solicitudes de registro de mármol que figuran en los libros de minas del *Archivo Histórico de Asturias* (*AHA*) ejecutadas en 1942 (fig. 4.1) y todas corresponden a localidades de Cangas del Narcea.

Las dos primeras las realizó el vecino de Oviedo Víctor M. Sierra Barzanallana, el día 22 de junio; una se denominó «Ana María» (n.º 25.088) y la otra «María Teresa» (n.º 25.089), ambas con 20 hectáreas y ubicadas en el término de Rengos. Las otras dos fueron registradas como carbonato de cal con idéntico nombre, «Begoña» (n.º 25.188 y 25.211) de 68 ha cada una, las cuales corrieron a cargo del vecino de Gijón Francisco Martínez Ablanedo, quien las inscribió, respectivamente, el 14 y 27 de octubre del año 1942 en el paraje denominado Monte de Rengos.

De todas maneras, se carece de información fidedigna que indique que tras estas solicitudes se hubieran llevado a cabo labores significativas. Las operaciones de las que se tiene constancia se centraron únicamente en el reconocimiento del terreno y el desbroce de algunas de las antiguas canteras, así como en aprovechamientos limitados de la roca empleando herramientas manuales sencillas (mazas, picos y pequeñas barrenas) a la par que voladuras puntuales. El explosivo fue adquirido en Cangas del Narcea a sus distribuidores: Gregoria Rodríguez Arango y Julio Fernández Rodríguez.[1]

---

[1] *Archivo Municipal de Cangas del Narcea*. Contribución industrial de 1944.

Con anterioridad a la fecha de estas denuncias de 1942, el 17 de noviembre de 1883 ya se había anotado en los libros oficiales del Distrito minero de Oviedo una solicitud para abrir una cantera de mármol. En este caso, iba a estar situada lejos del territorio cangués (en terrenos que no pertenecían al Cámbrico), dado que en la mayor parte de los casos la concesión de extracción de materiales pétreos era prerrogativa de la Administración municipal y del

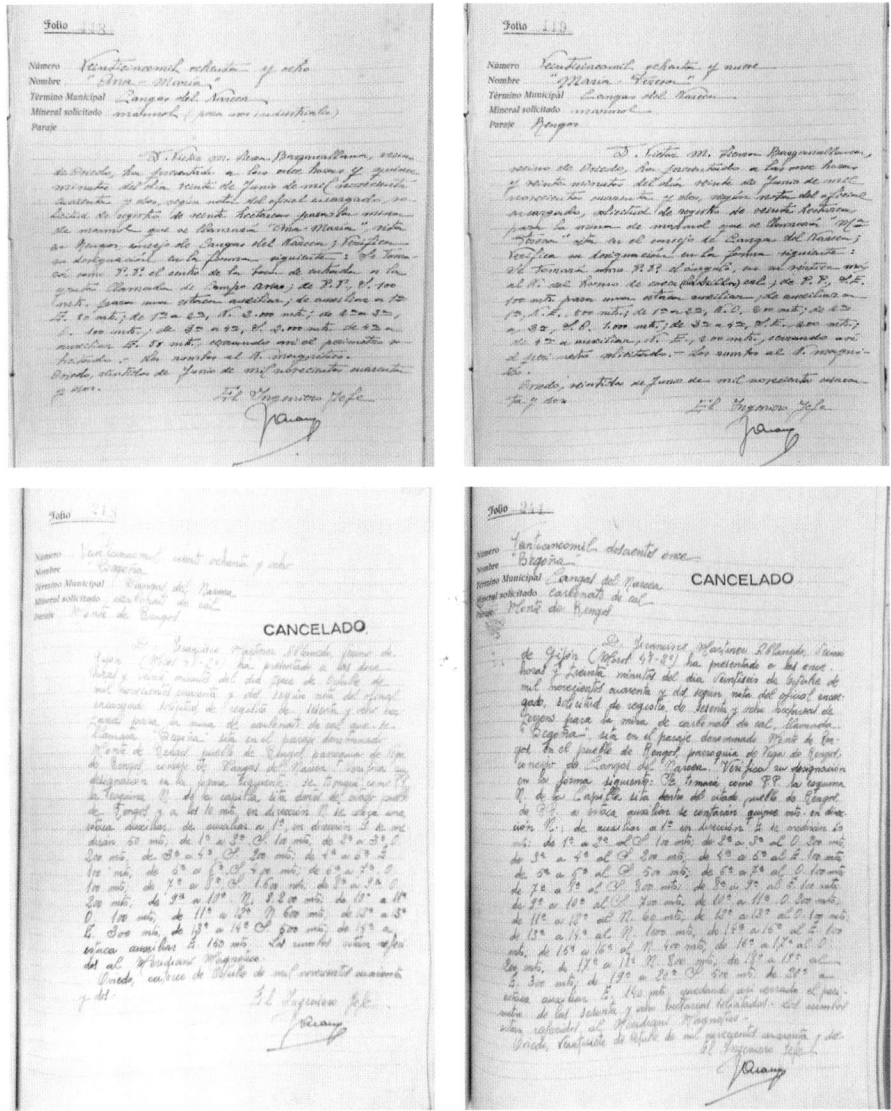

FIGURA 4.1. Denuncia de las primeras minas de mármol registradas en Rengos (Cangas del Narcea). Arriba, «Ana María» y «María Teresa». Abajo, «Begoña» (*AHA*, Fondo de Minas, sig. 6.842, fols. 118, 119, 218 y 241, respectivamente).

Distrito Forestal, como ya se comenta más atrás. Se trató de la denominada «Miranda» situada en la proximidad de Alava (Salas). A estos registros hay que añadir otro en 1924 en la zona de El Rodical (Tineo) —siendo el interesado Manuel Menéndez Sierra— y varios más en los años 40 en las inmediaciones de Cardes (Infiesto).

Es significativo un acto notarial de 1909, firmado ante el fedatario de Cangas de Tineo Jesús Rodríguez Arango, en el que se establece concierto de compraventa por parte de Antonio Pérez Rodríguez, propietario de los Terrenos Bravos del Pueblo de Rengos, y en el que intervienen como adquirientes los vecinos Francisco Rodríguez López, Ramón Fernández, Antonio Álvarez Gómez y Manuel Álvarez Rodríguez. Se expresa del siguiente modo: «en las dos varas o porciones de las 54 en que se dividen dichos terrenos, entre ellos Reguero de los Prados, contienen varias canteras de mármol».[2] Ello confirma la continuidad en esta zona —pese a no figurar en los registros mineros oficiales— de extracciones de mármol, las cuales deberían de tener un laboreo intermitente en conexión con los pedidos concretos de bloques que se solicitaban.

En 1910 estaba previsto proseguir con la carretera desde Ventanueva y Pueblo de Rengos, prolongarla en el futuro hacia Larón por el puerto de Rañadoiro e, incluso, hacerla llegar hasta Corbón (Palacios del Sil, León), mejorando el trazado y la calidad del pavimento. No cabe duda de que, en los tramos más próximos a la nueva ruta, las canteras de las sierras de Rengos y adyacentes fueron aprovechadas para esta finalidad.

Es en esta época y tras el conflicto bélico cuando se vuelve a tener conocimiento de la existencia de algunas marmolerías en Cangas del Narcea, ubicadas en los barrios de Ambasaguas —en la proximidad a la iglesia del Carmen— y de La Vega. Tuvieron relevancia las trabajadas por el conocido como *Angelín*, además de *Mármoles Olay*, que llegó a disponer de una sierra cortadora y de un equipo de pulido. También continuó su labor artesanal la familia Peláez, cuyos descendientes aún siguen en la actividad de labrar la piedra. Aunque no se disponga de una información registrada, sino tan solo verbal, es indudable que tuvieron que haberse abastecido, al menos ocasionalmente, de ciertas partidas de mármoles del municipio.

En la postrera y más productiva etapa de la segunda mitad del siglo XX, las normativas elaboradas poco antes de la promulgación de la Ley de Minas de 1973 resultaron ser trascendentes para la ordenación y desarrollo del laboreo de las rocas ornamentales, manteniéndose inicialmente entre los recursos de la sección A. Disposiciones posteriores favorecieron que se incorporaran a la sección C (minerales metálicos y no metálicos), requiriendo desde entonces estar sometidas a una concesión administrativa por parte de la *Sección de Minas* del Ministerio de Industria. Quedaban desconectadas la propiedad del terreno y el derecho de aprovechamiento del producto marmóreo, que lo

---

[2] *AHA. Distrito Forestal* (Montes). Caja 235528, documento 71.487 / 33.

podían realizar personas físicas o jurídicas diferentes y ajenas al ámbito municipal fuera de Cangas, Infiesto, Salas, etc.[3]

Atendiendo a la legislación, para llevar a cabo el beneficio del mármol resultaba obligado presentar anualmente un plan de labores que debía ser revalidado por una autoridad técnica de la *Sección de Minas*, además de ser sometido en su inicio al beneplácito de las poblaciones locales que mantenían la propiedad de sus zonas boscosas. Cuando se vieran afectados montes u otros parajes con recursos forestales, también se requería la aceptación del municipio y del Servicio Forestal.

LABOREO MINERO DEL MÁRMOL

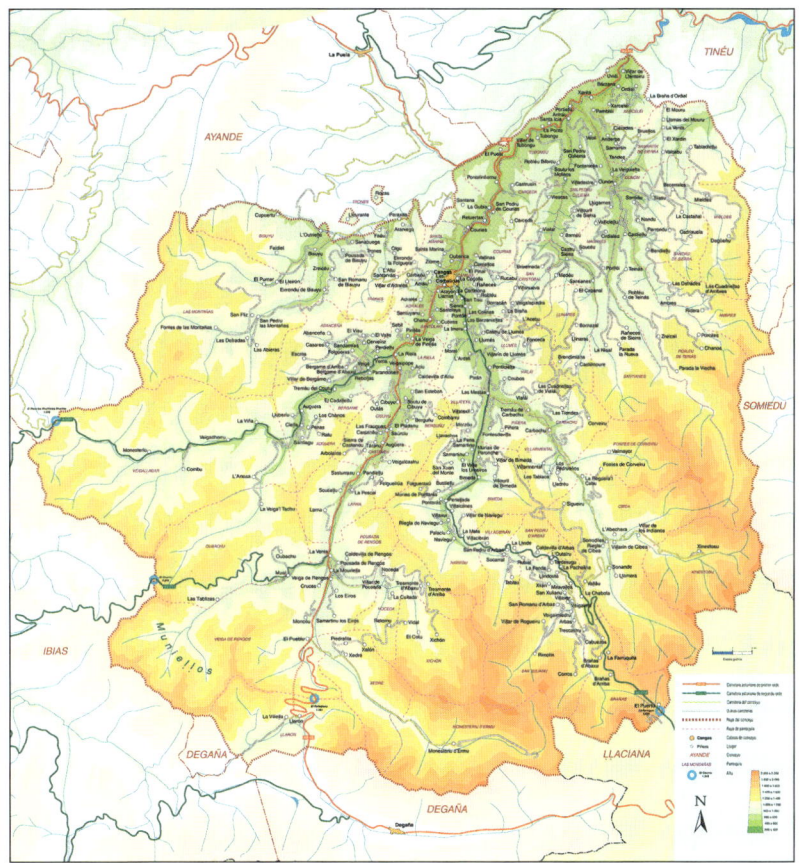

FIGURA 4.2. Mapa geográfico del concejo de Cangas del Narcea), al sur del cual se concentran los mayores afloramientos de mármol.

---

[3] CARRETERO GÓMEZ (2022, p. 64).

FIGURA 4.3. Ámbito del Alto Narcea (zona de Rengos), con abundantes mármoles.

En un extraordinario entorno de robledales a oriente de Muniellos[4], y en plena espesura arbórea de Rengos[5], Gedrez y Monasterio de Hermo, existen notables yacimientos de mármol relacionados con la *Formación Vegadeo*, ya puestos de manifiesto como se ha adelantado, por el V conde de Toreno en sus *Discursos* de 1781 y 1783.[6]

---

[4] Los famosos bosques de Muniellos fueron adjudicados al mayorazgo de la Casa de Toreno (con posterioridad condes de Toreno) por Suero Queipo de Llano y María Alfonso, en 4 de enero de 1526, vínculo que se mantuvo hasta 1901. Muniellos fue y es un lugar muy apreciado por su riqueza forestal (un paraíso del roble), como lo fue para la práctica cinegética (especialmente de urogallos y osos), monopolizada por los condes de Toreno. Fue declarado «Paisaje pintoresco» en 1964, «Reserva Biológica Nacional» en 1982 y, afortunadamente, «Reserva de la Biosfera» por la UNESCO en el año 2000.

[5] El monte de Rengos fue otorgado por el conde de Toreno para la explotación de sus riquezas naturales pues, aparte de unas 900 ha de bosque *«contenía además de yacimientos de carbón y hierro, así como canteras de mármol»* (LÓPEZ ÁLVAREZ, 2002, p. 282).

[6] LUQUE CABAL y GUTIÉRREZ CLAVEROL (2024).

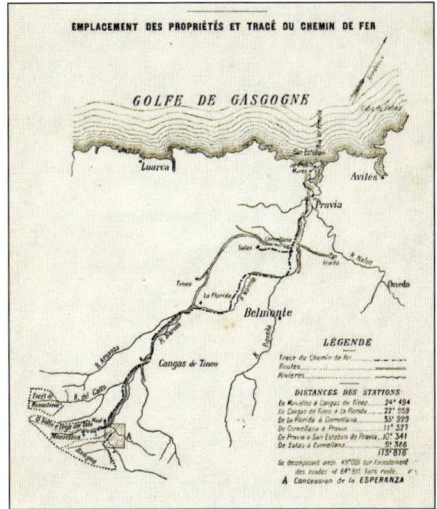 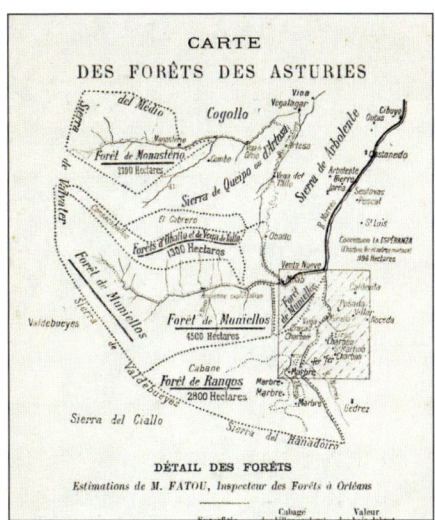

Figura 4.4. Mapas mostrando el trazado proyectado de la línea de ferrocarril por la Sociedad Minero-Forestal y los bosques adquiridos por la entidad (Exploitation minière et forestière de la Haute-Narcea (Asturies) (AA.VV., 1900, pp. 21 y 22).

La proximidad de estos afloramientos al paraje pintoresco del bosque de Muniellos (figs. 4.2 y 4.3) propició el proyecto de un ferrocarril hasta el puerto de San Esteban de Pravia (fig. 4.4), cuya concesión había sido otorgada por real decreto de 22 de noviembre de 1896 y cuyos estudios preliminares datan de 1 de mayo de 1897.[7] Los principales elementos a transportar, junto a la madera, mineral de hierro, carbones y productos agrícolas, eran «les marbres, les ardoises et d'autres matériaux de construction; les minerais d'antimoine et de plomb argentifère que renferment les montagnes environnantes».[8]

Los mármoles de la zona de Rengos y también los de Cerredo (Degaña) yacen especialmente en el miembro superior de los tres que se han definido en la sucesión carbonatada cámbrica, compuesta, en origen, por calizas bastante puras que constituirían el protolito.

Cantera de Reguero de los Prados

En la actualidad, el principal yacimiento de Cangas del Narcea (cuyas etapas iniciales se describen más atrás) es conocido con la denominación de «Reguero de los Prados» (coordenadas: 43°00'48" N / 6°37'43" O); o «cantera

---

[7] Rapport de M. MARTELET, ingénier en chef des mines. En: *Exploitation minière et forestière de la Haute-Narcea (Asturies)*, p. 6.

[8] *Idem*. En: *Exploitation minière et forestière de la Haute-Narcea (Asturies)*, p. 9.

Figura 4.5. Imagen de satélite de la explotación de mármol de «Reguero de los Prados» (en blanco) al sur de Pueblo de Rengos (Google Earth Pro).

de Poleiro», según el apodo que le han dado los lugareños. Las explotaciones se encuentran al sur de Pueblo de Rengos, en torno al km 22,8 de la carretera de Cangas a Degaña, y en el punto kilométrico 82 de la ruta AS-15, antes de atravesar el actual túnel de El Rañadoiro, una vez tomada la desviación de la antigua ruta y en el monte de utilidad pública n.° 140 donde ocupan los parajes conocidos como «Piedra Bachera» y «La Cueva»[9] (fig. 4.5).

El Pueblo de Rengos fue durante mucho tiempo el punto final de la actual carretera (AS-15), cuyo tramo desde Ventanueva hasta esta localidad, de unos 4,4 km, quedó definido en 1910 según un proyecto del Ministerio de Fomento que, en principio, pretendía llegar hasta Corbón (León). Para alcanzar por entonces Degaña y Laciana existían dos penosas posibilidades, bien siguiendo el camino de herradura por el valle de Hermo (CN-9), o ascendiendo la ardua ruta del Rañadoiro, con notable estrechez y múltiples curvas, hasta alcanzar Larón y La Viliella.[10]

---

[9] *AHA. Distrito Forestal* (Montes). Caja 234874, documento 15.567 / 1.

[10] Este puerto se mantenía aún en deplorable estado de conservación en la década de los años 40 y 50 del siglo XX, haciendo muy dificultosa la circulación.

El Pueblo de Rengos representó uno de los principales núcleos de abastecimiento para las aldeas de su entorno, de manera especial las de la cabecera de los ríos Narcea e Ibias, llegando a contar en 1889 con 31 viviendas ocupadas, que daban cobijo a 133 habitantes.[11] En el pasado, allí no faltaba algún comercio[12], almacenes y canteras que alimentaron incluso un calero cercano al boscoso lugar de La Brañuela, donde trabajaban ciertos artesanos dedicados a la extracción, aserrado y, de forma ocasional, tratamiento de la piedra.

Las señales más notables de rocas carbonatadas corresponden, como es habitual, a la parte superior de la *Formación Vegadeo*, compuesta aquí por calizas grises, muy recristalizadas y dolomitizadas, que alternan con niveles de pizarras negras calcáreas y de calizas marmóreas y mármoles. Superado hacia el sur El Pueblo, atraviesan la carretera AS-15 y el Reguero de los Prados desde El Cochau a la Vega del Fresno (fig. 4.6).

Dichos materiales dibujan un anticlinal apretado con orientación N-S, cuyo núcleo se sitúa cerca del pico La Peña de Moncó (parroquia de Veiga de Rengos), constituido por cuarcitas y areniscas feldespáticas del *Grupo Cándana* (Cámbrico Inferior). En los flancos se encuentran las calizas de la *Formación Vegadeo* (parte alta del Cámbrico Inferior-Medio), cuyos tramos más modernos —unos 30 m— contienen mármoles blancos, a veces grises o rosados. Estos últimos están bien estratificados y presentan un notable grado de fisuración, derivado de la intensa tectonización que afecta la serie.

La cantera originaria, sobre la que ya existían extracciones remotas, se emplazaba principalmente dentro del Miembro superior de la unidad cámbrica, fácilmente identificable en el campo al generar relieves sobresalientes; el espesor total del conjunto es de unos 120-140 m.[13] A pesar del grado de marmorización existente, en este tramo estratigráfico se han observado al microscopio restos fósiles (equinodermos) en sus estratos basales. Entre las petrologías detríticas (pizarras verdes y areniscas) que se le superponen hay que reiterar la presencia de intercalaciones con una cierta participación volcánica.

Del reconocimiento sobre el terreno se deduce que de los tres miembros que han sido mencionados en la *Caliza de Vegadeo,* en este ámbito se identifican bien las microfacies propias de los miembros medio y superior. El inferior, con oolitos y arqueociatos, no se ha detectado, posiblemente a causa del grado de deformación y metamorfismo, además de la escasez de afloramientos.

---

[11] Restos de su horno y de donde se extraía la caliza en el paraje de «Caleiro» se sitúa a unos 250 m al oeste del poblado siguiendo el arroyo de Remolín, donde se aprecian importantes crestones de la roca carbonatada.

[12] En particular, el regentado desde el primer cuarto del siglo XX por la familia Pérez («Casa Segundo»), local donde incluso los propietarios mineros abonaban a sus plantillas los haberes mensuales en las décadas de los años 60 y 70. Según comentario de la odontóloga Mercedes Pérez Rodríguez, una descendiente.

[13] *Archivo del Ayuntamiento de Cangas del Narcea.* Proyecto de ampliación de la cantera de Reguero de los Prados (del año 2000).

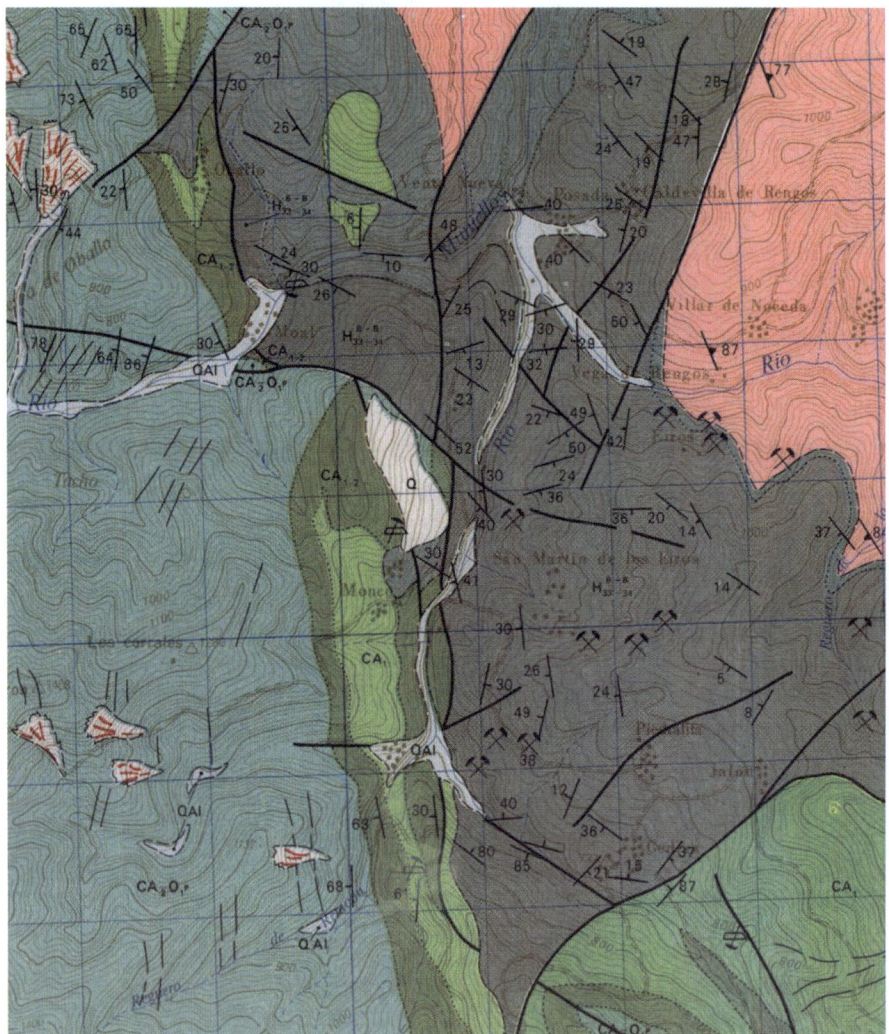

FIGURA 4.6. Mapa geológico de los alrededores de Moncó y Rengos. La *Formación Vegadeo* figura con la anotación CA_{1-2}; *Serie de los Cabos*: CA_2O_1; *Grupo Cándana*: CA_1; Cuencas carboníferas: H (BASTIDA *et al.*, 1980).

Como ya se ha indicado, los carbonatos del tramo medio, extraídos durante un amplio período temporal, están bastante recristalizados, presentan una coloración gris oscura y alternan con tramos dolomitizados. Aparecen muy tableados siendo perfectamente visibles las superficies de estratificación, con espesores que raramente superan 1,2 m, siendo los más frecuentes de 0,3-0,8 m, con rumbo norte-sur buzando unos 70° hacia el oriente.

El primer registro legal, efectuado cuando ya se había superado la primera mitad del siglo XX, tuvo lugar el 30 de mayo de 1962, cuando el vecino de Buenavista (Oviedo) Francisco Munarriz Guemba solicitó al Ayuntamiento cangués, y ante el *Distrito Forestal*, la extracción de 560 m³ de piedra caliza en Reguero de los Prados, con un canon de 15 pts./m³. Un año después de cumplir el tiempo autorizado para su aprovechamiento fue sancionado por sacar 2.000 m³ fuera de plazo, abandonándose entonces los trabajos y reclamando una fianza de 850 pts. que le fue devuelta al informar que en la zona en la que se había practicado laboreo minero no se habían observado daños significativos.[14]

La siguiente autorización, demandada el 12 de septiembre de 1970 por el vecino de Cangas del Narcea Emilio Alonso Marqués (fig. 4.7), obtuvo la conformidad del ingeniero Vendrell en enero de 1971 (fig. 4.8)[15], una vez que el 6 de abril de 1970 el solicitante hubo gestionado ante en *Distrito Forestal* la extracción de 500 m³ de roca marmórea, consiguiendo el 20 de julio de ese año la autorización del ingeniero jefe Celso Arévalo Carretero.[16]

FIGURA 4.7. Emilio Alonso Marqués (alias «El Poleiro»), principal responsable (cortesía de su hijo Miguel Alonso Pérez).

---

[14] *AHA. Distrito Forestal* (Montes). Caja 234873, documento 15.566 / 4.

[15] *AHA. Fondo de Mi...*, sig. 6865, fol. 320.

[16] *AHA. Distrito Forestal* (Montes). Caja 234873, documento 15.566 / 37. Inmediatamente la alcaldía de Cangas del Narcea informó que no existía inconveniente al laboreo.

En julio de 1971 se aprobó el proyecto de su aprovechamiento y el 30 de diciembre se presentó ante la Administración minera el primer plan de labores, firmado por el director facultativo Ángel Lobato González.[17] En principio, después de analizar la fracturación producida por dos familias de diaclasas existentes y detectar el sector más favorable para la extracción, estaba previsto arrancar 500 m³ en el primer año y unos 2.000 m³ de rocas marmóreas, junto a 500 m³ de calizas, en el segundo. Todo esto según nueva autorización del *Distrito Forestal*, con laboreo a cielo abierto de 60 m de frente con una altura media de 22 m (fig. 4.9).

El destino de gran parte del material obtenido —con fracciones granulométricas entre 10 y 30 mm y hasta de tamaño pulverulento— estaba prácticamente orientado a la fabricación de terrazo, que llegó a ser vendido fuera de la región. Para este destino y desde finales de los años 60, se habían abierto diversas fábricas en Asturias.

Se emplearon en el arranque dos martillos perforadores, conectados a un compresor «Bético» de 40 CV, que se hundían en el terreno unos 2 m en secuencia de barrenos para, a continuación, efectuar las voladuras pertinentes, quedando un talud con una pendiente de unos 60°. En los años sucesivos se incrementó las labores, alcanzando 3.000 m³/año en 1975.[18] Entre los trabajadores involucrados en la extracción del mármol cabe señalar a José Varela Fernández, que en un principio coordinaba la actividad en el barrenado del piloñés Manuel Amado Sánchez y el lugareño Manuel González Álvarez, incorporándose luego con diversas funciones Antonio Abello, Manuel Castaño e Ismael Fernández Lago, así como los vecinos de Moal Manuel Alonso Rodríguez, Segundo Lago Rodríguez, Emilio Alonso Alfonso, Marcelino Marrón Francos y Manuel Pasarón.[19]

Al inicio de la década de los setenta, la utilización del mármol había alcanzado tanto en la zona de Cangas, como, en general en toda España, un singular desarrollo comercial. Por ello, el producto extraído de esta cantera se llegó a distribuir tanto en bloques de medianas a pequeñas dimensiones con aprovechamiento ornamental, como triturado y convertido en marmolina.

En el primer caso, su destino eran las marmolerías para que, después de su aserrado, pulimentado y lustrado, fuese empleado como baldosas o placas destinadas mayoritariamente a escalones y suelos de interior con distintos formatos, desde triangulares a rectangulares (cuadrados, hexagonales, rómbicos, etc.). Junto con las losas de mármol blanco, se podrían combinar otros emplacados de distintas tonalidades (negro, gris, beige, etc.) originando diferentes morfologías de suelos, mostrando con frecuencia una distribución «en damero» o ajedrezado. Era habitual que se colocase mármol de color blanco puro

---

[17] *AHA. Fondo de Minas*, sig. 6866, fol. 71.

[18] *AHA. Distrito Forestal* (Montes).

[19] Según nos lo confirmó el vecino de Moal Manuel Alonso Rodríguez, que también llegó a trabajar en esta cantera.

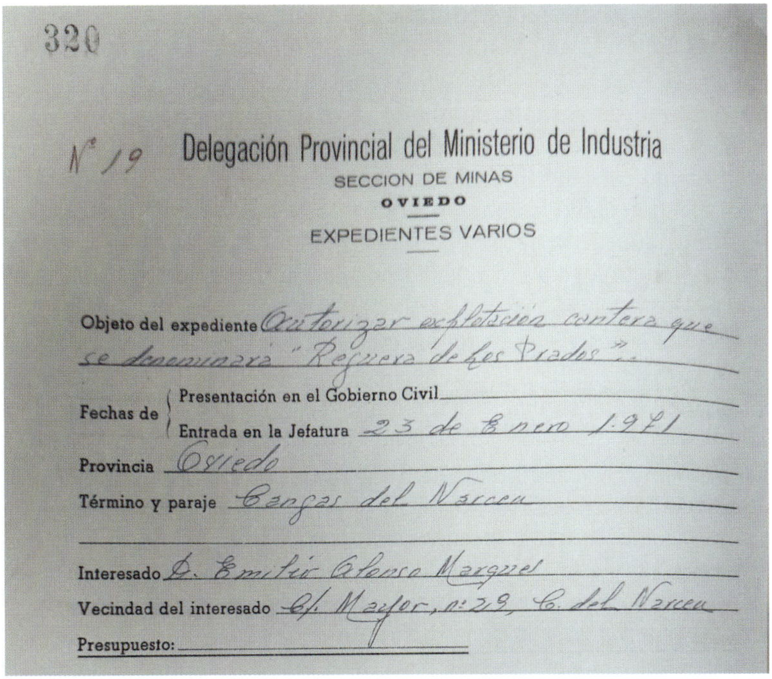
320

Nº 19

Delegación Provincial del Ministerio de Industria
SECCION DE MINAS
OVIEDO
EXPEDIENTES VARIOS

Objeto del expediente Autorizar explotación cantera que se denominará "Reguero de los Prados".

Fechas de: Presentación en el Gobierno Civil
Entrada en la Jefatura 23 de Enero 1.971

Provincia Oviedo

Término y paraje Cangas del Narcea

Interesado D. Emilio Alonso Marquez

Vecindad del interesado C/. Mayor, nº 29, C. del Narcea

Presupuesto:

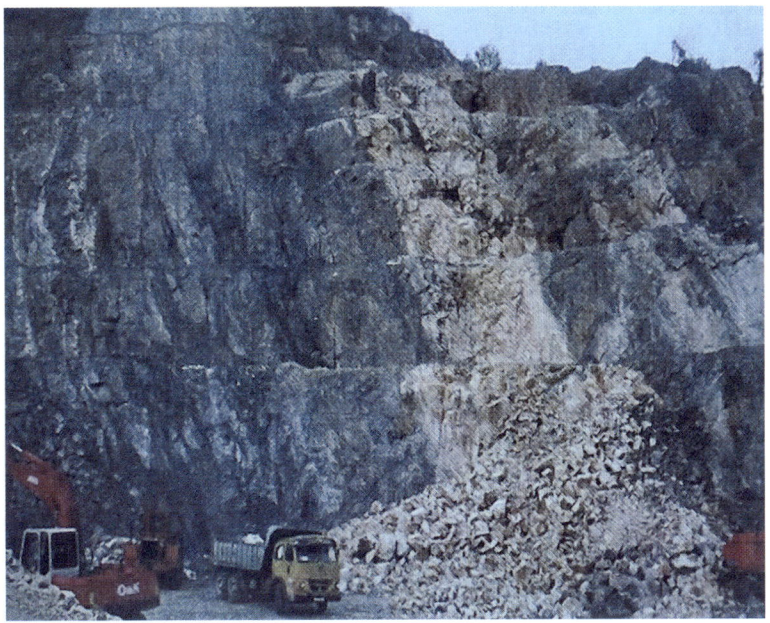

FIGURA 4.8. Expediente de solicitud de la cantera «Reguero de los Prados» (*AHA*, Fondo de Minas, sig. 6865. fol. 320).

FIGURA 4.9. Explotación de mármoles «Reguero de los Prados» en plena actividad. (FERNÁNDEZ SUÁREZ *et al.*, 2013, p. 83).

en suelos o incluso en paredes de clínicas y centros hospitalarios, una elección orientada a lograr una mayor impresión de limpieza. Los mármoles más grisáceos solían colocarse en solados de exteriores.

No obstante, aunque la continuidad del laboreo fue autorizado por el *Distrito Forestal*, desde 1976, con la intención de aprovechar 4.000 m³/año, el Ayuntamiento cangués informó en un principio de forma desfavorable. Sin embargo, al final acabó aceptando la demanda de Emilio Alonso, cuyo producto carbonatado iba a ser también destinado a la reparación y ampliación de la vía de Ventanueva a Degaña[20]. Por tanto, a partir de esa fecha el destino principal del componente pasó a ser la construcción y la obra civil.

En los años sucesivos se incrementó la solicitud de extracción de caliza hasta alcanzar la cifra de 7.200 m³ según licencia de 1982, cuando, a partir de los años ochenta, se pasó de pagar una tasación inicial de 15 pts./m³ a 50 pts./m³, llegando a aproximarse en la última década del siglo a una producción de 10.000 m³.[21]

En principio, los fragmentos de roca desprendidos se sometían a un proceso de selección de los bloques marmóreos de mayores dimensiones y posterior machaqueo de las fracciones menores con un molino lanzador de la marca «Rodríguez y Vergara», seguido de una trituración con un molino «Juste», dedicándose el producto obtenido a la obtención de marmolina, áridos para carreteras y material para la construcción.

Al no lograr obtener bloques de dimensiones comerciales adecuadas, se contempló a partir de 1976 no destinar el mármol de forma exclusiva con fines ornamentales.[22] En estas labores de fragmentación intervenían los hermanos Jesús y José Rollán Álvarez, así como Alfredo Campo Chacón, dedicado al mantenimiento de los equipos.

En sus comienzos tan solo existía un único frente escalonado, aunque pasado el tiempo llegó a alcanzar hasta seis bancos de unos 12 m de altura cada uno (figs. 4.10 a 4.12) con sus correspondientes bermas. El grueso extraído se cargaba y transportaba en camión hasta la planta de machaqueo, clasificación y fabricación de hormigón situada a una distancia de unos dos kilómetros en la margen derecha del río Narcea, una vez tomada la desviación en el Pueblo de Rengos (en asturiano *El Pueblu*) hacia Gedrez (*Xedré*) y Monasterio de Hermo (*Monasteriu d'Ermu*).[23]

A partir de 1997 se puso al frente de la cantera el ingeniero de minas Miguel Alonso Pérez, hijo de Emilio Alonso, que poco tiempo después constituiría la Sociedad *Calizas Alper, S. A.*, haciéndose con la propiedad de la explotación e incrementando progresivamente el provecho de las rocas carbonatadas, incluyendo el tramo medio de la *Formación Vegadeo*.

---

[20] *AHA. Distrito Forestal* (Montes). Caja 234833, documento 15.566 / 38.

[21] *AHA. Distrito Forestal* (Montes). Caja 834874, documento 15.567 / 16, 26, 29 y 33.

[22] Según comentario de Miguel Alonso Pérez, gerente de la Sociedad *Calizas Alper, S. A.*, explotadora de la cantera.

[23] FERNÁNDEZ SUÁREZ *et al.* (2013, p. 83).

FIGURA 4.10. Explotación a cielo abierto abandonada de «Reguero de los Prados» (Rengos).

Una vez que el objetivo fundamental resultó ser la extracción de las rocas calcáreas ligeramente metamorfizadas del tramo medio, el 9 de marzo de 2000 el propio Miguel Alonso, en representación de *Calizas Alper, S. A.* (con domicilio social en la plaza Conde de Toreno, 4 de Cangas del Narcea), solicitó ante el Ayuntamiento de esa localidad la ampliación y legalización de la cantera «Reguero de los Prados», sita en el referido monte de utilidad pública n.° 140 de Rengos, que más tarde confirmaría ante la Administración minera.[24]

---

[24] Archivo Municipal del Ayuntamiento de Cangas del Narcea, n.° de entrada 1402.

189

FIGURA 4.11. Cantera de «Reguero de los Prados» mostrando varios frentes superpuestos en gradas. Cortesía de José María Fernández Díaz-Formentí (JMFD-F).

FIGURA 4.12. Primer plano de la cantera de «Reguero de los Prados», donde se observan mármoles blancos y grises (JMFD-F).

El informe remitido reiteraba que la zona beneficiada se encuentra distante 1,5 km por carretera del Pueblo de Rengos y que junto a ella pasa la indicada AS-15, la cual divide en dos horizontes los carbonatos de la *Formación Vegadeo*. Esta unidad, surca de norte a sur la mayoría del término municipal de Cangas del Narcea, pasa por el puerto de Rañadoiro y continúa por una parte del concejo de Degaña mientras que, a través de otro ramal, alcanza Gedrez y Monasterio de Hermo (véase fig. 4.27). Desde El Pueblo de Rengos parte además la local CN-9, que une estas dos últimas localidades y en el km 0,450 de la misma se encontraba la ya referida planta de machaqueo, molienda y clasificación del material extraído.

Respecto a la situación legal se indicaba como Emilio Alonso Marqués había sido titular de la autorización minera desde principios de los años 70 del siglo precedente, permaneciendo parte del área de explotación fuera de su perímetro al haber quedado el nivel marmóreo en la margen oriental de la traza del nuevo tramo que dio acceso al nuevo túnel de Rañadoiro. Ocupa un sector del tantas veces anunciado monte de utilidad pública (n.º 140 de los del Principado de Asturias), denominado «Reguero de los Prados», de 20.000 m² según expediente n.º 1.424/87, y en él se proyectaba la ampliación de apropiación de 5.250 m² según expediente n.º 460/90 (fig. 4.13).[25]

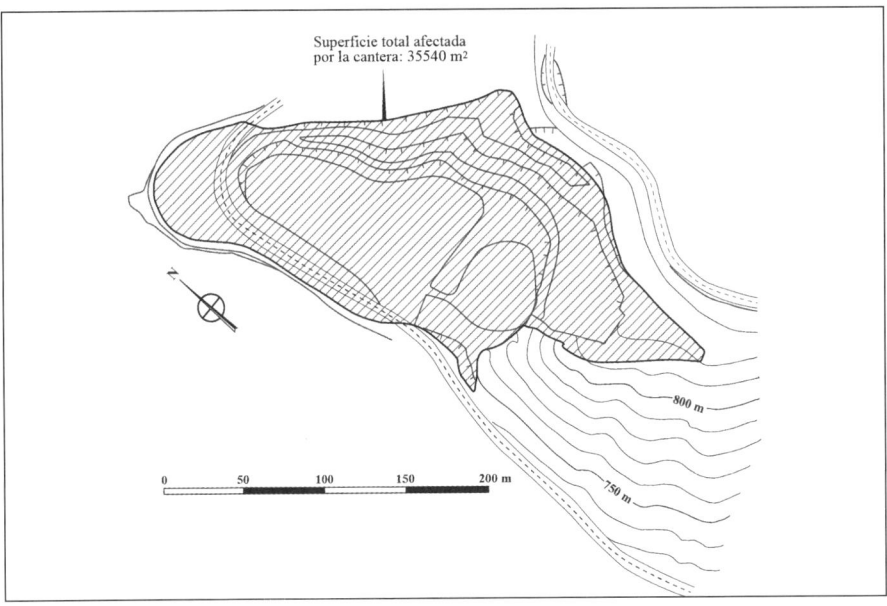

FIGURA 4.13. Plano señalando la superficie total afectada por la cantera de «Reguero de los Prados» levantado en abril de 1997. Escala original 1:2.000 y equidistancia entre curvas de nivel 10 m.

---

[25] *AHA. Distrito Forestal* (Montes). Caja 234873, documento 15.566 / 37.

En el origen, la superficie total abarcada en la solicitud era de 35.548 m², luego existía un exceso de ocupación ajena de 10.298 m². Para poder explicar el porqué de este hecho, se debía de tener en cuenta que cuando en su día se cambió el trazado de la actual AS-15, Emilio Alonso permitió que ésta ocupase parte del área que tenía concedida sin recibir contraprestación alguna, suponiendo que luego podría aumentar su explotación en una extensión igual a la cedida. Esta superficie estaría comprendida entre los bordes de la vieja carretera y el moderno trazado.

Para esta nueva fase de aprovechamiento se propuso continuar con un método de extracción similar al que se venía utilizando desde 1972, empleando los mismos equipos y maquinaria en la perforación, carga y transporte, etc.

Ello significaba que para la novedosa fase minera se volvieran a distinguir las siguientes clásicas tres operaciones: desmonte y formación inicial de los bancos, arranque y cargue.[26]

El *desmonte* consistió en la retirada de la cubierta vegetal (desbroce) y eliminación en todo su espesor de las tierras (suelos) que, en principio, se apilaron sobre la superficie que no se tenía previsto utilizar, para emplearlas posteriormente en los trabajos de restauración. Se complementaba con la realización de canales de desvío del agua evitando así su incidencia sobre la zona de laboreo

De forma general, para el *arranque* propiamente dicho se prolongó la explotación a cielo abierto en un frente formado en este caso por cuatro gradas de 20 m de altura máxima y 70° de inclinación de los bancos del frente, empleando en la extracción la técnica de voladuras. Se comenzaron los trabajos por el último banco, hasta dejar una berma de 10 m de anchura, que sería cuando se pasase a aprovechar el inmediatamente inferior. La diferencia de cota del frente fue de 80 m, resultando un ángulo final cercano a 50°.

El *cargue* de los materiales rocosos se realizaba directamente a los camiones con palas mecánicas, manejadas por un personal debidamente cualificado. Se consideró conveniente también emplear una retroexcavadora en la fase de «desmonte y formación inicial de los bancos» por la ventaja que ofrecía frente a las cargadoras en este tipo de labores. Asimismo, este equipo servía para situar lo resultante de las voladuras en el cuarto banco sobre la berma del segundo, de forma que los camiones solo tendrían que ascender a los rellanos de los bancos primero y segundo.

Para la obtención de los parámetros de la voladura se utilizaron las teorías sobre esta temática del *Instituto Geológico y Minero de España* (IGME), siendo los efectos contrastados con los estudios de Langefors y Kilhstron, resultando ambos semejantes, considerando que el tipo de roca es dura, siendo su estratificación subvertical paralela al frente. Para la ejecución de los barrenos, con diámetro de 4 pulgadas, se perforaron con una inclinación de 70° respecto a la horizontal, que era el ángulo óptimo teniendo en cuenta el sistema empleado y el buzamiento de la caliza.

---

[26] *Archivo Municipal del Ayuntamiento de Cangas del Narcea*, n.° de entrada 1402.

Los parámetros considerados utilizando como explosivos goma 2-EC y nagolita fueron los siguientes: Para la voladura de 1.500 kg, se ejecutaron 12 barrenos alineados con el frente y con la inclinación indicada cuidando de cumplir el parámetro previamente calculado. Estas perforaciones se colocaron siguiendo una trayectoria paralela al frente, que constituía la superficie libre de desprendimiento, siendo la distancia al mismo de 3,88 m y entre cada barreno se dejaba un espaciado de 4,85 m.

Con posterioridad, se aprovisionaba el explosivo, según las cantidades normalizadas, disponiendo el cordón detonante (con núcleo de pentrita y envuelta impermeable de PVC) de forma adecuada, retacando después el barreno ya cargado. Los detonadores se colocaban con microrretardos, decalados entre sí 30 milisegundos con el objetivo de que el progreso de las voladuras tuviera lugar a una velocidad inferior que la de propagación del sonido en el aire, minimizando el efecto sonoro respecto al de una voladura instantánea. Igualmente, los tramos de cordón detonante que discurrían al descubierto, se cubrieron con una capa de arena de 10 cm de espesor, contribuyendo así a disminuir la onda expansiva.

Ante este proyecto y previo a su aprobación y ejecución, el arquitecto municipal, Juan Antonio Domínguez Piris, informó al alcalde, José Manuel Cuervo Fernández, con fecha de 5 de mayo de 2000, en el expediente n.º 3/2000 de manera sintética lo que sigue:

1º. Se emitió informe, en fecha 27 de marzo de 2000, sobre el Proyecto y en relación a las obras solicitadas, se expone que se observaban deficiencias que tienen incidencia sobre la actividad y medio ambiente natural.

2º. Figura además una denuncia de ANA (Asociación Asturiana de Amigos de la Naturaleza) sobre la propia cantera e instalaciones industriales inmediatas al Pueblo de Rengos, registrada en abril de 2000 aduciendo como estas últimas desarrollan una actividad complementaria a la extracción y que son susceptibles o requerirían un expediente de Actividad sujeto al RAMINP[27], complementario al propio de la cantera, sin perjuicio de superior criterio de su Alcaldía. Por todo lo cual:

A. La Alcaldía podrá requerir que se completen los Proyectos a la forma indicada según el informe de 27 de marzo de 2000 que se acompaña, antes de su trámite ante la Dirección Regional de Medio Ambiente, para que sean completados.

B. La Alcaldía podrá entender, si lo estima conveniente, la denuncia de ANA, en base al reglamento de Disciplina Urbanística y Ley 3/87 del Principado.[28]

---

[27] *RAMINP:* Reglamento de actividades molestas, insalubres, nocivas y peligrosas (Decreto 2414/1961, de 30 de noviembre. BOE, núm. 292, de 7 de diciembre de 1961).

[28] Archivo Municipal del Ayuntamiento de Cangas del Narcea. Asunto: «Ampliación y legalización de exceso de ocupación de cantera en MUP n.º 140 Reguero de los Prados-Rengos».

Finalmente, se aceptó la continuidad de la actividad minera, abarcando entonces de manera prioritaria el nivel intermedio de calizas grises de la *Formación Vegadeo*, a veces con somera marmorización, con la misma intencionalidad de aprovechamiento para obra civil y constructiva. La postrera voladura se llevó a cabo en el año 2018, clausurándose seguidamente la actividad. La fig. 4.14 recoge el rendimiento anual en los declinantes últimos años.[29]

Sobre los materiales extraídos se determinaron las características mecánicas y se efectuaron análisis químicos de los diferentes tipos de áridos obtenidos[30], con los resultados que recogen las tablas 4.I y 4.II.

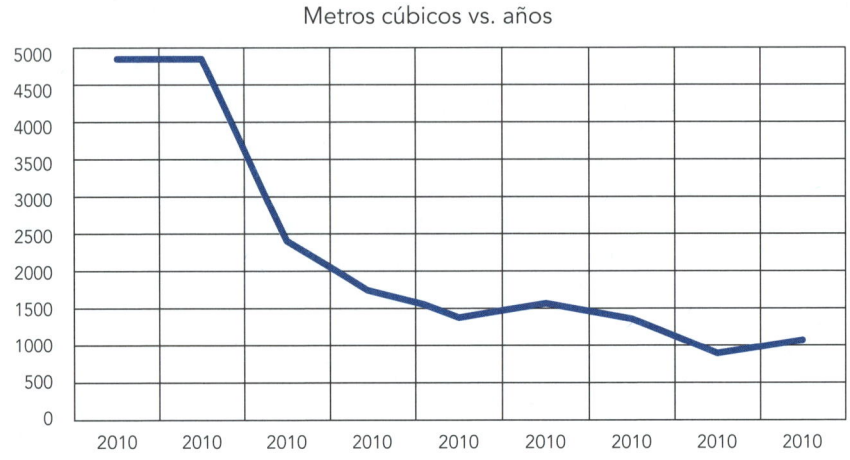

FIGURA 4.14. Producción de Reguero de los Prados durante los últimos años.

4.I. ENSAYOS DE CARACTERIZACIÓN FÍSICA DEL MÁRMOL DE REGUERO DE LOS PRADOS

Utilización	Propiedad	Valores		
Áridos para mezclas bituminosas	Tamaño de partícula	4/10 (d/D)		8/20 (d/D)
	Densidad de partícula	2,80 mg/m³		2,76 mg/m³
	Composición química	97 % CaCO₃		97 % CaCO₃

---

[29] Según información del ingeniero de minas Miguel Alonso Pérez, gerente y director técnico de la Sociedad *Calizas Alper S. A.*

[30] FERNÁNDEZ SUÁREZ *et al.* (2013, pp. 100 y 105).

Utilización	Propiedad	Valores		
Áridos para capas granulares	Tamaño de partícula		0/40 (d/D)	
	Densidad de partícula		2,82 mg/m³	
	Absorción de agua		0,3 %	
	Componentes que alteran el fraguado		Exento	
Áridos para hormigones	Tamaño de partícula	0/4 (d/D)	8/20 (d/D)	16/32 (d/D)
	Densidad de partícula	2,75 mg/m³	2,76 mg/m³	2,75 mg/m³
	Cloruros	0,02 %	0,02 %	0,02 %
	Azufre total	0,02 %	0,02 %	0,02 %
	Componentes que alteran el fraguado	Exento	Exento	Exento
	Absorción de agua	0,2 %	0,3 %	0,2 %
	Reactividad álcali-carbonato	No	No	No

4.II. ANÁLISIS QUÍMICO DE LOS CARBONATOS DE REGUERO DE LOS PRADOS

Compuesto	%	Compuesto	%
SiO_2	0,10	MgO	35,00
Al_2O_3	0,01	CaO	51,20
Fe_2O_3	0,20	P.P.C.	44,40

Las litologías de la principal cantera de Rengos se han utilizado en la fase de máxima productividad con carácter preferente para áridos, en las categorías de arena 0/4, arrocillo 4/10, gravilla 10/20, gravillón 20/40 y zahorra, así como piedra de escollera. En épocas precedentes estos afloramientos carbonatados fueron utilizados asimismo para la fabricación de cal con destino a encalar las fachadas de las viviendas y como abono de las tierras de labor; la caliza se cocía en hornos denominados en la zona como «caleiros», como el referido del Pueblo de Rengos.

Desde principios del siglo XX los caleros más activos de la zona meridional del municipio fueron, aparte del citado, los de Moncó (o Moncóu) y Moal —alimentados ya con carbón—, además del existente en Monasterio de Hermo (calero de Casa Elvira).[31]

---

[31] GARCÍA LÓPEZ DEL VALLADO (2009, p. 153). También se recoge esta información en *Tous pa Tous*.

Cantera de Reguero de los Prados 2.ª o Campoaviao

Se accede a la misma subiendo por la antigua carretera del puerto de Rañadoiro sea desde Pueblo de Rengos o de Larón y desviándose a la altura de la refrescante fuente de Oleiro, que data de 1963, situada a la altura del km 8,300 de la anterior ruta de Ventanueva a Degaña. Una vez allí hay que desviarse hacia el oeste, siguiendo un ramal hasta alcanzar el tramo carbonatado de la *Formación Vegadeo*, una vez recorrido cerca de 1 km y atravesando unos pequeños arroyos en su cabecera (fig. 4.15).

La primera tentativa de aprovechamiento de mármoles en el siglo XX en este ámbito del monte de utilidad pública n.° 140 denominado «Campoaviao», al sur del Pueblo de Rengos, correspondió a Faustino Díaz García, director de *Marmolera Asturiana S. L.*, el cual solicitó el 10 de mayo de 1968 ante el *Distrito Forestal* la revisión de terrenos para tal fin, sin que hubiera logrado ningún objetivo práctico, después de haber intentado aprovechar esta roca en entornos de Larón.[32]

Otro tanto intentó Ceferino Mateo Crespo, el 7 de septiembre de 1968, cuando en este mismo terreno y en otras zonas más próximas a la localidad de Pueblo de Rengos (km 5 y 6 de la carretera de Ventanueva a Degaña) pretendía sacar un total de 1.300 m³, demanda que tampoco prosperó.[33]

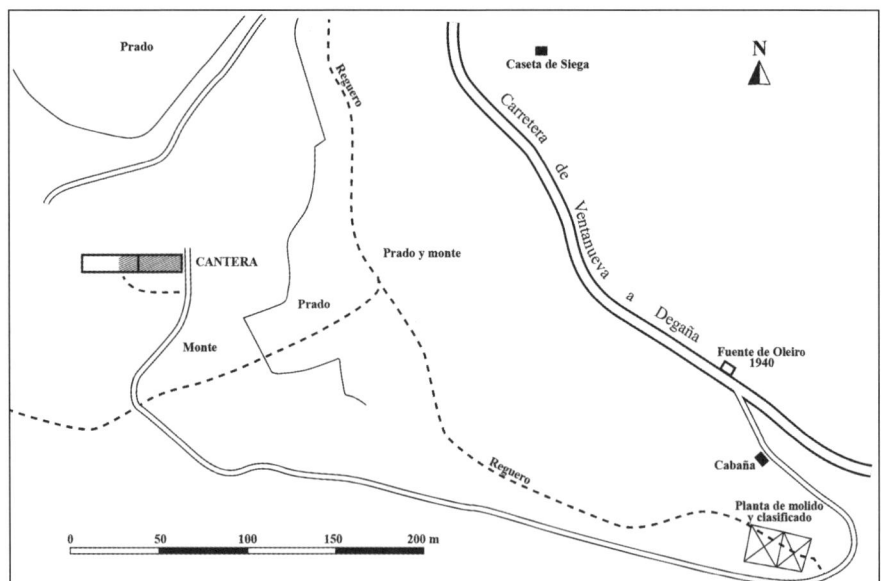

FIGURA 4.15. Cantera de Reguero de los Prados 2.ª (también conocida como de Campoaviao).

---

[32] *AHA. Distrito Forestal* (Montes). Caja 234873, documento 15.566 / 39.
[33] *AHA. Distrito Forestal* (Montes). Caja 234873, documento 15.566 / 41.

A finales de 1972 el vecino de El Rodical (Tineo), Manuel González Líndez registró este lugar ante la *Sección de Minas* para extraer caliza marmórea, incorporando una nueva solicitud de explotación denominada «Reguero de los Prados 2.ª». La petición fue informada favorablemente por el ingeniero Mariano Arias Barredo en el mes de febrero y obteniendo el permiso para realizar voladuras el 26 de mayo de 1973[34], así como el oportuno beneplácito del *Distrito Forestal* al estar dentro de un monte de utilidad pública, en los parajes de Aviao, Teso Montecín y Los Castiellos. En tal informe se expresa, por indicación del vigilante forestal, que: «hace mucho tiempo que en el sitio de Aviao estuvo abierta esta cantera, o sea que hace muchos años se ha arrancado roca marmórea, aunque ya hace muchos años que no se hacen aprovechamientos».[35]

El primer plan de labores fue presentado, en octubre de 1973, por el director facultativo Agustín González Díaz, residente de Tineo, con la pretensión de extraer en contornos del bosque de Rengos, en un plazo de diez años, un tramo rocoso del nivel marmóreo cámbrico con un frente de 12 m de potencia en tajos de 10 m de altura. La intención era emplearlo, una vez triturados los bloques obtenidos con ayuda de un martillo perforador —alimentado desde un compresor «ABC» de 27 CV— y explosivos, para la fabricación de terrazo, destinando la fracción más fina a marmolina y la más gruesa para árido de construcción y obra civil (fig. 4.16).

Para tal fin se levantó una planta de molienda a 800 m al este de la cantera y en proximidad a la carretera de Ventanueva a Degaña (ver fig. 4.15, esquina SE) que incluía cribas y tolvas para el clasificado de fracciones hasta de 2-5 cm y acopio del material pétreo, consiguiendo una producción anual máxima de 750 m^3 —que en gran parte se remitía por el citado gestor de la cantera en un camión de su propiedad a una empresa de La Coruña para la fabricación de terrazo con las fracciones de marmolina—. Se dispuso además de una sierra para el corte de los bloques mayores y con una morfología apropiada principalmente para la obtención de baldosas y placas, llegando a lograr dimensiones máximas de 1,50 x 0,60 metros[36], en cuya faena colaboraba el vecino de Cangas del Narcea José Manuel Martínez Corros.

La actividad minera no acaba aquí, pues los días 28 de febrero y 24 de abril de 1975 el ingeniero Mariano Arias, de la Delegación Provincial del Ministerio de Industria (*Sección de Minas*), resolvió autorizar, a petición del mismo Manuel González Líndez, la ampliación al plan de labores de ese año así como la instalación de una nueva sierra para el corte y formateo de bloques en la pedrera marmórea Reguero de los Prados 2.ª, proyectando una producción de 2.500 m^3 para dicha anualidad.[37] No obstante, un quinquenio antes de cumplirse el plazo autorizado de diez años para obtener beneficio, quedó clausurada al reducirse sustancialmente la demanda del material extraíble.

[34] *AHA. Fondo de Minas*, sig. 6867, folios 274 y 381.

[35] *AHA. Distrito Forestal* (Montes). Caja 234874, documento 15.567 / 6.

[36] *AHA. Sección de Minas*, caja 37.490 / 5.

[37] *AHA. Fondo de Minas*, sig. 6869, fols. 148 y 169.

FIGURA 4.16. Cantera de Campoaviao, al lado de la cueva del mismo nombre.

Cantera de Peña Moncó

Situada al suroeste de Vega de Rengos, en la vertiente occidental del río Narcea, su acceso se realiza tomando la desviación de la AS-15 en el kilómetro 79,500 hacia la localidad de Moncó y una vez allí, tras recorrer cerca de 1 km, hay que tomar un camino hacia el suroeste que en medio kilómetro conduce a una fuente y muy cerca se ubica la antigua explotación (coordenadas: 43°01'40» N-6°37'58» O) de mármol predominantemente blanco (fig. 4.17). Estos terrenos eran propiedad de la Comunidad de vecinos de la referida aldea con la que se tenía que alcanzar un acuerdo previo de conformidad para el aprovechamiento de los componentes pétreos.

A septentrión de este núcleo poblacional existía otra pequeña cantera en la que en épocas pretéritas se habían aprovechado carbonatos, así como al oeste de la gran mole que conforma la Peña de Moncó, de 1.035 m de cota, (fig. 4.18) con horizontes carbonatados formando un pliegue anticlinal y mostrando los tramos más a techo ocasionales afloramientos de rocas marmóreas, en un mayor o menor grado, en particular en el paraje de Sardón, en la vertiente que se orienta al norte, descendiendo hacia Moal.

A su vez, aún más al norte de Moncó, en el flanco oriental de dicho pliegue, aparecen reducidos asomos marmóreos cerca del poblado de Cruces, en la vertiente occidental del río Narcea, al suroeste de Vega de Rengos. Aquí se llegó a extraer también algo de mármol en proximidad al contacto del Carbonífero que recubre parcialmente la *Formación Vegadeo* (figs. 4.19 a 4.22). Asimismo, en la prolongación hacia el sur de este ramal de las calizas de la mencionada sucesión,

Figura 4.17. Imagen de Google Earth del entorno de Moncó (Cangas del Narcea), con la visión en tono claro del tramo marmóreo. A la izquierda, *Serie de los Cabos*.

Figura 4.18. Perspectiva de la *Formación Vegadeo* en las proximidades de Moncó (Cangas del Narcea) desde la subida al puerto de Rañadoiro. En primer plano se encuentra el arroyo de Remolín y se observa un crestón calcáreo situado al oeste de Pueblo de Rengos. En segundo plano, la cantera de Moncó y al fondo La Peña de Moncó (JMFD-F).

199

en proximidad al citado curso fluvial en su margen oriental, en el paraje de La Mata, se aprecia una importante acumulación de rocas carbonatadas formando un pliegue anticlinal, ocasionalmente con cierto grado de marmorización.

Estos últimos emplazamientos fueron un lugar de arranque preferente de roca por el vecindario desde tiempos remotos, aunque no solía tener un destino ornamental.

Las extracciones más recientes ocurrieron a comienzos de 1973 cuando Maximino Vázquez Fernández, residente en Oviedo, representando a la entidad *Mármoles Peña del Cuervo* —en la que además actuaba como explotador y director facultativo de minas— solicitó la apertura de la cantera nombrada como «Moncó», que fue otorgada el 10 de julio con el informe favorable del ingeniero José Crabiffosse Martínez.[38]

El laboreo, ubicado a media ladera, se llevaba a cabo mediante ligeras cargas explosivas, una vez implantada una serie de barrenos mediante un martillo perforador «Geis», de 15 kg, accionado por aire comprimido desde un compresor de gasoil modelo «Pokorny». El área beneficiada alcanzó dimensiones cercanas a los 80 m, con un frente que llegó a una altura de 20-30 m, existiendo una berma o plataforma de trabajo entre los dos bancos abiertos.

Se extraía el producto marmóreo y calizas después de realizar los referidos boquetes separados 3-4 m, seleccionando los horizontes más favorables y regulares. Los bloques obtenidos tenían por lo general un tamaño máximo de 1 x 0,70 m, si bien eran escasos los que permitían ser destinados al aserrado y para la obtención de losetas o placas, debido a la elevada densidad de microfisuras que presentaban.

FIGURA 4.19. Vista general de la cantera de Peña Moncó a unos 500 m al SO del pueblo homónimo (JMFD-F).

---

[38] *AHA. Fondo de Minas*, sig. 6868, fol. 30.

FIGURA 4.20. Primer plano de un bloque de mármol, con un color oscuro exterior de alteración y blanco después de romperlo con el martillo en la cantera de Moncó (JMFD-F).

FIGURA 4.21. Diversos detalles de los afloramientos de mármol en la cantera de Moncó (JMFD-F).

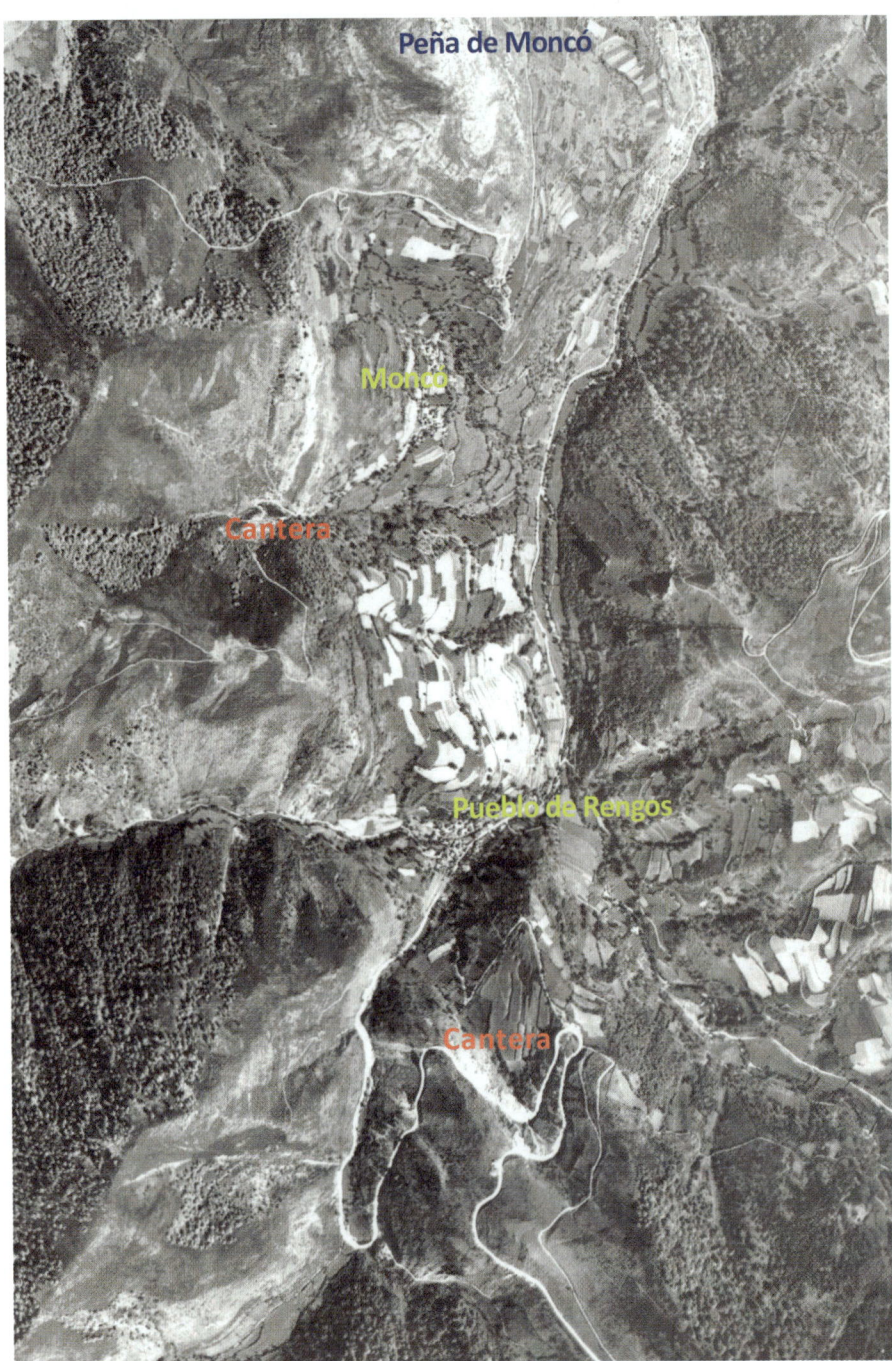

FIGURA 4.22. Fotografía aérea del trazado del ámbito Moncó-Pueblo de Rengos donde aflora la *Formación Vegadeo* marmorizada, aunque era aún ocasional su beneficio (foto n.° 43006 realizada el 20 de mayo de 1957, cuando aún no se había registrado la cantera).

Por ello, durante la postrera etapa de actividad, el principal objetivo fue la fragmentación de los bloques pétreos utilizados para la ejecución de empedrados de caminos y obras de construcción. La producción varió entre las 1.200 t en 1973 hasta un máximo de 6.200 m³ en 1979. Ese año y su precedente, el frente se retrasó en 3,35 y 2,3 m respectivamente.[39]

En un principio, las rocas extraídas se trasladaban a la planta que su gestor tenía instalada en Llera (Grado), hasta que, entre julio y agosto de 1973, se aprobó el proyecto de instalación de un centro con un transformador de energía eléctrica y un grupo de trituración y clasificación, expuesto por el técnico y director Maximino Vázquez, que figura entonces bajo con el nombre de «Peña Cuervo y Moncó».[40] Constaba de un alimentador tipo «Bablitless», que abastecía primero una machacadora «Rodríguez y Vergara», para más adelante ser sustituida por un molino de mandíbulas «Blaque» de 30 CV y un molino «Juste»; el material que surgía de esta última trituradora era conducido, a través de cintas transportadoras, a un sistema de clasificación granulométrico y distribuido en tolvas para tres tamaños. Durante los primeros años el movimiento de tierras se llevó a cabo mediante una pala cargadora «CAT-922 B», sustituida luego por otra de la marca «Calsa 1000», ambas con ruedas de goma.

La actividad se mantuvo hasta 1981, presentando desde 1974 los planes de labores ante la *Jefatura de Minas* y el material extraído, en un volumen anual entre 2.500 y 6.200 m³. Tenía como destino su utilización como áridos, tanto en la construcción y hormigones como en obra civil (pavimentos), asignando además alguna de las partidas para empelechadores y marmolistas.[41]

Canteras de Gedrez y Monasterio de Hermo

A la localidad de Gedrez o Xedré se accede a través de la carretera CN-9 que parte desde el Pueblo de Rengos y culmina en Monasterio de Hermo, poblado ubicado al sureste de la Sierra Coniellas.

En estos términos las calizas de la *Formación Vegadeo* están afectadas por una importante tectonización que origina unos relieves abruptos y notable distorsión de los niveles carbonatados, distribuidos a ambas márgenes del curso alto del río Narcea (fig. 4.23).

En tales territorios abundan los espacios dominados por una densa vegetación arbórea en los que, separados por la mencionada ruta que los atraviesa, son escasos o de gran dificultad los senderos que permiten alcanzar los afloramientos marmóreos, varios de ellos ya identificados en tiempos en que el v conde de Toreno se interesó por su aprovechamiento.

---

[39] *AHA*. Planes de labores de la cantera Moncó, caja 37.392 / 3.
[40] *AHA*. *Fondo de Minas*, sig. 6868, fols. 63 y 62.
[41] *AHA*. Planes de labores de la mina de caliza-mármol titulada Moncó, caja 37.392/3.

FIGURA 4.23. Fotografía aérea del trazado de la *Formación Vegadeo* en el límite de Gedrez-Monasterio de Hermo, previa a beneficiar el mármol. (foto n.° 43691 realizada el 21 de mayo de 1957).

Monte de Gedrez y Cengadera

En los accidentados entornos al sur de Gedrez, pueblo situado en el kilómetro 2 de la CN-9, están los conocidos como «Términos Bravos y Comunes de Gedrez» (fig. 4.24), limítrofes por occidente con el monte de utilidad pública de Rengos (n.° 140). Su límite meridional coincide con ámbitos del Rañadoiro y parajes cumbreños de Larón.

Tanto en ocasionales lugares de estos terrenos como en el monte de utilidad pública n.° 134, conocido por Cengadera, ubicado más al este, se efectuaron esporádicos aprovechamientos de piedra caliza y el descubrimiento de algún nivel marmóreo en la vertiente meridional del río Narcea. En estos términos, la *Formación Vegadeo* muestra un complejo trazado de pliegues, en particular entre los parajes con orografía elevada de Peneo Redondo, Urdieras, Cabañas de Folguerabicha y Pivierza (figs. 4.24 y 4.25).

A lo largo del trazado de los niveles calcáreos se llegaron a reconocer y realizar distintos trabajos prospectivos, con identificación de irregulares tramos de mármol blanquecino o grisáceo, sobremanera cerca de Valmayor, Peneo Redondo y Valderroza. El límite más sureño de la loma frondosa de Cengadera conecta también con terrenos de las vecinas localidades de Larón y Degaña, una vez sobrepasada la gran masa calcárea que constituye el roquedal denominado Peña del Cuervo (fig. 4.26).[42]

---

[42] Según el comentario de José Manuel Collar, vecino de Gedrez, existen dos impresionantes masas y apuntamientos calcáreos con este nombre en este ámbito, uno al norte del río Narcea y sureste de Jalón, así como éste emplazado en la vertiente meridional de tan notable curso fluvial.

FIGURA 4.24. Monte de Términos Bravos y Comunes de Gedrez, con el pueblo en su base, a la derecha.

En la etapa más reciente, el primero que intentó explotar el mármol en estos espacios fue Faustino Díaz García, de El Rebollal (Pola de Siero), quien solicitó ante el *Distrito Forestal* el 2 de julio de 1957 obtener 56 m³ de roca carbonatada, volumen que un año más tarde amplió hasta 1.000 m³, en ambos casos con el visto bueno de la municipalidad y del vecindario local —con su alcalde de barrio Fernando Valdés Romano a la cabeza— que gestionaban el citado monte «Términos Bravos y comunes» del pueblo de Gedrez[43], lugar en el que resulta difícil reconocer directamente los afloramientos de los niveles carbonatados de la *Formación Vegadeo*, en cuyo techo el demandante llegó a reconocer algunos tramos marmóreos. No obstante, la ejecución de trabajos de explotación no tuvo gran relevancia. Pronto reconoció, junto con su hermano Marino Díaz, las dificultades para acceder a las áreas con mayores facilidades de extraer mármol.

Por tal motivo, estos pioneros centraron su interés extractivo en zonas cercanas a Larón, por lo que pronto se abandonó la actividad en este ámbito. Su objetivo era trasladar los bloques marmóreos a la mayor comercializadora del momento, conocida como *Marmolera Asturiana S. L.*, situada en el municipio de Siero (El Berrón), de la que Faustino era gerente, que estaba dotada de excelentes equipos de serrado.

De igual forma, el 6 de abril de 1967 César Avello Menes, vecino de Cangas del Narcea, solicitó arrancar, de forma extraordinaria, 50 m³ de caliza en el monte de Cengadera, después de revisar los parajes de Rebollera, Valderroza, Vallina y La Silva, adyacentes al río Narcea en ambas márgenes (fig. 4.27), demandando conformidad tanto local como del Ayuntamiento y

_____

[43] *AHA*. *Distrito Forestal* (Montes). Caja 234870, documento 15.563 / 2.

FIGURA 4.25. Monte de La Cengadera, aflorando parcialmente a media ladera, entre la masa boscosa, la sucesión carbonatada del Cámbrico.

FIGURA 4.26. Pico Peña del Cuervo, en la vertiente meridional del río Narcea.

del ingeniero jefe del *Distrito Forestal*, César Arévalo Carretero. Dos años después, en mayo de 1969, obtuvo permiso para beneficiar durante diez años material marmóreo (200 m³ el primer año y 1.000 m³ los restantes) Emilio Alonso Marqués en afloramientos de diversos entornos de La Silva (fig. 4.28) y Fumayor; era una persona experimentada pues mantenía una importante actividad extractiva en la explotación de Reguero de los Prados. Desde entonces se denominó su sociedad *Mármoles de Rengos y Gedrez*, trasladando la producción a la planta de tratamiento cercana a El Pueblo de Rengos.[44]

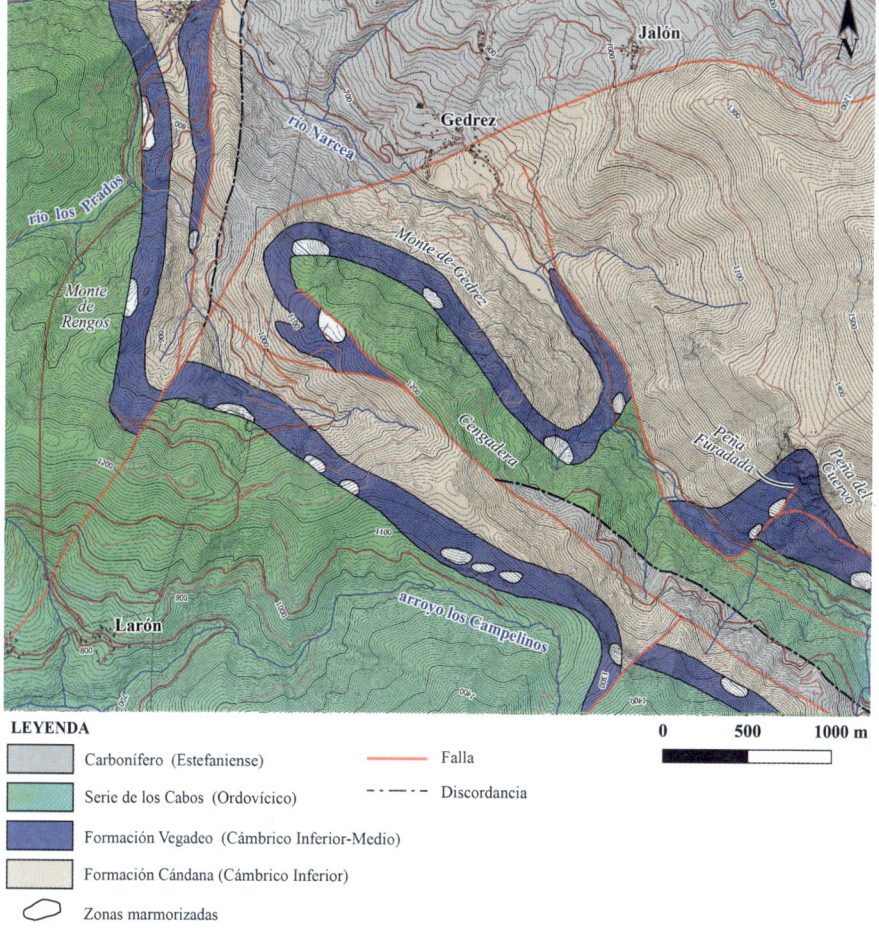

LEYENDA

▨ Carbonífero (Estefaniense)

▨ Serie de los Cabos (Ordovícico)

▨ Formación Vegadeo (Cámbrico Inferior-Medio)

▢ Formación Cándana (Cámbrico Inferior)

⬭ Zonas marmorizadas

— Falla

– · – · – Discordancia

0   500   1000 m

FIGURA 4.27. Mapa geológico de los alrededores de Pueblo de Rengos, Gedrez y Larón con indicación de las áreas marmorizadas (Dibujado en base a datos del IGME y propios).

_____

[44] *AHA. Distrito Forestal* (Montes). Caja 234870, documentos 26, 31 y 36.

FIGURA 4.28. Cantera de La Silva, en el km 4,2 de la carretera CN-9.

La pequeña explotación abierta adyacente a la carretera se sitúa en la zona basal de la gran mole calcárea dominada por los crestones de Peña Alba (o Peñalba), La Forcada y Peña Furadada (ver fig. 3.21), los más significativos de la vertiente septentrional del extenso monte de utilidad pública (n.º 139) denominado Peña del Cuervo. En lugares de difícil accesibilidad desde Gedrez, siguiendo un camino y sendero a media ladera, o bajando de Larón, se reconocen algunos tramos marmóreos en estos terrenos intensamente plegados con señales de haber intentado su extracción, con escaso éxito, dada la abrupta topografía del entorno y las limitadas posibilidades de transporte existentes.

Monasterio de Hermo

Una vez atravesado el valle y arroyo de La Barrazosa se entra en dominios territoriales de Monasterio de Hermo, en los que se prolongan hacia el este, a media ladera, los niveles carbonatados de la *Formación Vegadeo* formando parte de los acusados crestones de Choba, Chousera y la Penona de Jalón, pertenecientes también al monte de utilidad pública n.° 139. Entre los niveles a muro de las calizas afloran pizarras verdosas que muestran una notable lajosidad, visibles en diversos tramos de la calzada.

La principal zona de aprovechamiento del mármol —incluso con laboreo remoto— está en el paraje de La Penona de Jalón, ámbito propiedad del Ayuntamiento de Cangas del Narcea, con gestión de la Administración forestal.

La primera solicitud registrada aconteció el 23 de mayo de 1967 y fue otorgada cuatro días después al vecino de Oviedo José Luis Llaneza Fernández, con el nombre de «Peña del Cuervo», con la intención de extraer 600 m³ de piedra con destino a las obras de la carretera a Monasterio de Hermo, otorgándole el *Distrito Forestal* un plazo de seis meses, con autorización simultánea del Consistorio y de la *Jefatura de Minas*.[45] La extracción se realizó, sobre todo, utilizando explosivos. Los fragmentos obtenidos eran posteriormente triturados para ser empleados como material de base para la ruta que comunicaba con esta localidad.

En marzo de 1969 se requirió de nuevo, por parte del oriundo de Oviedo José Luis Rodríguez García, la extracción de 1.000 m³ de rocas en los lugares de Choba y Chousera del referido monte n.° 139, otorgándole el *Distrito Forestal* y demás administraciones implicadas permiso el 12 de abril, debiendo culminar el laboreo el 30 de enero de 1970. No obstante, se anuló la petición a solicitud del interesado en septiembre cuando, con gran dificultad, sólo habían arrancado 200 m³.[46]

Igualmente, a las distintas entidades burocráticas acudió a finales de 1969 otro ovetense, Maximino Vázquez Fernández, con vistas a disponer de autorización para su posterior denuncia ante la *Sección de Minas*. Después de obtener el oportuno permiso para extraer 200 m³ el primer año, con fecha 26 de febrero de 1970[47], logró registrarla con el nombre precedente de «Peña del Cuervo» en junio de 1971, contando con un plazo de diez años para el arranque. Esta explotación se abrió a unos 200 m al este del conocido como Puente de El Patatero, motivo por el cual se la distinguió por ese nombre, situándose en el kilómetro 7 de la carretera CN-9.[48]

El propio denunciante, ingeniero técnico de minas en su vida profesional y gerente de la entidad *Mármoles Peña del Cuervo*, presentó el 30 de octubre del mismo año el primer plan de labores, que pretendía incidir sobre un frente de 25 m, en tajos de 15 a 20 m (fig. 4.29), para el arranque de mármol, empleando tanto herramienta manual (barras, picos, palas, mazas, etc.) como dos martillos, uno perforador de marca «Geis», y otro picador tipo «IR-9»,

---

[45] *AHA. Distrito Forestal* (Montes). Caja 234872, documento 15.565 / 70.

[46] *AHA. Distrito Forestal* (Montes). Caja 234872, documento 15.565 / 74 y 76.

[47] *AHA. Distrito Forestal* (Montes). Caja 234873, documento 15.566 / 4.

[48] Apodo con el que se conoció a Antonio García Simón, impulsor de algunas explotaciones de carbón de este ámbito, al sur del río Narcea, y de las ubicadas en las proximidades de Monasterio de Hermo, constituyendo el *Coto Minero del Narcea* desde 1953.

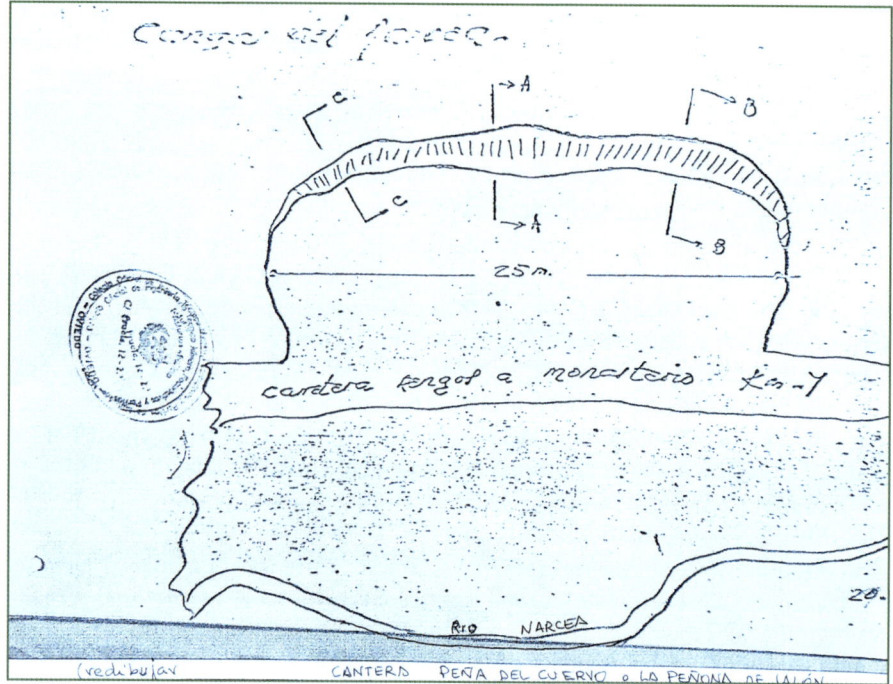

FIGURA 4.29. Sección esquemática de la cantera de Peña del Cuervo o La Penona de Jalón.

ambos de 9 kg, alimentados por un compresor «Bético», con vistas a utilizar barrenos para luego efectuar las cargas explosivas.

El producto extraído sería en principio trasladado en camiones a la cantera de Llera, emplazada en Grado, que contaba con un molino «Juste», otro de mandíbulas, así como con un sistema clasificador conectado a las trituradoras mediante una cinta transportadora de 8,5 m, logrando obtener, de esta manera, marmolina en fracciones gruesas (mayor de 10 mm) y también finas.

Los sucesivos planes de labores previstos, para el programa de 10 años en los que se proyectaba conseguir una producción de 2.000 m³ al año, fueron supervisados y aprobados por el ingeniero de la *Jefatura de Minas* Mariano Arias Barredo, el primero de ellos con fecha 29 de noviembre del referido año 1971. A partir de 1973 el transporte se realizaba hasta la planta de molienda y clasificación granulométrica abierta por el mismo empresario en la ruta de acceso a la aldea de Moncó.

Hasta culminar el laboreo en el año 1980, se prosiguió con la misma metodología extractiva y de tratamiento, momento en el que el frente de explotación llegó a alcanzar una altura cercana a 35 m, después de mantener la producción proyectada en todas las anualidades.[49]

---

[49] *AHA. Sección de Minas*, caja 37.367/1.

Figura 4.30. Tres aspectos de la cantera de «Peña del Cuervo» o «La Penona de Jalón», en la carretera de Gedrez a Monasterio de Hermo (abajo, JMFD-F).

En los momentos postreros logró participar en el aprovechamiento de los mármoles Emilio Alonso Marqués, el cual trasladaba temporalmente parte de los operarios de la cantera de Reguero de los Prados, junto con José Manuel Álvarez Rodríguez (Pipo) de San Martín de Eiros. En la actualidad, el frente de explotación y la propia cantera aparecen semiocultos por una densa masa arbórea (fig. 4.30, arriba).

Igualmente, en la prolongación hacia el oriente de los niveles carbonatados adyacentes a Monasterio de Hermo se registraron intentos limitados de aprovechamiento de los tramos marmóreos, aunque con menor extensión y calidad del material ornamental como al parecer sucedió en el pasado, según consta en informes del siglo XVIII.

FIGURA 4.31. Fotografía aérea de los alrededores de Monasterio de Hermo, donde se benefició algo de mármol (foto 43691 de 21 de mayo de 1957).

No ocurrió lo mismo con el destino de los materiales empleados en obras civiles en momentos más recientes, como fue el caso del permiso de extracción de 500 m³ de materiales silíceos y calizos próximos a dicho pueblo (fig. 4.31), entre La Muñal, Peñarredonda y Murias, en la zona basal del Pico Caniellas (1.921 m), así como, una vez superado La Residencia, en Branuelas, por parte del vecino de San Martín de Eiros, Gerardo Collar Aumente, tras la solicitud ante el Ayuntamiento, consiguiendo la autorización del *Distrito Forestal* con fecha 30 de marzo de 1987 y la posterior de *Minas*.[50] Igualmente, existieron reducidos asomos de mármol en los intervalos carbonatados próximos a los parajes de Los Fresnos y Trapiecha, también de la sierra Caniellas, adyacentes al reguero de La Lastra, al norte de la reiterada localidad de Monasterio de Hermo.

Fuente del Cura

En distintos terrenos limítrofes entre los montes de Gedrez y Rengos se acometió una última solicitud el 25 de enero de 1973 por parte de José Manuel González García, de El Crucero (Tineo), para aprovechar piedra marmórea en una cantidad de 1.000 m³ anuales dentro del paraje denominado Fuente del Cura (fig. 4.32), en la vertiente noreste de Peneo Redondo y del Oteiro, y por ello, no muy apartado del alto de Rañadoiro.

---

[50] *AHA. Distrito Forestal* (Montes). Caja 234872, documento 15.565 / 91.

Pero, poco después, en febrero de 1973, el solicitante presentó la renuncia al no cumplirse las expectativas iniciales[51], culminando toda la actividad un año más tarde, una vez reconocidos diferentes afloramientos carbonatados con notable marmorización de tono blanco. Todos están próximos a la anterior carretera de acceso al puerto, uno de ellos situado a unos 400 m antes del fontanar. Durante el corto tiempo de beneficio participó de nuevo en faenas de arranque y revisión de afloramientos el vecino de Cangas del Narcea José Manuel Martínez Corros.

FIGURA 4.32. Fuente del Cura o de Oleiro.

Ámbito oriental de Larón

Larón es una aldea que se encuentra inmediatamente al sureste del nuevo túnel del Rañadoiro, en el punto kilométrico 84,400 de la carretera comarcal AS-15, muy cerca del límite con el concejo de Degaña. El acceso se realiza en la desviación de la antigua ruta del puerto (en cuyas inmediaciones se halla un castro (fig. 4.33)[52]) y, una vez superado este, se toma una pista de unos tres kilómetros hacia el sureste, a lo largo de la cual se ubicaron diferentes zonas de explotación de mármol.

Hay evidencias de que en la zona nororiental de este lugar se habían realizado desde antiguo labores de extracción, tanto en el sector norte como en la ladera meridional del paraje de Rañadoiro y, sobre todo, en La Pradera de Larón. Estas labores siguen el afloramiento de los niveles carbonatados de la

---

[51] *AHA. Distrito Forestal* (Montes). Caja 234871, documento 15.564 / 1.

[52] El castro de Larón se ubica en un promontorio en la ladera meridional de la Sierra de Rañadoiro, al norte de Larón. Es conocido desde 1692 por mediación de JOSÉ MANUEL GONZÁLEZ Y FERNÁNDEZ y excavado en 1978 por JOSÉ LUIS MAYA y MIGUEL ÁNGEL DE BLAS que exhumaron varias construcciones de planta circular. Está incluido en el Inventario del Patrimonio Cultural de Asturias desde 2013. En base a la cultura material asociada al enclave (hachas de bronce de talón y anillas, hebillas, pendientes, fíbulas y restos cerámicos indígenas y romanos), así como su cercanía a las cortas auríferas romanas de Corralín y La Marucal, se ha propuesto una cronología comprendida entre el siglo VIII a. C. y III d. C. En ocasiones se advierte la presencia de escasos fragmentos sueltos de mármol con tonalidad blanquecina o de calizas grises, lo cual sería indicativo del reconocimiento y uso de estas rocas en tiempos pretéritos, al menos en época romana, si bien predominan los mampuestos cuarcíticos.

Formación Vegadeo (figs. 4.34 a 4.36), que ocupan un amplio tramo del sector sur de la finca «Montes y Términos Bravos del pueblo de Larón».

En el *Archivo Histórico de Asturias* figura un documento que explica los límites de esta propiedad y proporciona detalles del perímetro donde se ubicaron las primitivas explotaciones de mármol —probablemente abiertas a finales del siglo XVIII—:

FIGURA 4.33. Vista parcial del castro de Larón, con algunas rocas marmóreas (Internet).

FIGURA 4.34. Fotografía aérea del trazado de la Formación Vegadeo en Larón, aún sin explotar (foto 43689 realizada el 21 de mayo de 1957).

Figura 4.35. Imagen de Google Earth de las tres canteras de Larón.

Figura 4.36. Perspectiva de la *Formación Vegadeo* en La Pradera de Larón. En primer término, petrologías detríticas de la *Serie de los Cabos*.

Empiezan en la Reguera y Arroyo de Ruidejaro, que divide este término con Viliella, de aquí a la fuente de Ruidejaro, siguiendo por La Leitosa, Llano de Tronco, La Pruída de Rañadoiro (limítrofe con el Pueblo de Rengos). Desde este paraje continúa por Campo de Colladín, Vega de la Espina y La Campa de Lucio, todo ello vertiente a Larón. Desde este último paraje se accede al Pico del Escampillado y Reconco, limitando con los términos de Gedrez y Monasterio de Hermo. Desde la Gumia de Reconco prosigue a la Llama de Campo, desde donde continúa hasta la Peña de Marco, bajando derecho al río Degaña y siguiendo derecho alcanza el arroyo que baja de Reguera de Ruidefaro, ascendiendo el cual se llega al punto inicial, cerrando así las cerca de 500 ha de superficie.[53]

La Feltrosa

Los primeros intentos de extracción de piedra marmórea en la etapa contemporánea se producen en las cercanías de una hermosa braña y tienen lugar cuando, a finales de 1957, el vecino de La Rebollal (Siero) Faustino Díaz García registró ante la *Jefatura de Minas* —con la denominación de «La Feltrosa»[54]— un terreno de 10 ha en el monte de utilidad pública n.° 135 con la finalidad de aprovechar mármol, fijando una producción mínima de 400 m³; los primeros trabajos consistieron en realizar cuatro calicatas en La Vallina Cueva, a escasa distancia de Prados las Vachinas, para definir las zonas más favorables.

Simultáneamente se solicitó autorización el 10 de diciembre de 1958 en el *Distrito Forestal*, explicitando la licencia de aprovechamiento de los materiales rocosos según los metros cúbicos ya indicados y los desbroces necesarios para iniciar la extracción. Después de advertir que el adjudicatario se responsabilizaría de los posibles daños que se cometan al arbolado, leños, pastos y otros productos del monte, el ingeniero jefe le otorgó la autorización el 15 de enero de 1958, prorrogable   diez anualidades, bajo la premisa del abono durante el primer año de 25 pts. por cada metro cúbico extraído. En fechas similares (31 de diciembre de 1958) se efectuaron asimismo gestiones ante el Ayuntamiento solicitando autorización para iniciar el laboreo.[55]

De igual forma, una vez diseñado ante el Distrito Minero el plan inicial de trabajos a ejecutar en el monte La Feltrosa, en terrenos al este de Rañadoiro de Rengos, ya se le había concedido autorización para su realización el 28 de abril del mismo año[56], indicándole que la cantera quedaría bajo la inspección de la *Jefatura de Minas* provincial y debería de disponer de un práctico aprobado por dicha administración que fuese ducho en el manejo de explosivos; el explotador sería responsable de cuantos daños y perjuicios se ocasionaran a personas o cosas.

---

[53] *AHA. Sección de Minas*, caja 35792, documento 2.100 / 1.

[54] En la braña de La Feltrosa se localiza una pequeña cabaña y alguna otra en ruinas, construidas con diversos bloques y mampuestos de mármol de tonalidad blanquecina y losas de pizarra en sus techos.

[55] *AHA. Distrito Forestal* (Montes). Caja 234871, documentos 15.564 / 10, 26 y 27.

[56] *AHA. Fondo de Minas*, sig. 6855, fol. 385.

El Ayuntamiento de Cangas del Narcea llegó a informar favorablemente la solicitud de concesión de terrenos en el área presentada por Faustino Díaz García, lo que condujo a que la Subdirección de Montes y Política Forestal del Ministerio de Agricultura concediera la autorización definitiva de ocupación de las 10 ha de terreno del monte n.º 135; con ello, todo quedó reglamentado debiendo tan sólo amojonarse el terreno a ocupar.[57]

En sus inicios consiguió arrancar diversos bloques de mármol blanco de superior pureza que fueron trasladados a la empresa que poseía en El Berrón (Siero), junto a otros socios, denominada *Marmolera Asturiana*, donde se disponía de modernos sistemas de aserrado y pulido con los que se obtenían, sobre todo, plaquetas.

Una vez avanzados los trabajos de reconocimiento geológico, desmonte y primeras labores extractivas, a partir de 1964 tiene lugar la paralización por un período de tres años, con el intento de reanudación en marzo de 1967, pues durante la temporada invernal, y sobre todo cuando se producían intensas nevadas, se debían paralizar las tareas dada la elevada cota —superior a los mil metros— donde se hallaban las zonas de aprovechamiento.

Pero es en septiembre de 1967 cuando se precipitan las situaciones adversas para continuar con el beneficio. El hecho involucró al vecindario de la localidad de Larón que había iniciado un largo proceso de querellas que condujeron a que el deslinde llevado a cabo en el monte La Feltrosa —objeto de la denuncia minera presentada— fuese declarado nulo (tras varios escritos y recursos previos ante el Tribunal de Justicia de Cangas del Narcea, el *Distrito Forestal* y el propio Ayuntamiento). Con fecha 26 de febrero de 1966 la Sala Cuarta del Tribunal Supremo dictaminó que «los terrenos deslindados como monte de utilidad pública 'La Feltrosa' no concuerda con la realidad ya que pública y documentalmente se conocen con el nombre de 'Términos Bravos del pueblo de Larón', respecto a los cuales existe titulación a favor de particulares». Por tal motivo, un escrito de la Subdirección General de Montes del Ministerio de Agricultura, fechado el 11 de septiembre de 1967, dejó en suspenso toda expedición de licencias para el disfrute canteril.

El propio Faustino Díaz García había llevado a cabo algunas reclamaciones, primero ante el Juzgado de Primera Instancia de Cangas del Narcea, con sentencia del 3 de junio de 1969, e igualmente ante la Audiencia Territorial, que resolvió el día 22 de febrero de 1969. En ambos casos se falló, frente a los recursos de apelación interpuestos por el letrado José Fernández Fernández, desestimando la demanda y condenando al desalojo de los terrenos correspondientes a la finca «Montes y Términos Bravos del pueblo de Larón», dejándola libre y aceptándola como propiedad de la comunidad vecinal. En estos ámbitos sólo permanecían entonces dos chabolas y un barracón, así como una vagoneta sobre un tramo de raíles de aproximadamente 10 a 12 m. Todo ello condujo

---

[57] *AHA. Sección de Minas*, caja 37.466/4. La tramitación corrió a cargo del ingeniero de minas R. Casares.

a la caducidad de «La Feltrosa» otorgada en 1958 por la Administración minera. Todavía este operador llegó incluso a adquirir ante notario una parcela, de las 22 en que se dividía la mencionada finca de Larón, al vecino Constantino Álvarez Cerredo, con la finalidad de poder reiniciar el laboreo, aunque la maniobra no tuvo el éxito perseguido.[58]

La Lastra

Años antes, en marzo de 1967, después de un concierto extraordinario del vecindario de Larón y del cercano poblado de La Viliella, 22 moradores encabezados por Manuel Colinas Menéndez, Manuel Álvarez García y Delfina Colina Gavela, como propietarios de la antigua cantera conocida con el nombre de «La Lastra» —ubicada en proximidad a los parajes de Chanos de la Braña, Peña La Rubia y Pico del Cuerno, así como de la fuente de la Turía—, alcanzaron un contrato de arrendamiento con el industrial y vecino de Villablino Manuel García Méndez, con vistas a trabajar la mencionada pedrera, abonando a los contratantes la cantidad de 20 pts. por metro cúbico de roca marmórea aprovechable, cuyo pago se realizaría por meses vencidos. El contrato se selló el 14 de marzo del citado año.[59]

De igual manera, Manuel García Méndez, domiciliado en Ponferrada, solicitó a principios de 1970 ante la *Sección de Minas* la concesión de «La Lastra», iniciando las faenas de perforación el mes de marzo en razón a las inclemencias climáticas. Presentó su primer plan de labores el 28 de octubre de 1971, figurando el facultativo de minas José Manuel González Rodríguez, domiciliado en Caboalles de Abajo (León), como director técnico (fig. 4.37).

En principio, se consideró con posibilidades de beneficio un tramo de 100 m, ubicado a 3 km al noreste de la carretera de Ventanueva a Degaña desde donde se accedía por la referida pista que parte desde cerca del alto de Rañadoiro, y a 2,3 km de la localidad de Larón. La longitud del frente de arranque prioritario era de 50 m, sobre el que se efectuaba un barrenado con taladros de 3 m de longitud en sentido vertical cada metro de distancia, para lo cual se disponía de dos compresores de las marcas «Bético» (de 20 CV) y «Somar» (de 12 CV). Con ello se consiguió extraer hasta 2.000 m³ en un período de siete meses, dado que entre noviembre y marzo se consideraba inhábil por la severidad invernal.

El postrer beneficiario de esta cantera correspondió a Ceferino Mateo Crespo, desde mediados de la década, como responsable de la *Sociedad Marmolá*, culminando su actividad poco antes de cumplir 15 años desde que se iniciara su explotación.

---

[58] *AHA. Sección de Minas*, caja 37.495, documento 13.
[59] *AHA. Sección de Minas*, caja 37.466/4.

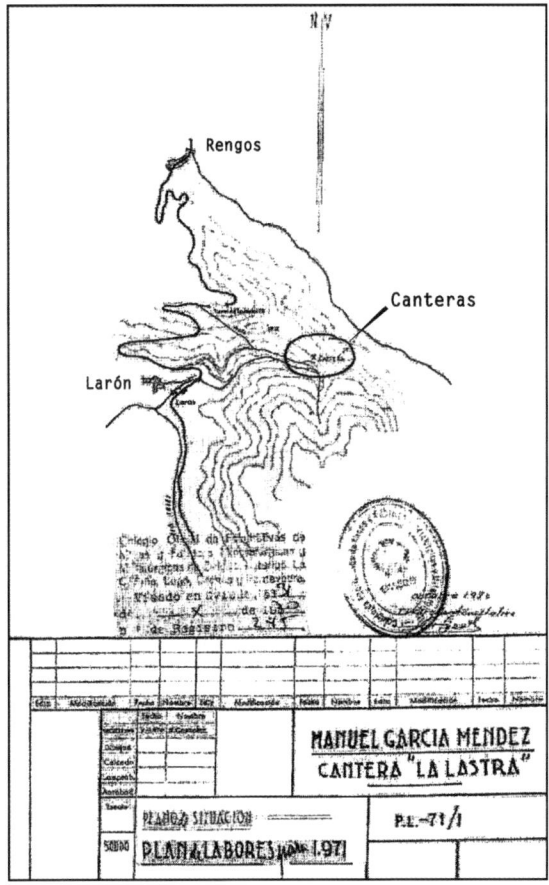

FIGURA 4.37. Situación de las canteras de Larón o «La Lastra»

La Pradera de Larón

En este lugar se llegaron a abrir 3 huecos denominados, de este a oeste, como canteras de Arriba, Medio y Abajo —situadas a cotas entre 1.140 y 1.080 m (figs. 4.38 y 4.39)—, esta última en el paraje de Chanos de la Braña.

Se obtenían bloques de dimensiones medias entre 0,6 y 1,5 m de longitud (figs. 4.40 a 4.43), en especial en las dos más orientales, destacando, entre otros operarios, la labor de Antonio Rodríguez Antón, Octavio Álvarez Fernández, José Gavela Álvarez, Manuel Dionisio y Manuel Santos, todos ellos de Larón o Viliella.

En un principio, la roca extraída se bajaba a una planta por medio de un cable aéreo y canjilones con vistas al machaqueo de las porciones menores con molinos de mandíbulas, mientras que, a partir de 1973, los bloques mayores se trasladaban hasta a la planta de corte y aserrado cercana a Cerredo en un

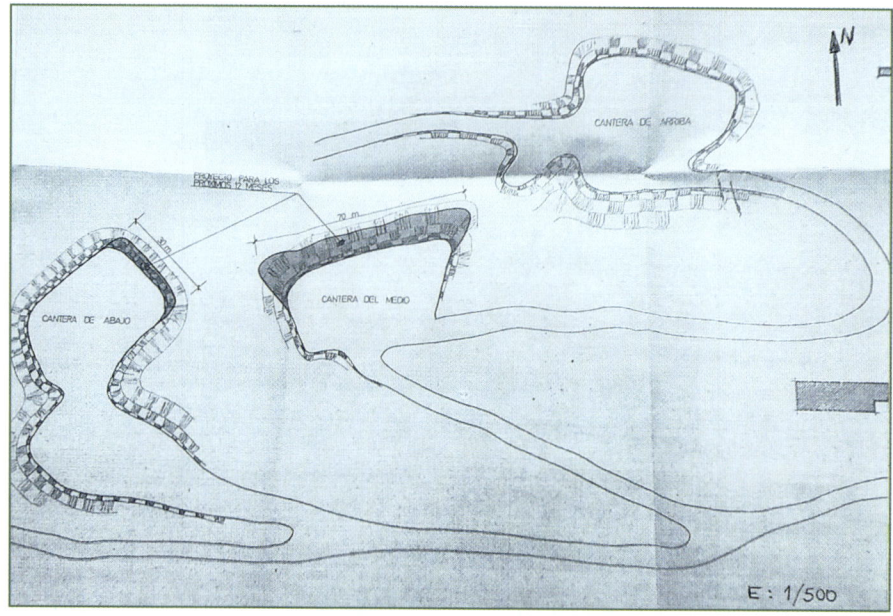

Figura 4.38. Las tres canteras de Larón, con unas coordenadas, de izquierda a derecha: 42°59'30" N / 6°36'16" O; 42°59'30" N / 6°36'10» O; 43°59'27" N / 6°36'04" O.

Figura 4.39. Tres excavaciones marmóreas en La Pradera de Larón. A la izquierda cantera de Abajo (JMFD-F).

FIGURA 4.40. Izquierda. Fractura fresca del mármol blanco en muestras con una pátina oscura en la cantera de Larón. Derecha. Recristalización de calcita en Larón (JMFD-F).

FIGURA 4.41. Cantera más oriental o de Arriba en Larón (JMFD-F).

camión conducido por José Gavela Rodríguez, que realizaba uno o dos viajes semanales.[60] Los fragmentos eran acumulados según fracciones granulométricas en unas grandes tolvas —construidas con cemento y dispuestas al borde del camino— de las que podían cargar los camiones (véase fig. 4.44).

El programa de voladuras, diseñado y controlado por el ingeniero técnico de minas José Manuel González Rodríguez, se realizaba con cordón detonante y era iniciado con detonadores eléctricos de microrretardo. Se estimó en 2.800 m³ el volumen total a arrancar.[61]

---

[60] Estos propietarios mantenían unas excelentes relaciones con la Sociedad *Mármoles Campo Sagrado S. L.* que explotaba mármol en el limítrofe concejo de Degaña.

[61] *AHA. Sección de Minas*, caja 35798, documento 14.

Figura 4.42. Bloques de mármol de notables dimensiones en las canteras de Larón (JMFD-F).

Figura 4.43. Aspecto de los bloques de mármol extraídos en Larón (JMFD-F).

Desde finales de 1973 hasta 1979 estos minados pasaron a ser beneficiados por la propietaria Eloína Rodríguez Álvarez, manteniendo la misma dirección técnica que su predecesor y utilizando similar método extractivo y maquinaria, aunque centrando la actividad en la cantera del Medio con resultados positivos, pues de ella se extrajo material de mucha calidad y buen tamaño de bloque. Ello después de haber recibido del servicio minero —a solicitud de esta propietaria y de su apoderado y administrador, Aquilino Álvarez Alonso con domicilio en Villablino— autorización para hacer grandes voladuras en los terrenos que ocupaba una cantera primitiva. Se utilizaron barrenos de 10 m, con una distancia entre los 21 disparos a efectuar en cada voladura de 3 m, un diámetro de 83 mm y 8,3 kg de dinamita en carga de fondo y una carga de columna de 20 kg de nagolita, con un peso total de explosivo por cada barreno de 28,3 kg, lo que daba un total de 594,3 para los 21 barrenos.

FIGURA 4.44. Restos de la actividad minera en las canteras de Larón. Abajo, tolva de carga de material marmóreo a los camiones.

Por último, entre 1980 y 1982 Antonio Rubio Rubio pasó a ser el concesionario de dichas labores mineras, permaneciendo como director facultativo José Manuel González Rodríguez.

En la etapa de mayor laboreo, entre 1973 y 1982, el mármol explotado relativamente cerca del pueblo cangués de Larón era conducido en camiones hasta la cantera de Cerredo (Degaña), habilitándose una tolva de carga. Las piezas de mejores dimensiones, después de formatearlas, se utilizaban mediante aserrado para placas y baldosas, y el resto se molía para obtener marmolina se utilizaban se utilizab... —en distintas fracciones de tamaño— para fabricar terrazo. A partir de ...tonces la actividad se fue reduciendo progresivamente, incluso con intermitencias, hasta su cese definitivo en 1986.

Al oeste de esta zona con mayor densidad de aprovechamiento aún se distinguen algunas reducidas labores de reconocimiento en los niveles carbonatados de la vertiente m... ...ional de El Oteiro, La Campa de Lucio y en La Solana, que parecen corresponder a intentos de extracción de pequeños bloques en épocas remotas.

Otros entornos de Cangas del Narcea

Aparte de las mencionadas canteras, han sido denunciados o reconocidos en zonas de este concejo otros afloramientos relativamente valiosos, sea de mármoles o de calizas más o menos recristalizadas, debiendo reseñarse los pequeños asomos cercanos a Vega y Posada de Rengos, Moal, Obayo, Vegalagar, Las Avelleras, San Pedro y San Félix de las Montañas —consideradas estas últimas como sacaroideas—[62], así como en la localidad de Faidiel, al oeste de Besullo, donde los reducidos tramos de mármol de color blanco presentan una notable pureza.

Las valoraciones mineralógicas de estos niveles carbonatados ofrecen cierto interés al localizarse en su entorno amplias explotaciones a cielo abierto («cortas») para oro, llevadas a cabo en época romana. No obstante, el grado de metamorfismo es reducido y, por lo general, las rocas solo muestran una recristalización con un tamaño de grano de la calcita desde fino a muy fino, inferior a 200 mµ. No es infrecuente que además presenten un cierto contenido de dolomita (sin superar el 5 %), así como cuarzo microcristalino y filosilicatos de naturaleza arcillosa. En su proximidad se han reconocido pequeños cuerpos intrusivos de composición gabroica y granodiorítica. Incluso los niveles carbonatados de la Formación Vegadeo se ven sometidos ocasionalmente a notables procesos de silicificación y aparición de sulfuros tipo pirita.

Hechos similares se perciben en zonas aún más al norte del municipio cangués, como ocurre en Allande (Iboyo o Abaniella), Tineo (Santiago Cerredo, Zardaín y Navelgas) y Valdés (Paredes y Cadavedo), en las que el resultado se corresponde con un cierto incremento de la presencia de oro.[63]

EXPLOTACIONES EN EL CONCEJO DE DEGAÑA

Este término municipal se ubica al sur del de Cangas del Narcea, llegando a ser limítrofe con la provincia leonesa. La superficie del concejo asciende a 87 km², lo que le coloca hacia la mitad de los 78 municipios asturianos, siendo su población muy escasa, del orden de 780 habitantes, concentrados en su mayoría (580) en su capital, Cerredo / Zarréu, hoy en franca reducción poblacional.

En los inicios del siglo XVI, Degaña comenzó su andadura como Ayuntamiento hasta nuestros días, salvo un pequeño paréntesis —entre 1826 y 1863— en el que pasó a formar parte de Ibias. Durante un corto período de tiempo se estableció allí la Junta Superior del Principado, que tuvo una existencia errante durante la Guerra de la Independencia.

---

[62] MALLADA (1896, p. 41).
[63] LUQUE CABAL y GUTIÉRREZ CLAVEROL (2010, p. 133).

La zona se encuentra en continuidad geológica con los terrenos cangueses ya referidos, poseyendo recursos similares tanto relativos a los extensos yacimientos de carbón, como a los de carbonatos metamorfizados. Estos últimos se prolongan hacia el sureste de los existentes en el subsuelo descrito en el vecino concejo, aunque interrumpidos al verse recubiertos por la cuenca carbonífera de Cerredo (beneficiada por *Hullas de Coto Cortés*), donde se laborearon 20 capas incluso por minería a cielo abierto, hasta 2019 (fig. 4.45 y 4.46).

FIGURA 4.45. Mapa geográfico del concejo de Degaña, al este del cual, en las proximidades de Cerredo, se hallan afloramientos de mármol.

FIGURA 4.46. Imagen de la cantera de mármol de Campo Las Corradas, al sur de la Pruída (Cerredo). Hacia el norte se observan las impresionantes labores carboníferas a cielo abierto de Hullas de Coto Cortés (Google Earth Pro).

Canteras del Campo Las Corradas o Campo Sagrado

Se encuentran en este término municipal, situado al norte de los leoneses de Páramo del Sil, Palacios del Sil y Peranzanes, y al oeste de Villablino, donde se otorgaron permisos en la *Sección de Minas* de León para explotar mármol.

A estos parajes se accede desde el punto kilométrico 103,5 de la carretera AS-15, por un ramal existente frente a la aldea de La Pruída, después de superar el curso del río Cerredo en un tramo cercano a 500 m.

En las inmediaciones de Cerredo, subiendo hasta las lagunas de Chagüeños, en concreto en el collado denominado la Raya de Campo Sagrado (braña del Campo Las Corradas), se encuentran vestigios de antiguos minados de mármol (coordenadas: 42°56'52" N / 6°27'21" O y 42°56'53" N / 6°27'30" O) (figs. 4.47 y 4.48). En el paisaje se aprecian moles pétreas de carbonatos de la *Formación Vegadeo* que se dirigen hacia Entrecastiechos, destacando también los picachos de Peña Corón.

A este emplazamiento marmóreo ya alude un informe realizado en 1782 por el arquitecto Manuel Reguera González por indicación del V conde de Toreno, al que pertenecían los terrenos de estos lugares:

> Hay un lugar espectacular, en una escondida esquina de Cerredo, donde Degaña se junta con la provincia de León. Es donde está el único hayedo del concejo de Degaña, en un paraje donde se agrupa un número considerable de tejos, y donde las laderas de las montañas caen

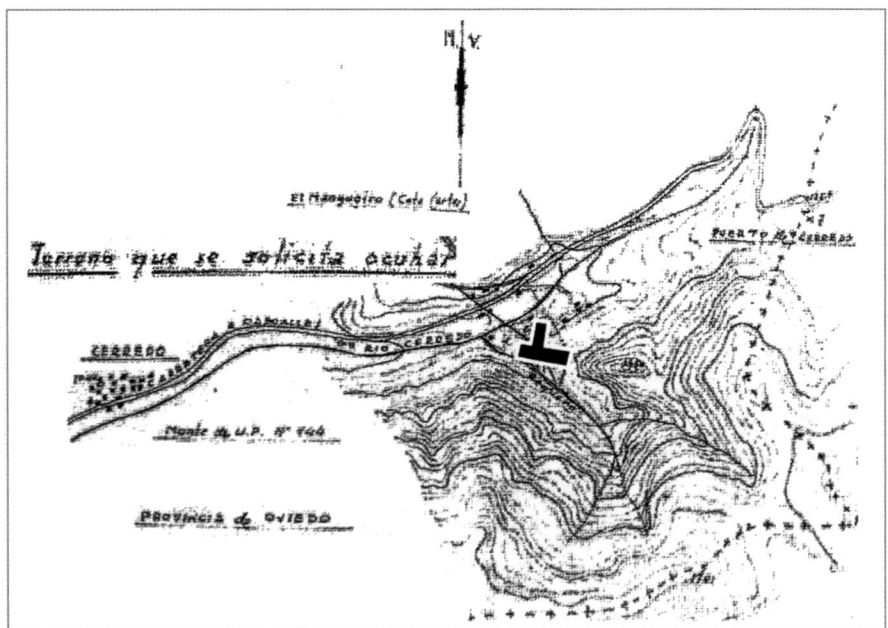

FIGURA 4.47. Situación de la zona marmórea de Campo Las Corradas, al este de Cerredo.

FIGURA 4.48. Vista de la Formación Vegadeo desde la Pruída (Cerredo), donde aparece formando dos picachos. A la izquierda Peña Corón de Arriba y a la derecha Peña Corón de Abajo; en
primer plano, la planta de tratamiento (JMFD-F).

casi en vertical sobre el fondo de los valles. Por allí discurre el sendero
que asciende hasta las lagunas de Chagüeños, considerada la ruta a pie
convencional más hermosa de Degaña.

Aparecen las peñas de mármol junto a Las Corradas, por su lado
amable y dulce. En otro lado, más rudo y sobrecogedor donde estaban
las antiguas canteras.

Más al este, hay un definido collado (la Raya de Camposagrado)
que da paso desde Cerredo a la cabecera del valle de Fontaninas, a cuyo
inicio está el pueblo leonés de Tejedo del Sil.

El mentado conde de Toreno describe lo que él denomina famosa cantera
de alabastro que se encuentra en el puerto de Campo Sagrado[64], en el concejo
y jurisdicción de Tejedo (León):

XXIV. Se halla esta cantera en dicho Puerto, distante media legua
del Lugar de Texedo.

Principia en la Braña de los Ganados de Mata de Otero, y sube como
seiscientos pasos hasta lo alto del Puerto.

En este sitio al Poniente se halla abierta en tres partes, aunque en todas superficialmente. Representa su vista un objeto delicioso, tanto por
lo blanco, terso y transparente de sus piedras, como de la inmensidad,
varios tamaños, y configuraciones de ellas.

---

[64] La Raya de Campo Sagrado se encuentra al SE de La Pruída y a oriente de Chagüeños,
ya en la vertiente del río Sil.

Puede ser Alabastro semejante por su blancura al que dice Plinio se encontraba en el Monte Tauro, á diferencia de aquel solo se fabricaban copas y vasos por la pequeñez de sus piedras, y del de Campo Sagrado se pueden hacer primorosas columnas y estatuas de todos tamaños.

Baxando al río, desciende la cantera como otros seiscientos pasos, con corta diferencia, extendiéndose por diversas partes hasta el Lugar de Cuebas del Sil, distante una larga legua, de modo que es abundantísima, y se pueden fabricar de ella Lugares enteros, hallándose en la superficie piedras de dos varas de largo, y seis quartas de ancho; y no se duda, que rompiendo interiormente, se encuentren de la magnitud que se deseen.

Este es aquel alabastro que la *Real Sociedad de Madrid*, habiendo visto su muestra, en su informe de 30 de Mayo de 1778, hecho al Real Consejo, tiene graduado por el verdadero y fino de los antiguos de grano cristalino, que admite hermoso pulimento, y que no es de aquel yeso cristalizado, de que en Paris y otras partes se fabrican estatuas, asimilado al Alabastro.[65]

Las actas de las reuniones conservadas en la *Parroquia Rural* de Cerredo[66] contienen relevante información histórica acerca de estos minados. La más antigua lleva fecha de finales de 1972 y dice así:

En el local de sesiones de la Entidad Local Menor de Cerredo (Degaña), siendo las veinte horas del día siete de octubre de mil novecientos setenta y dos, y previa convocatoria al efecto, se reúnen los señores vocales anotados al margen (Alfredo Saavedra Villanueva y Pedro Ramos Fernández), bajo la Presidencia de D. José Horacio Francos Rosón, asistido del Secretario de esta Entidad D. Gil Barrero Cuervo, al objeto de celebrar la sesión para la cual han sido citados, a cuyo efecto el Sr. Presidente declara abierto el acto público pasando seguidamente a resolver el orden del día.

Número uno. De orden del Sr. Presidente, por mí el secretario, se procedió a dar lectura al borrador del acta de la sesión anterior, la cual ha sido aprobada por unanimidad.

Número dos. Escrito de *Mármoles Campo Sagrado*. Dada cuenta de la solicitud remitida a esta Entidad por D. Belarmino Pire Villar. Como gerente de *Mármoles Campo Sagrado, S.L.* con domicilio social en Oviedo, c./ Avenida de Galicia n.° 25-1.°A, se dirige al Ilmo. Sr. Ingeniero Jefe del ICONA, solicitando autorización para la extracción de piedra del monte de U. P. n.° 144 de la pertenencia de esta Entidad, denominado «Navariegos y otros», en los lugares conocidos por Peñas del Corón de Arriba y Peñas del Corón de Abajo, durante un plazo de 29 años, estableciéndose para ello

---

[65] CONDE DE TORENO (1785, pp. 33 y 34).

[66] Se denomina *Parroquia Rural* a las entidades de ámbito territorial inferior al concejo del Principado de Asturias, que gozan de personalidad jurídica. Cumple agradecer la cordialidad de Jaime Gareth Flórez Barreales, exalcalde de Degaña, por habernos facilitado la lectura de las actas de la *Entidad Local Menor de Cerredo (ELMC)*, en Degaña.

un canon por tonelada extraída. Esta Entidad Local Menor, después de un amplio cambio de impresiones sobre el particular, por unanimidad acuerda informar favorablemente tal solicitud.

Y no habiendo más asuntos que de tratar, se levanta la sesión siendo las veinte horas treinta minutos, de ella esta acta yo el Secretario, certifico.[67]

En la sesión ordinaria celebrada días después, el presidente dio cuenta de un escrito del gerente de *Mármoles Campo Sagrado*, solicitando autorización para extraer 23 m³ de roca en los montes de esta entidad n.° 144 «Navariegos y otros», que había sido informado favorablemente con fecha 23 del mes de octubre.[68]

Ya en febrero de 1973, se dio cuenta de otra comunicación del jefe provincial del ICONA de Oviedo, en la que solicita informe para la ocupación de 37.800 m² con destino a la extracción, tratamiento y almacenamiento de áridos, cuya situación afecta al monte «Navariegos, Bustatan y los Collados». La solicitud fue efectuada por Belarmino Pire Villar, en nombre y representación de *Mármoles Campo Sagrado*, con un canon anual de 8.894 ptas. y sin especificar el coste del metro cúbico a extraer. Una vez examinadas las condiciones recibidas y no ver claro los precios de la referida extracción, se acuerda por unanimidad dirigirse al ingeniero jefe del ICONA requiriendo una ampliación al referido escrito y condiciones, en el sentido de esclarecer el importe que percibiría la entidad caso de ser autorizada la anterior ocupación.[69]

De nuevo, en una junta acontecida el mes siguiente, bajo la presidencia de José Horacio Francos Rosón, se aprueba prestar conformidad al escrito que había quedado pendiente en la deliberación de febrero, junto con el cual se enviaban condiciones que figuran en las propuestas que obran en esta *Entidad Local*, que serían estrictamente respetadas por parte de la empresa adjudicataria.[70]

Por último, finalizando ese año, se comentó un escrito recibido del Servicio Provincial del ICONA en el que se comunicaba que Guzmán Pire Fernández, de *Mármoles Campo Sagrado, S. L.*, pretendía proveerse en la citada Jefatura de la correspondiente licencia para el aprovechamiento de 3.000 m³ de piedra en el Monte de U. P. n.° 144 «Navariegos y otros». Por lo que, debería ingresar en las arcas de esa entidad la cantidad 45.810 pesetas y otras cantidades más en la caja general de depósitos de la Delegación de Hacienda.[71]

De esta manera, una vez encarrilados los trámites ante la administración responsable de la gestión de los montes y los propietarios de los terrenos, la empresa solicitó a la *Jefatura de Minas*, en el último cuarto del año 1973, poder realizar trabajos extractivos de mármol, una vez reconocida la zona propicia.

---

[67] Acta de la *ELMC* del día 7 de noviembre de 1972, folios 52 y 53.
[68] Acta de la *ELMC* del día 27 de noviembre de 1972, folio 54.
[69] Acta de la *ELMC* del día 1 de febrero de 1973, folios 55 y 56.
[70] Acta de la *ELMC* del día 24 de marzo de 1973, folios 58 y 59.
[71] Acta de la *ELMC* del día 28 de diciembre de 1973, folios 69 y 70.

Además de ser nombradas como «Navariegos», denominación del citado monte de utilidad pública donde se hallan, en la publicación sobre *Mapa de rocas y minerales industriales de Asturias* se menciona que la explotación de Degaña era conocida como «Entrecastiechos», asignándole las coordenadas *UTM*: X = 204422; Y = 4769143.[72]

Peña Corón de Arriba

De los dos peñascos que se encuentran incorporados al citado monte Navariegos, en el conocido como Peña Corón de Arriba —con mayor altitud y ubicado en la parte más oriental— es donde se ha concentrado, con preferencia, la actividad minera del mármol en el concejo de Degaña, planificándose su laboreo a base de varias bermas.

El primer plan de labores destinado a la regularización y puesta en servicio de los equipamientos de tratamiento fue presentado el 6 de octubre de 1974 ante la *Sección de Minas* por el facultativo de minas, residente en Cangas del Narcea, Antonio Díaz Velasco. Se proyectaba establecer una labor a cielo abierto sobre 30 m de frente en la Peña Corón de Arriba (figs. 4.49 a 4.52) con una altura media de 12 m dividida en tajos de 6 m, efectuando un barrenado horizontal de 10 m, cada uno distanciado 4 m.

Para ello se disponía de martillos perforadores accionados desde dos compresores («Bético» y «Atlas», ambos de 20 CV) que suministraban aire comprimido a un vagón perforador marca «Stenuik». Se pretendían obtener bloques de dimensiones comprendidas entre 0,5 y 2 m de longitud, a la vez que otros fragmentos menores. En las faenas de perforación, arranque y clasificación trabajaron distintos operarios, de los que vecinos de Degaña tan solo se puede confirmar a Manuel Villar Paxarín. Colaboraron asimismo canteros portugueses con otros de carácter esporádico que no se llegaron a asentar permanentemente en la zona.

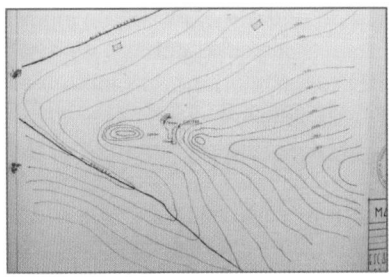 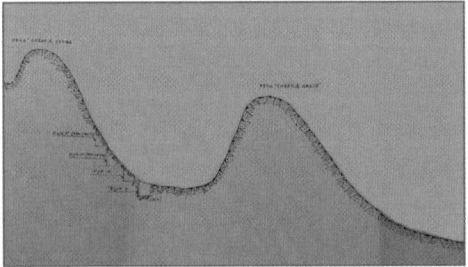

FIGURA 4.49. Situación de la cantera y sección de la Peña Corón de Arriba (donde se dibujan los tajos explotados y en proyecto) y Peña Corón de Abajo, al oeste (AHA, caja 35792. Planes de labores de «*Mármoles Campo Sagrado S. L.*»).

---

[72] FERNÁNDEZ SUÁREZ *et al.* (2013, p. 93).

FIGURA 4.50. Cantera mármol de Campo Las Corradas (Cerredo, Degaña) cuando estaba en plena actividad (cortesía de Jaime Gareth).

FIGURA 4.51. Perspectivas de la antigua cantera de mármol de Peña Corón de Arriba (JMFD-F).

Con el desarrollo de las labores, ejerciendo como apoderado de la empresa Alejandro Frontela García, entre 1975 y 1980 se fue ampliando el frente hasta cerca de 65 m, obteniendo de manera regular producciones anuales entre 9.000 y 10.000 t, que eran destinadas tanto a obtener losas como, una vez fragmentado el material, para la fabricación de terrazos con marmolina.[73] Sin embargo, la situación comercial se fue deteriorando de tal modo que en 1982 se clausuraron prácticamente, tanto la cantera como los equipos anexos.

─────────

[73] *AHA. Sección de Minas*. Planes de labores, caja 35.792, documento 1921 / 3.

FIGURA 4.52. Detalle del mármol de la cantera de Campo Las Corradas (JMFD-F).

Peña Corón de Abajo

Está ubicada al oeste de la anterior, desarrollándose una actividad extractiva bastante inferior a la precedente. No obstante, cobra relevancia al encontrarse en este macizo la comentada, en el capítulo 3, cueva de Fonchada (figs. 4.53).

Complementando lo expresado con anterioridad, en diciembre de 1973 la empresa *Mármoles Campo Sagrado S. L.* amplió la licencia ante la dirección minera para beneficiar las «Canteras de Navariegos». El nuevo permiso se logró el 9 de enero de 1974, con el visto bueno del ingeniero Mariano Arias y, en julio de esa anualidad, se autorizó asimismo el proyecto de instalación de un centro de trituración y clasificación, así como la construcción de un polvorín en el macizo de Peña Corón de Abajo (figs. 4.54 y 4.55).[74] A lo anterior hay que añadir un consentimiento, en septiembre, para realizar grandes voladuras y la puesta en servicio de dos palas cargadoras.[75]

Según las actas de las reuniones celebradas en la *Entidad Menor* de Cerredo sobre este tema, en la sesión ordinaria de enero de 1975 se dio cuenta de haber ingresado diversas partidas de *Mármoles Campo Sagrado* —sin especificar si procedían de Peña Corón de Arriba o de Abajo— por un importe del 85 % del total del aprovechamiento de 3.000 m³ de piedra en el monte n.° 144, quince mil ochocientas diez ptas., que con las treinta mil ingresadas a cuenta durante

---

[74] *AHA. Fondo de Minas*, sig. 6868, fols. 202, 354 y 391.
[75] *AHA. Fondo de Minas*, sig. 6869, fols. 52 y 108.

FIGURA 4.53. Montículo occidental en la braña Campo Las Corradas, donde se encuentra la cueva de Fonchada (JMFD-F).

el anterior año de 1974, hacían el total de las 45.810 ptas. que correspondía ingresar en esta ocasión.[76]

Como colofón, en marzo de 1977 se reiteraron ingresos de la misma empresa por un monto de otras tantas cuarenta y cinco mil ochocientas diez pesetas.[77]

FIGURA 4.54. Talud en Peña Corón de Abajo en el Campo Las Corradas, con el polvorín a media ladera (JMFD-F).

[76] Acta de la *ELMC* del día del día 26 de enero de 1975, folio 83.
[77] Acta de la *ELMC* del día 13 de marzo de 1977, folio 123.

Figura 4.55. Restos del lugar donde se encontraba el polvorín en Peña Corón de Abajo (JMFD-F).

Planta de tratamiento

No cabe duda de que en la década de los años 70 estaban de actualidad los trabajos relacionados con el mármol de este concejo pues, ya desde el 28 de noviembre de 1972, la empresa *Marmola S. L.*, de Villablino (León) —a petición de su administrador Aquilino Álvarez Álvarez— había solicitado permiso para instalar un taller de trituración y aserrado de mármoles en el término municipal de Degaña[78], con la pretensión de manejar además partidas procedentes de Larón (véase fig. 4.48).

Dentro de la nueva planta, situada en las inmediaciones de los dos ámbitos de Peña Corón, se construyó una nave de 33 m de largo y 7 m de ancho. El proyecto, supervisado por el ingeniero de la Administración minera Mariano Arias Barredo, corrió a cargo del ingeniero técnico José Manuel González Rodríguez.

Su equipamiento era bastante completo, pues comprendía un alimentador «Aipo Apron Caminet», una trituradora «Rahor, tipo P6-40», una cinta transportadora de 6 m, una zaranda tipo réter, una gravilladora marca «Grasset, tipo GM 5-60», dos cintas de 6 m, un vibrotamiz «Grasset, tipo CV-75», cuatro cintas transportadoras de 10 m y un molino de martillos «Gruber». Por su parte, el aserrado se efectuaba con cuatro máquinas cortadoras «Lamar» con disco diamantado, refrigerado con agua captada del río Cerredo —afluente del río Ibias— que era elevada a un depósito de 15 m³ de capacidad, fluyendo las aguas residuales a tres balsas decantadoras, previas a su reincorporación al curso fluvial.[79]

---

[78] *AHA. Fondo de Minas*, sig. 6867, fol. 152.
[79] *AHA. Sección de Minas*, caja 35.792, documento 1921 / 3.

El desarrollo del laboreo llegó a ser bastante fructífero pues el 26 de agosto de 1975 se puso a pleno rendimiento con una reforma y ampliación de la maquinaria.[80]

Ampliación de las explotaciones hacia León

La zona con posibilidades de aprovechamiento del mármol se prolongó hasta la provincia limítrofe. Ya en terrenos leoneses, la *Formación Vegadeo* prosigue con dirección E-O por los términos de Tejedo del Sil y Cuevas del Sil —en los que existió laboreo para esta roca—, continuando después, aunque con menor presencia de este material ornamental, hacia Salientes, Fasgar, vertiente sur del río Vallegordo, Andarraso y Valdesamario, donde queda oculta bajo los sedimentos terciarios de la Meseta. De igual manera que acontece en algunas localidades del término municipal cangués, en estos parajes citados se reconocen labores auríferas de época romana.

MÁRMOLES EN EL LÍMITE OCCIDENTAL ASTURIANO

Desde el entorno del Monumento Natural de la playa de Penarronda (entre los concejos de Castropol y Tapia de Casariego), próxima a la desembocadura del río Eo[81], hasta el territorio de Los Oscos se localizan afloramientos de la *Formación Vegadeo* —en relación con dos núcleos anticlinales del Eo, de dirección aproximada N-S—, definidos precisamente en esta misma zona por el geólogo francés CHARLES BARROIS, en 1882.

Los asomos de calizas y dolomías de este sector muestran desde un cierto grado de recristalización hasta tramos plenamente marmorizados, con un mayor o menor grado de afectación metamórfica. En la proximidad a estos niveles carbonatados llegan a reconocerse localmente (p. ej., en las playas de Penarronda y Arnao) filones de microgranitos. Es significativo que estas litologías marmóreas aparezcan cerca del borde occidental de la extensa banda de metamorfismo regional de Boal-Los Ancares, y a no mucha distancia de las intrusiones granodioríticas y gabroicas de Salave y Porcía.[82]

El lugar donde el mármol ha adquirido una mayor relevancia y pureza corresponde a las inmediaciones del poblado de Vilavedelle[83], a 5 km al sur de Castropol y próximo a la ría, como ya puso de manifiesto el referido Barrois hace casi siglo y medio.

---

[80] *AHA. Fondo de Minas*, sig. 6869, fol. 307.

[81] MARCOS *et al.* (1980, p. 4).

[82] CORRETGÉ (2021, pp. 144 y 145).

[83] En la actualidad, el vecindario denomina a este poblado como Vilavedelle, diferenciándolo del término usado por Charles Barrois o Lucas Mallada a finales del siglo XIX.

FIGURA 4.56. Mapa geológico del entorno de Vilavedelle y Vegadeo. Leyenda: CA$_{1-2}$, *Formación Vegadeo* (Cámbrico Inf.-Medio); CA$_2$, Pizarras verdes con trilobites (Cámbrico Medio); CA$_2$-O$_1$, *Serie de los Cabos* (Cámbrico Sup.-Ordovícico Inf.). MARCOS *et al.* (1980).

En este ámbito (fig. 4.56), existen dos anticlinales con orientación N-S en los que afloran las calizas y dolomías cámbricas. Uno, el anticlinal del Eo, se desarrolla desde unos 3 km al norte de Vegadeo (en las inmediaciones de Vilavedelle) hasta adentrarse en el concejo de Taramundi por el meridión (atravesando de norte a sur la hoja n.º 25 del Magna). En el otro pliegue, anticlinal de Espina, su eje se sitúa a 2 km al este del anterior, comienza en el paralelo de Vegadeo y finaliza a unos 14 km al sur. Conforman el núcleo de estas estructuras plegadas mayoritariamente materiales pizarrosos con trilobites del Cámbrico Medio y afloran, de manera ocasional, calizas y dolomías de la parte alta de la *Formación Vegadeo*, a veces mostrando un cierto grado de marmorización e indicios de haber sido beneficiado.

Sin embargo, en la actualidad el reconocimiento de posibles zonas de extracción de mármol apenas aporta información, pues tan solo son visibles restos de bloques sueltos, o fragmentos marmóreos de tonalidad pardo-amarillenta, verdosa o gris claro, en parajes situados en el camino que conduce a la localidad de Santa Cecilia de Seares (Castropol). Ocasionalmente, se observan fragmentos de estas rocas empotrados en los muros de las construcciones antiguas de dicho pueblo y en los cierres de algunas fincas.

En la descripción de las características petrográficas del mármol de Vilavedelle (véanse más detalles en el capítulo 2) Barrois lo califica de sacaroideo, de tonalidad blanquecina. Los granos de calcita ofrecen tamaños medios a pequeños, con típica textura granoblástica, comúnmente interpenetrados entre sí, con contornos irregulares, aserrados. Con luz natural los cristales presentan un alto grado de transparencia, mostrando claras líneas de exfoliación. Observados con luz polarizada se aprecian frecuentes maclas «siguiendo las caras del primer romboedro obtuso, como ocurre en los mármoles de Carrara, estudiados en 1855 por el petrólogo alemán Oschatz. Además, sus diferencias de orientación entre los granos vecinos ofrecen con luz polarizada colores de interferencia muy variados».[84] Como resultado de los procesos metamórficos, en la roca marmórea no se conservan trazas de la estructura primitiva de las calizas.

Del mismo modo, LUCAS MALLADA, como miembro de la *Comisión del Mapa Geológico de España*, refiere la existencia de mármol en el municipio de Castropol, llegando a destacar el grado de transparencia de la calcita, así como el afloramiento de bancos de caliza metamorfizada de tonalidad gris en las cercanías de Vega de Ribadeo (Vegadeo, hoy día).[85]

En los años posteriores a la Guerra Civil, al suroeste de Vilavedelle estuvieron abiertas dos canteras situadas a unos 300 m del monte de utilidad pública, en los lugares de A Valía y El Teixón, donde se extraían calizas marmóreas y calizas con una notable recristalización, siendo sus beneficiarios Joaquín Fernández Mon y Pedro Bustelo, apodado «el Custureiro». Se aprovecharon, junto a los bancos con las tonalidades ya descritas, algunos niveles de tonalidad ligeramente verdosa, también los de color blanco, que con frecuencia alternan con láminas de diferente grosor (entre 2 y 5 cm), tanto la variedad pardo-amarillenta o rosada como la de tono gris claro, ambas conteniendo óxidos de hierro con notable abundancia (fig. 4.57).

En la década de los años 80 se ocupó de la extracción de piedra caliza marmorizada la sociedad *Cubiertas y Mazón*, en la que el vecino del lugar Cándido Gayol García era el operario encargado de barrenar, actividad imprescindible

---

84 BARROIS (1882, p. 51); OSCHATZ (1855).

85 MALLADA (*op. cit.*, pp. 12, 41 y 42).

Figura 4.57. Mármol rosado laminado VV5 (lupa binocular x 10).

para la posterior voladura de la roca. Los fragmentos eran trasladados al paraje del Fondón, donde se efectuaba su molienda con obtención de tres fracciones de diferente granulometría, destinadas a la mejora de vías de comunicación y caminos de los alrededores. Asimismo, los carbonatos de esta zona tuvieron como destino la obtención de cal, en un calero emplazado en El Revolón, cerca de la ría.

Actualmente solo son apreciables los taludes de las explotaciones, de unos 10 m de desnivel, caracterizados por estar recubiertos de una importante masa boscosa donde, en ocasiones, se encuentran porciones pétreas de gran dureza. Entre ellas, se localizaron algunas de mármol blanco con notable pureza, cuyas características microscópicas son absolutamente coincidentes con las descritas por Barrois, con una clara textura granoblástica en mosaico, tamaño de grano medio a fino para la calcita y, con frecuencia, mostrando una cierta tendencia a estar elongados. Suelen contener como minerales secundarios cuarzo en cantidades variables y ocasionalmente óxidos de hierro y agregados cloritosos (ver fig. 7.37).

Resulta sorprendente el hallazgo en el entorno de esta localidad de bloques graníticos sueltos, algo alterados, que quizá sean fragmentos de diques, pero, ante la ausencia de datos determinantes, no resulta posible interpretarlos. La proximidad del magmatismo a los estratos carbonatados de la *Formación Vegadeo*, justificaría los fenómenos metamórficos que marmorizaron las calizas.

En estos últimos años se han venido explotando dos canteras, una en las cercanías de Vegadeo y el río Eo, en Peña Meirón, y otra en el concejo de

Castropol, en el lugar de Carballín, situado a un km al NO de Vilavedelle, próxima al borde de la ría. En ellas se llegan a reconocer algunos estratos de caliza o dolomía con un cierto grado de recristalización.

Los productos beneficiados se destinaron tanto a material de escollera como, una vez aplicado el machaqueo, a áridos para la construcción y obra civil. Los de Carballín, dada su dureza y compacidad se usaron para capas de rodadura.

Aún más al este de esta zona limítrofe con Galicia, se reconocen limitados asomos calcáreos de la sucesión cámbrica en las localidades de Arancedo y La Andina[86], del municipio de El Franco. En ellos, resulta perceptible la existencia de una notable recristalización de las calizas e, incluso, de un cierto grado de marmorización causado por la proximidad de las rocas intrusivas del domo metamórfico de Boal.

MÁRMOLES EN OTROS ÁMBITOS CÁMBRICOS

En los concejos de Belmonte y Tineo, dentro de los espacios geográficos cercanos al límite occidental de la denominada Zona Cantábrica desde el punto de vista geológico, se reconocen sedimentos carbonatados pertenecientes al Cámbrico Inferior-Medio (*Formación Láncara*, según denominación en este sector), que dada su cercanía a intrusiones ígneas también se encuentran parcialmente marmorizados.

Indicios de Belmonte

En este municipio se descubren asomos marmóreos desde los términos de Quintana y Alcedo por el sur y Millara o Miera por el norte, este último pueblo ya perteneciente al municipio de Salas.

Esta serie estratigráfica forma parte de un complejo pliegue anticlinal con una orientación NE-SO, afectado por una red de fracturas de rumbo principal E-O con las que se asocian diversos cuerpos o *stocks* intrusivos —desde Boinás a Villaverde— de composición granítica predominante, también alineados según NE-SO.[87]

El más estudiado por su trascendencia minera, al tener relación con una importante mineralización de Au-Cu, está emplazado entre las localidades de Boinás y Begega, explotación beneficiada sucesivamente por minería a cielo abierto por la compañía *Río Narcea Gold Mines* y, con posterioridad —en el momento actual—, mediante laboreo de interior por *Orovalle* (fig. 4.58).

---

[86] Vienen a coincidir con zonas de laboreo minero para explotación de oro en época romana y donde adquieren notoriedad turística las llamativas oquedades existentes.

[87] CORRETGÉ *et al.* (1970, pp. 258-260) y SUÁREZ *et al.* (1999, p. 366) lo definen más precisamente como granito monzonítico (roca intrusiva cuyos contenidos en plagioclasa sódica y feldespato potásico son iguales o muy próximos).

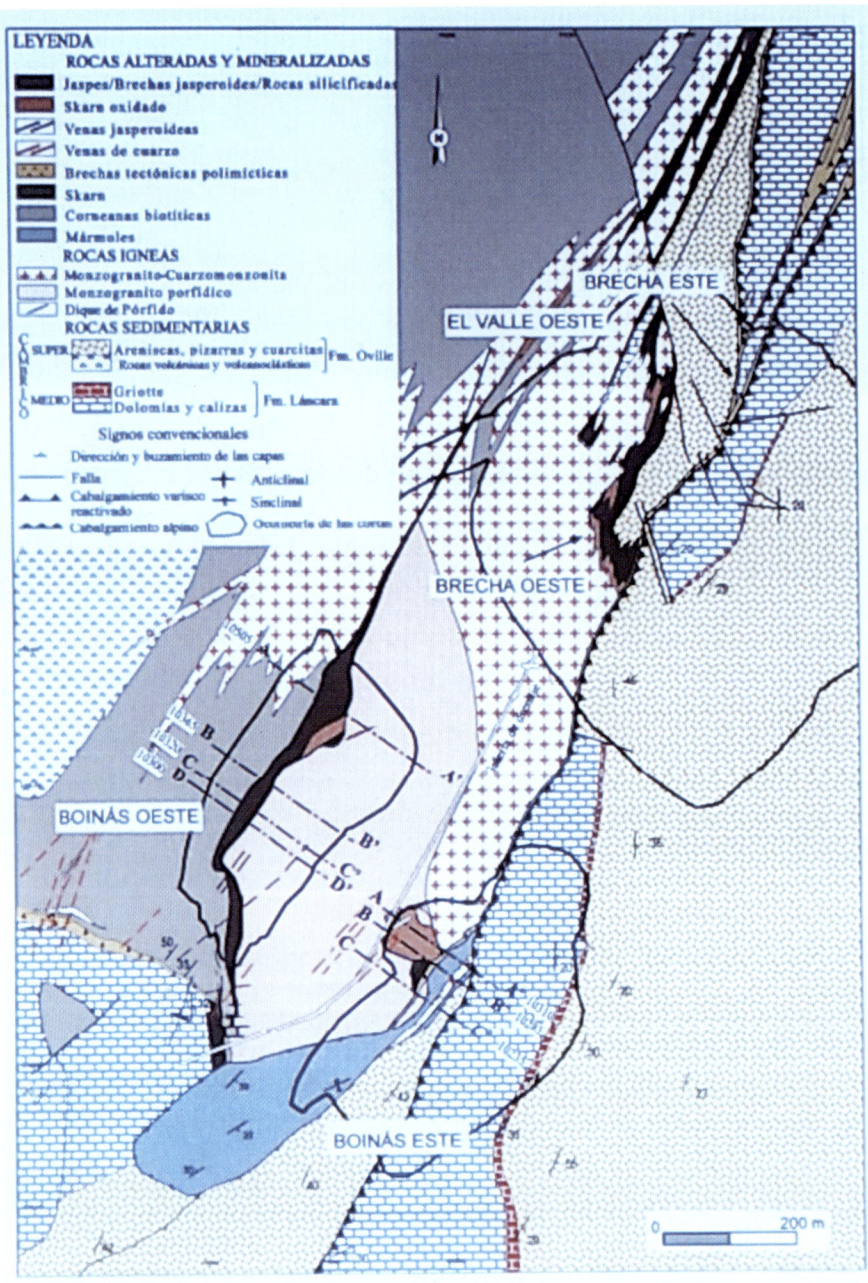

FIGURA 4.58. Mapa geológico del yacimiento El Valle-Boinás (CEPEDAL HERNÁNDEZ, 2001, p. 90).

La intrusión granítica ha sido datada en torno a los 300 millones de años antes del presente. En la zona de contacto de los granitos con los materiales calcáreos y dolomíticos de la tantas veces mencionada formación cámbrica se generó un singular proceso metamórfico (*skarn*), alcanzando incluso temperaturas superiores a 600 °C, a la vez que se produjeron mármoles de tonalidad blanquecina y grisácea, debido a la recristalización y transformación del protolito, mostrando con frecuencia un bandeado derivado de zonas con tonalidad más oscura. Los términos marmorizados se reparten tanto en el flanco occidental como —principalmente— en los sectores oriental y meridional del yacimiento, donde llegan a abarcar un espesor cercano a los 150 m. No obstante, a lo largo de la zona limítrofe entre las calizas y la intrusión magmática, el grado de afectación no siempre se muestra regular.

El análisis microscópico del mármol[88] refleja en ocasiones una típica textura granoblástica en la que los cristales de calcita presentan límites irregulares o suturados y un tamaño de grano medio a fino. Van acompañados por los nesosilicatos de magnesio olivino y humita, especialmente en las bandas de tonalidad más oscura, conteniendo además serpentina y brucita como otras impurezas dispersas.

Aunque sobre el terreno son bien visibles los afloramientos de la *Formación Láncara*, los niveles marmóreos difícilmente se observan en la actualidad, pero han sido puestos de manifiesto al llevar a cabo el laboreo minero o en los sondeos que se han ejecutado. De todas maneras, estos tramos marmorizados no deben considerarse canterables, entre otros factores por la «suciedad» que les aporta las abundantes inclusiones minerales, asociadas a los componentes carbonatados.

Indicios de Tineo

En parajes localizados al sureste del municipio tinetense, al igual que ocurrió en Cangas del Narcea, el v conde de Toreno relata en sus *Discursos* la presencia de mármoles vinculados de nuevo con la *Formación Láncara*. Lo explica en estos términos:

> XVIII. Sobre el Lugar de Xenestaza y sus inmediaciones se encuentran diferentes canteras de mármol melado con diversas vetas, asimilado mucho á la Ágata baxa.
>
> XIX. Encima de la Iglesia de Santa María de la Barca, pasado el puente de piedra fundado sobre el rio Narcéa, al Oriente, y á la distancia de ochocientos pasos del Lugar de Santianes de Tuña, hay otra cantera, cuyas piedras asimilan mucho á las antecedentes, aunque son mas transparentes y finas.

---

[88] Cepedal *et al.* (2000); Cepedal Hernández (2001, pp. 95 y 132-133).

XX. Muy inmediata, y en el mismo sitio se descubre otra piedra cristalizada, color roxo, con vetas obscuras de especial brillantez y hermosura.

XXI. Á corta extensión, como a trescientos pasos, y en la misma ladera, en el sitio llamado el Carballido, hay otra de piedra blanca muy fina.[89]

Realmente, en casi todos los casos corresponden a calizas recristalizadas o ligeramente marmorizadas situadas en proximidad a tramos interestratificados de origen volcánico compuestos por tobas lítico-cristalinas, así como lavas de composición traqui-andesítica y basáltica, más o menos alteradas. Las manifestaciones más significativas están constituidas por el potente dique traquítico de El Farandón y las concentraciones de rocas básicas y volcanoclásticas del entorno de Puente Tuña y ámbitos de Genestaza, relativamente cercanas a los horizontes carbonatados cámbricos, los cuales afloran a muro.[90]

---

[89] Conde de Toreno (1785, pp. 30-31).
[90] Parga (1969, pp. 47 y 48); Luque Cabal y Gutiérrez Claverol (2010, p. 340).

5
MÁRMOLES Y CALIZAS MARMÓREAS DEVÓNICAS

Sueño con claustros de mármol
donde en silencio divino
los héroes, de pie, reposan.
¡De noche, a la luz del alma hablo con ellos, de
noche!
Están en fila: paseo
entre las filas: las manos
de piedra las beso: abren
los ojos de piedra: mueven
los labios de piedra: tiemblan
las barbas de piedra: empuñan
la espada de piedra: lloran
¡Viva la espada en la vaina!
Mudo, les beso la mano.

José Martí

CONSIDERACIONES PREVIAS

Aunque los afloramientos de mármol de mayor calidad se encuentran en los citados concejos de Cangas del Narcea, Degaña y Castropol, existen otros horizontes litológicos —en su mayoría relacionados con calizas devónicas próximas a granitoides— cuya cualificación petrográfica corresponde a calizas recristalizadas o marmóreas y, ocasionalmente, a mármoles; por lo general, poseen un volumen reducido y no muestran gran pureza.

DEPÓSITOS DE GRADO

El tantas veces reseñado conde de Toreno también aludió en sus *Discursos* a los mármoles ubicados en formaciones litoestratigráficas del Devónico del concejo moscón, en estos términos:

> XXII. En el Lugar de Bascones, en medio de una viña propia de la Señora Doña María del Carmen Navia y Arango, Marquesa de Ferrera, se halla una cantera al Poniente, especialísima por dos géneros de mármol que produce con distintas vetas.
>
> Ambos son finísimos: el uno fondo blanco, salpicado con manchas de color jacinto, que forman naturalmente una línea recta muy hermosa.
>
> El otro color de carne de sandía, con fondo blanco en partes, y en otras morado muy subido, que imitan una cenefa ondeada con los tres colores, semejante á un tafetan jaspeado de particular gusto.[1]

No obstante, los materiales carbonatados localizados y definidos por este noble en proximidad al río de Sama no pertenecen a mármoles puros, sino más bien a calizas con un cierto grado de recristalización y un tamaño de grano de la calcita fino y homogéneo que le imprime un notable carácter ornamental después de ser pulidas; además se presentan en estratos con una potencia que se aproxima al metro o incluso superior.

San Cosme

A su vez, en este término municipal se llegó a abrir una explotación con calizas de similares características métricas y morfológicas para uso ornamental denominada «San Cosme» (coordenadas *UTM*: X = 250424; Y = 4803184), cuyo laboreo corre a cargo de *Calizas Ornamentales de Grado, S. L.* Se benefician en bancos bien estratificados de la *Formación Moniello* (Devónico Inferior-Medio), por lo cual permite obtener bloques industriales (fig. 5.1).

---

[1] CONDE DE TORENO (1785, pp. 31 y 32).

FIGURA 5.1. Cantera de «San Cosme» (Grado) que explota calizas de la *Formación Moniello* (FERNÁNDEZ SUÁREZ *et al.*, 2013, p. 84).

Aparte de la pedrera, la empresa posee instalaciones de aserrado a unos 10 km de distancia donde se obtienen aplacados, losas, peldaños, bordillos, etc. Se han establecido las características químicas (tabla 5.I) y tecnológicas (tabla 5.II) de las calizas de dicha explotación a cielo abierto moscona.[2]

5.I. ANÁLISIS QUÍMICOS DE CALIZAS ORNAMENTALES DEL DEVÓNICO (%)

Compuestos	San Cosme-1	San Cosme-2	La Doriga
SiO_2	3,38	3,68a	10,60
Al_2O_3	0,09	1,19	2,61
Fe_2O_3	0,12	0,49	0,90
MnO	≤0,02	≤0,02	—
TiO_2	≤0,01	≤0,04	0,14
MgO	0,71	1,16	1,30
CaO	54,29	52,75	45,90
Na_2O	≤0,06	≤0,06	0,06
K_2O	0,01	0,28	0,61
P_2O_5	≤0,05	≤0,05	—
P.P.C.	41,38	40,37	37,68

---

[2] FERNÁNDEZ SUÁREZ *et al.* (2013, pp. 100 y 106).

5.II. Características tecnológicas de las calizas de San Cosme

Característica	Valor	
Resistencia a la compresión a Tª ambiente	111,1 MPa	
Porosidad abierta (valor medio)	1,3 %	
Absorción de agua (valor medio)	0,5 %	
Densidad aparente (valor medio)	2,66 g/cm³	
Módulo de rotura a temperatura ambiente	17,1 MPa	
Resistencia a las heladas (valor medio)	0,01 %	
Resistencia al desgaste por rozamiento	9,70 mm	
Módulo elástico	51.425,68 MPa	
Microdureza de Knoop (valor medio)	1.443,56 MPa	
Resistencia al choque	Probeta laboratorio (esfera 250 g) = 16,25 cm	
	Probeta comercial (esfera 1.000 g) = 38,75 cm	

Malafogaza

Esta cantera de caliza (coordenadas UTM: X = 250630, Y = 4803403) se encuentra próxima a la localidad de Rañeces y laborea niveles de la *Formación Aguión* (*Grupo Rañeces*) bajo la responsabilidad de José Manuel Fernández Fernández. La roca extraída, conocida como «Gris Rañeces», dada su coloración, consiste en una caliza bioclástica de aspecto cristalino que contiene abundantes restos fósiles (crinoideos y braquiópodos), además de vetas de calcita que le aportan un singular atractivo. Según la norma UNE 22-181-85) ha sido considerada como un «mármol ornamental muy gruesamente cristalino».[3] Del frente de arranque de nuevo se obtienen bloques semi-industriales de 1 a 3 m³, que son aserrados para utilizar como elementos constructivos y baldosas.

La tabla 5.III recoge las características tecnológicas de calizas extraídas en el concejo de Grado y del vecino municipio de Salas, cuyos resultados certifican que son «aptas para cualquier utilización: revestimientos externos e internos, pavimentos exteriores e interiores, peldaños y mampostería (…), el Rojo Cornellana puede dar bloques de tamaño medio-grande y el Gris Rañeces, bloques grandes».[4]

---

[3] SUÁREZ DEL RÍO *et al.* (2002, p. 81).
[4] SUÁREZ DEL RÍO *et al.* (*op. cit.*, p. 83).

5.III. CARACTERÍSTICAS TECNOLÓGICAS DE CALIZAS DE LA *FM. AGUIÓN*
(DEVÓNICO INFERIOR)

Característica	Malafogaza (Gris Rañeces)	La Planadera (Rojo Cornellana)
Peso específico (kg/m³)	2.710	2.700
Coeficiente de absorción de agua (%)	0,05	0,2
Porosidad abierta (%)	0,15	0,6
Resistencia al choque (cm)	34	32
Resistencia al desgaste (mm)	18,8	20,3
Resistencia a las heladas (%)	0,04	0,05
Resistencia a la cristalización de sales (%)	0,05	0,08
Resistencia a la compresión (kg/cm²)	1.500	1.360
Módulo elástico (kg/cm² x 105)	7,0	5,3
Resistencia a la flexión (kg(cm²)	183	243

DEPÓSITOS DE SALAS

La primera denuncia inscrita como mármol en el término municipal salense fue denominada «Miranda» y se solicitó (véase capítulo 4) el 17 de noviembre de 1883 por el lugareño de San Bartolomé, Carlos González Bello. Poseía una extensión de 12 ha, ocupando terrenos particulares de los herederos de Antonio García Bello y Antonio Freso Valdés, cercanos a Bárcena de Alava, limitando a poniente con el río Narcea.[5]

Ciertamente, en la revisión efectuada por la zona se observaron vestigios de trabajos extractivos en las calizas inferiores del *Grupo Rañeces* que, localmente, aparecen recristalizadas, quizá por la influencia térmica de las rocas intrusivas próximas a Carlés, al oeste, y Leiguarda, al sur y en el término municipal de Belmonte, ambos afloramientos ubicados a una distancia cercana a los 3 km.

Una nueva denuncia aparece registrada ante el Distrito Minero[6] como mármol especial para usos industriales en dos canteras en el concejo de Salas durante el año 1942 (fig. 5.2). Una corresponde a «Joaquina» (n.° 25.026), con 33 ha y sita en el paraje de El Llerón, entre las parroquias de Láneo y Alava, solicitada el 13 de abril por Florentino Suárez García. Las características petrográficas de estos materiales carbonatados resultan similares a las expuestas en el caso precedente, apreciándose más liviano el grado de cristalización.

---

[5] *AHA*. Libro de *Registro de Minas*, 6752, folio 168, expediente 7.108.
[6] *AHA*. Libro de *Registro de Minas*, 6842, folio 56.

FIGURA 5.2. Mapa geográfico del concejo de Salas, donde en las inmediaciones de Doriga, Alava, Arcellana y Carlés, se hallan asomos clasificados como marmóreos.

Finalizando esa anualidad, José Manuel Álvarez Fernández, vecino de Grado, denunció la denominada «Belmar» (n.º 25.241). La inscribió el 19 de noviembre de ese año en San Esteban de las Dorigas, con 20 ha (fig. 5.3)[7], quedando constatado que se trataba de mármol especial destinado para usos industriales. Su demarcación la realizó el ingeniero de minas José María Sáenz de Santa María y Alonso con una superficie de 18 ha, aunque dos años después fue cancelada.[8]

Una nueva demarcación (también llamada «Belmar»), sita en el paraje de Alcazariego, se efectuó con 18 pertenencias el 25 de agosto de 1943. El punto de partida designado por el registrador fue el mojón que señala el km 247 de la carretera general de Santander a La Coruña, justo en la bifurcación de la ruta local que conduce a San Román de Candamo (fig. 5.4).

---

[7] *AHA*. Libro de *Registro de Minas*, 6842, folio 271.
[8] *AHA. Sección de Minas*, caja 37.003.

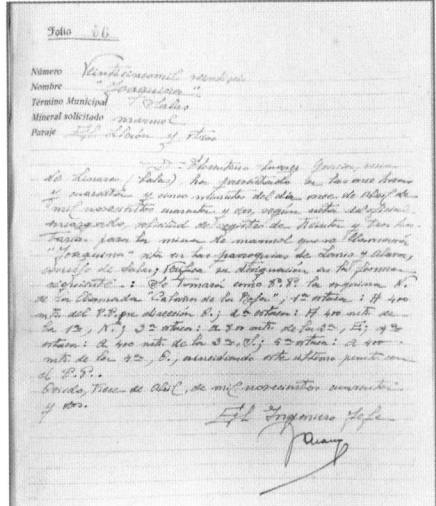
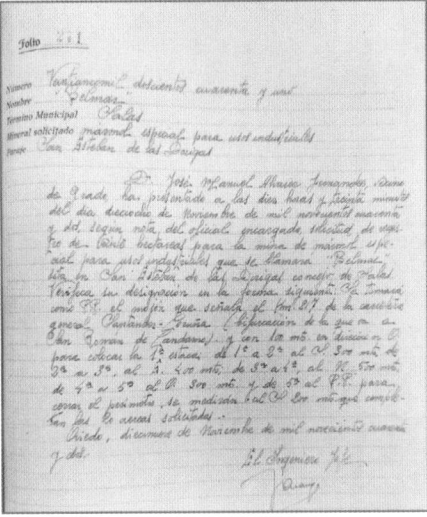

Figura 5.3. Denuncia de las minas salenses «Joaquina» (n.° 25.026) y «Belmar» (n.° 25.241). La primera en El Llerón y la segunda en San Esteban de las Dorigas (*AHA*. Fondo de Minas, sig. 6.842, fol. 56 y 271).

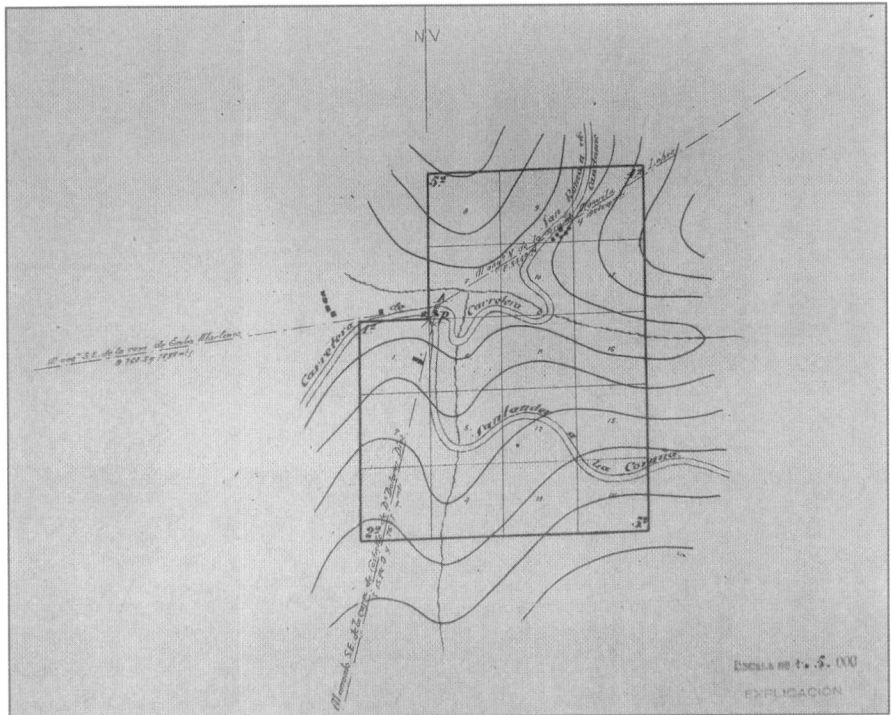

Figura 5.4. Plano de demarcación de la mina de mármol denominada «Belmar» (n.° 25.241) situada en la parroquia de San Esteban de las Dorigas (*AHA*. Fondo de Minas, sig. 36.184).

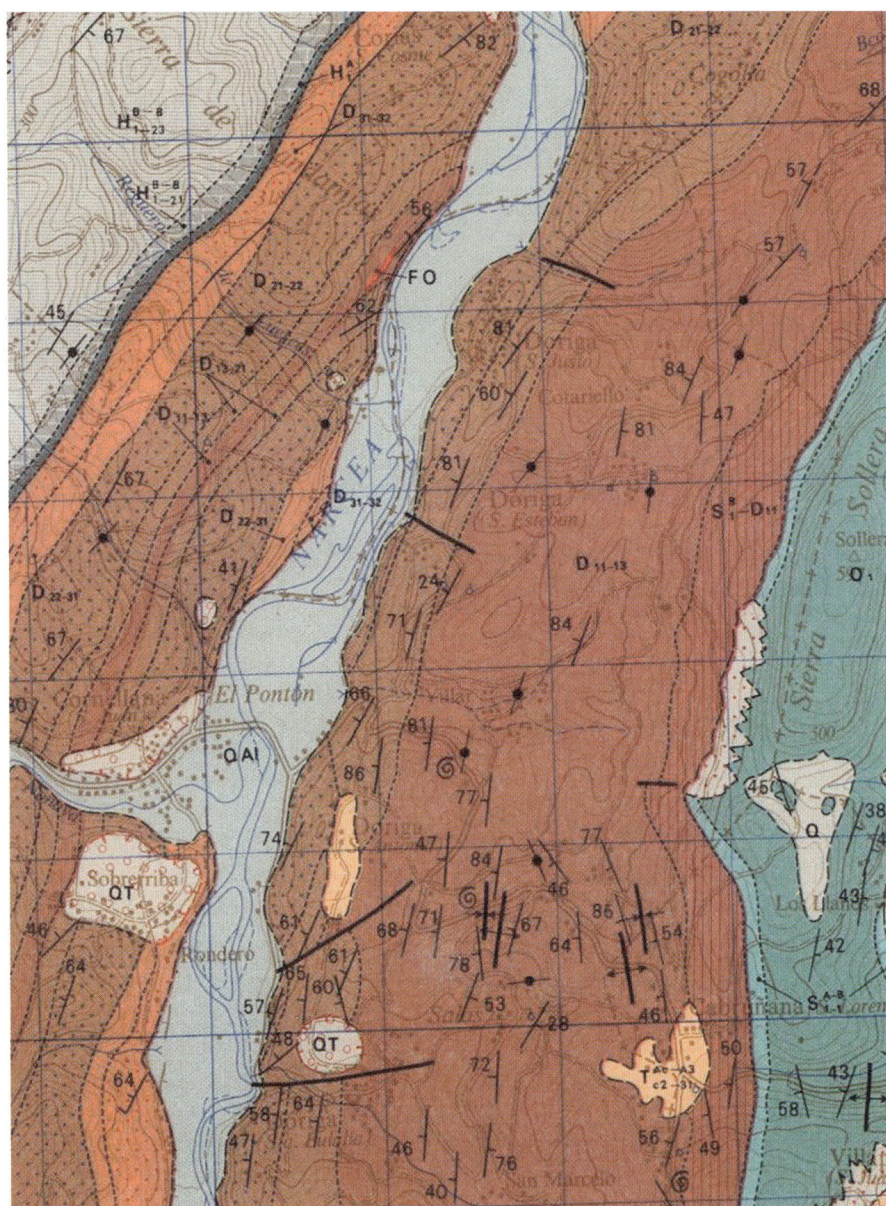

FIGURA 5.5. Mapa geológico de los alrededores de Doriga (Salas), donde existen canteras marmóreas relacionadas con la Formación Moniello. Leyenda: O_1, *Formación Barrios* (Ordovícico Inf.); D_{11-13}, *Grupo Rañeces* (Devónico Inf.); D_{13-21}, *Formación Moniello* (Devónico Inf.-Medio); D_{21-22}, *Formación Naranco* (Devónico Medio); $H^{B-B}/_{1-21}$, *Caliza de Montaña* (Carbonífero Inf.). (MARTÍNEZ ÁLVAREZ *et al.*, 1975).

En efecto, este término municipal exhibe acumulaciones de calizas ornamentales de diversas variedades y coloraciones, siendo típica la variedad
grisácea conocida comercialmente como «Gris Cornellana». En la *Gran
Enciclopedia Asturiana* se cita textualmente: «En la parroquia de San Antolín
de Doriga se localizan canteras de mármol rojo y gris de buena calidad, y en
la de San Esteban del mismo nombre hay algunos yacimientos de mármol gris
y blanco. También se encuentra en la parroquia de San Justo una cantera de
este mineral» [9], si bien en ambos casos no se pueden llegar a asignar como
correspondientes a mármoles *sensu stricto* (fig. 5.5).

La Doriga

Esta cantera (coordenadas *UTM*: X = 245353; Y = 4810422) se halla
próxima al arroyo Fresno, tributario por la margen derecha del río Narcea, en
el municipio de Salas. Beneficia material marmóreo encajado en la *Formación
Moniello* (Devónico Medio), unidad estratigráfica donde abundan las calizas
bioclásticas de diversas tonalidades. En su composición química se aprecia un
cierto contenido en sílice (ver tabla 5.I).

FIGURA 5.6. Cantera de La Doriga que extrae calizas de la *Formación Moniello*.

---

[9] *Gran Enciclopedia Asturiana* (1970, t. 9, p. 238).

La explotación, ejecutada a cielo abierto desde 1992 después de una realización de barrenos y cargas explosivas sobre un frente escalonado en siete bancos (fig. 5.6), corre a cargo de la empresa *Calizas La Doriga S. L.* A partir de 2015 se ha llevado a cabo una ampliación del área beneficiada que vino a superar en 90.000 m^2 la superficie original, situándola como una de las mayores explotaciones del Principado. Su uso primordial es como árido para la construcción y obra civil (tabla 5.IV)[10], disponiendo de una moderna y amplia estación de trituración y clasificación, con fabricación, además, de aglomerado. Incluso se llega a destinar a motivos ornamentales.

5.IV. CARACTERÍSTICAS TECNOLÓGICAS DE LAS CALIZAS DE LA DORIGA

Característica	Valor			
Resistencia a la rotura (escollera)	44,0 MPa			
Resistencia a la cristalización de sales (escollera)	6,2 %			
Equivalente de arena	58			
Contenido en finos de fracción 0/4	10,7 %			
Contenido en finos de fracción 0/2	18,0 %			
Valor de azul de metileno	0,51 fr A.M.kg fracción 0/2			
Valores de referencia	0,6xf/100 = 1,08			
	0,3xf/100 = 0,54			
Resistencia a la fragmentación. Coeficiente de Desgaste Los Ángeles	Fracción analizada	10/14		
	Pérdida por desgaste	27,5		
	Coeficiente Los Ángeles	28		
Densidad de las partículas y absorción de agua	Arena	Arrocillo	Trito	Gravilla
Densidad aparente de las partículas (g/cm^3)	2,664	2,746	2,707	2,711
Densidad de las partículas tras secado estufa (g/cm^3)	6,652	2,696	2,689	2,694
Densidad de las partículas saturadas con la superficie seca (g/cm^3)	2,673	2,714	2,695	2,700
Absorción de agua	0,22	0,67	0,24	0,23
Compuestos totales de azufre	0,121 % en S / 0,306 en SO$_3$			
Sulfatos solubles en ácido	0,021 % en SO$_3$			
Contenido en iones Cl—	0,006 %			
Contaminantes orgánicos (húmicos)	No contiene			

Fuente: Fernández Suárez *et al.*, 2013, p. 101.

---

[10] FERNÁNDEZ SUÁREZ *et al.* (2013, p. 84).

La Planadera

De esta explotación, ubicada en Cermoño, a unos 10,5 km al sureste de Salas, se extrae una caliza del *Grupo Rañeces* (*Formación Aguión, Devónico Inferior*) conocida comercialmente como «Rojo, Gris» y «Verde de Cornellana». Se trata de calizas bioclásticas con aspecto cristalino y abundancia de fósiles (crinoideos, briozoos y braquiópodos). Las muestras están integradas mayoritariamente por carbonatos acompañados de impurezas de cuarzo, arcillas y óxidos de hierro. Según la norma UNE 22-181-85 pueden clasificarse como «mármol ornamental muy gruesamente cristalino».[11]

El Acebo

La cantera así denominada está situada en Viescas, al norte de Carlés, en terrenos pertenecientes al municipio de Salas. La empresa *Alper, S. A.* beneficia calizas de la *Formación Moniello*, con rumbo E-O y buzamiento hacia el norte, que se destinan a áridos (fig. 5.7). Ocasionalmente, algunos tramos de la serie carbonatada se encuentran ligeramente marmorizados, hecho atribuible a la relativa proximidad del *stock* de Carlés.

FIGURA 5.7. Vista parcial de la cantera El Acebo. Norte hacia la izquierda.

---

[11] SUÁREZ DEL RÍO *et al.* (2002, p. 81).

Desde un punto de vista estratigráfico, estos niveles calizos se sitúan a unos 450 m al techo de la *Formación Nieva*, afectada como ya se indicó por el metamorfismo térmico.

Los estratos poseen una potencia comprendida entre 40 y 120 cm, ofreciendo algunos de ellos cierta recristalización de la calcita, lo que aporta una importante compacidad y dureza a la roca, así como que aparezcan difusos los restos fosilíferos (véase fig. 7.43). Al microscopio no se observan fisuras ni microporos.

Todo ello favorece que los bloques mayores de morfología irregular sean destinados a material de escollera, mientras que el resto, tras su trituración y clasificación, se emplea en construcción y obra civil.[12]

OTROS MÁRMOLES DE METAMORFISMO DE CONTACTO

Asimismo, cobran interés los granitoides de Arcellana, Carlés y Leiguarda, dado que en su proximidad se origina un metamorfismo de contacto que, aunque de escasa potencia, logra marmorizar los tramos de calizas adyacentes a la intrusión —pertenecientes al *Grupo Rañeces*—. Esta situación da lugar simultáneamente a metamorfismos metasomáticos, con formación de *skarns* con los que se asocian minerales metálicos (fig. 5.8).

En el caso del plutón de Arcellana, a 1,5 km al sur de Salas, su aureola origina una marmorización de las calizas devónicas en los términos de Godán y Arcellana (también denominada Aciana), inmediatamente en el borde meridional de la intrusión.[13] Un hecho similar ocurre en relación al *stock* de Carlés —con una importante mineralización aurífera—, que produce un *skarn* en la vertiente septentrional del valle del Narcea.

Los afloramientos de rocas intrusivas en los municipios de Salas y Belmonte ya fueron reseñados desde mediados del siglo XIX y ampliamente estudiados a partir de los años 60 del siglo XX, dado el interés que presentan las mineralizaciones de Au-Cu vinculadas con ellas. Como se indicó, son tres los ámbitos en que se han reconocido y en los que están presentes niveles marmóreos: Carlés y el entorno de Godán-Arcellana en Salas y, aunque con incertidumbre sobre su verdadero desarrollo, el adyacente a Leiguarda, en el concejo de Belmonte.

---

[12] Esta cantera nos fue amablemente mostrada y explicada en su frente de arranque por el ingeniero de minas Miguel Alonso Pérez, director-gerente de la sociedad explotadora *Alper, S. A.*

[13] CORRETGÉ (2021, p. 147).

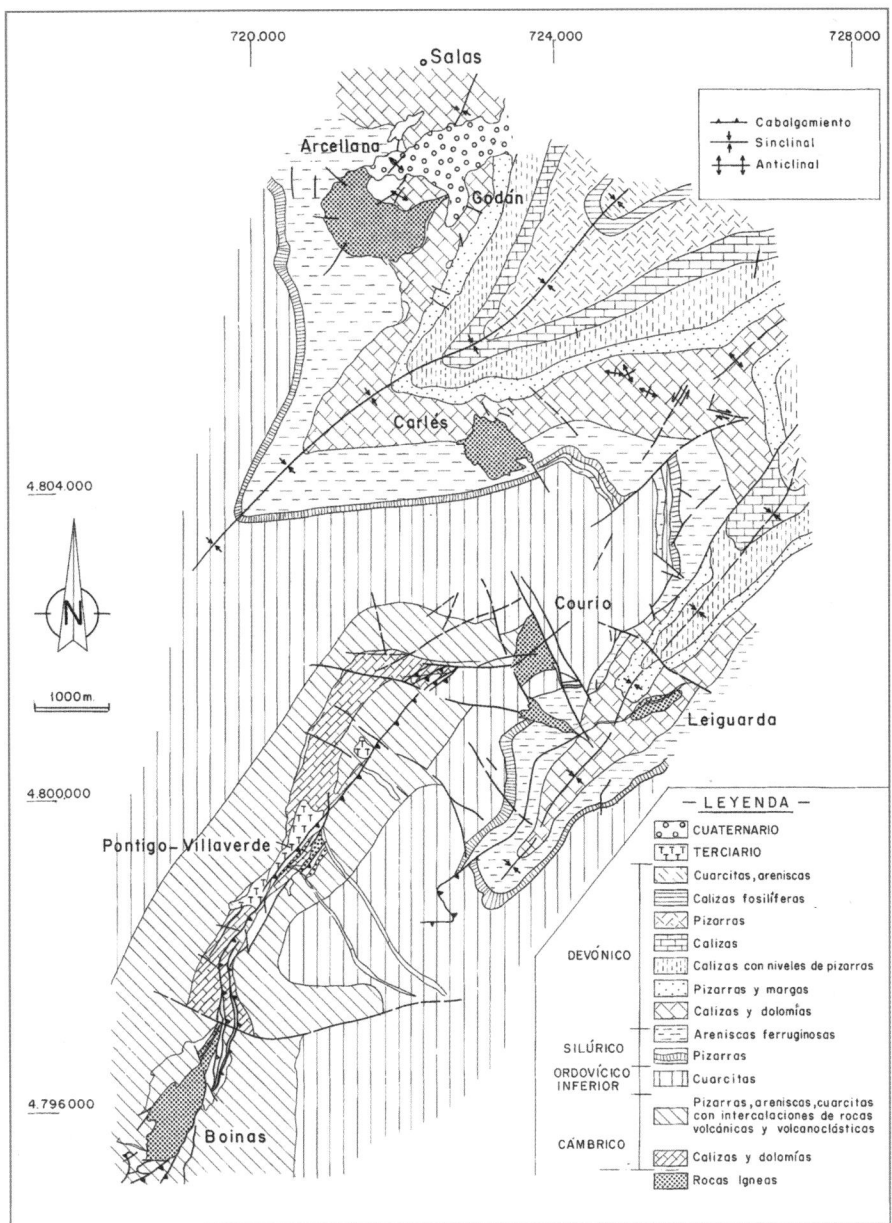

FIGURA 5.8. Esquema **geológico** del sur de Salas mostrando los afloramientos ígneos de Arcellana-Godán, Carlés, **Courío,** guarda, Pontigo-Villaverde y Boinás (SUÁREZ *et al.*, 1999, p. 365). Mapa **extraído y** simplificado del elaborado por *Río Narcea Gold Mines* (PEVIDA *et al.*, 1998).

Carlés (Salas)

Este entorno se ubica en la proximidad del río Narcea, a la altura del km 15 de la carretera AS-15, entre las localidades de La Veiga y Soto de los Infantes, a unos 200 m al SE del poblado de Carlés.

La roca intrusiva corresponde a una granodiorita (fig. 5.9)[14] emplazada en el límite entre la *Formación Furada*, de edad silúrica y composición si-

FIGURA 5.9. Aspecto de campo de la granodiorita de Carlés.

liciclástica (areniscas ferruginosas y pizarras), y la *Formación Nieva*, parte basal del *Grupo Rañeces*, con una edad de más de 400 millones de años.

La intrusión ígnea se calcula que tuvo lugar hace más de 300 millones de años[15] y con unas condiciones de formación a temperaturas entre 350 y 620 °C y presiones del orden de 2,4 kilobares.[16]

En el *stock* de Carlés son notables las mineralizaciones asociadas a la granodiorita y a la aureola de contacto. Las calizas afectadas muestran un metamorfismo metasomático (*skarn*) debido a la acción térmica acompañada por fluidos de alta temperatura.

Al verse afectadas las rocas sedimentarias en el contacto con la masa ígnea se produce un metamorfismo térmico de las sucesiones carbonatadas dando lugar a la génesis de mármol (fig. 5.10) que, a su vez, bordea al *skarn*

FIGURA 5.10. Aspecto macroscópico de los mármoles de Carlés.

[14] SUÁREZ *et al.* (1999, pp. 366 y 367).

[15] MARTÍN-IZARD *et al.* (2000; 2006, p. 10).

[16] LOREDO PÉREZ y GARCÍA IGLESIAS (1988, p. 53).

cálcico con neoformación de silicatos, donde se concentra una parte sustancial de la mineralización de Au-Cu.

Asociados a zonas de fractura, aparecen diques de naturaleza diabásica junto con procesos de alteración hidrotermal, que generan mineralizaciones de As, Cu, Au y Bi, constitutivas de la mena principal del yacimiento metálico. Fueron beneficiadas, en principio, por *Río Narcea Gold Mines* y hasta hace pocos años por *Orvana Minerals* (*Orovalle*), tanto mediante minería de interior como a cielo abierto.

Por estos motivos, los mármoles, bien visibles en la pequeña corta a cielo abierto (fig. 5.11) de dirección E-O, cuyo frente se sitúa próximo al poblado de Carlés, y que apenas superan la decena de metros de potencia, contienen minerales silicatados dispersos, tales como actinolita, hornblenda, granates, además de magnetita y carbonatos de cobre de alteración superficial de sulfuros. En la parte externa de la corta, en su margen septentrional, se acumulan testigos de los sondeos perforados, entre los que se observan diversos fragmentos marmóreos (fig. 5.12).

Junto a los mármoles también aparecen niveles carbonatados de tonalidad blanquecina con un elevado porcentaje de cuarzo microcristalino (hasta cerca del 40 %), en los que no se aprecia una clara textura granoblástica y además engloban, tanto de visu como al microscopio, frecuentes óxidos de hierro (ver figs. 7.51 y 7.52).

FIGURA 5.11. Explotación a cielo abierto en Carlés. A la izquierda de la serie sedimentaria se observan las rocas intrusivas más oscuras.

FIGURA 5.12. Acumulación de testigos de sondeo procedentes de Carlés.

Godán-Arcellana (Salas)

La intrusión ígnea de estos parajes, localizada entre 1,5 y 2 km al sur de Salas, varía de granodiorita a monzogranito, mostrando una tonalidad grisácea, con tamaño de grano fino a medio. Como minerales principales, contiene cuarzo, plagioclasas, feldespato potásico y botita, junto a otros accesorios (anfíboles, piroxenos, circón, sericita y carbonatos). Con posterioridad se emplazaron diques melanocráticos.[17]

Esta masa plutónica encaja en su zona oriental en la serie devónica basal de naturaleza carbonatada del *Grupo Rañeces* (*Formación Nieva*), mientras que en el sector suroccidental, en el entorno de La Ortosa y al noroeste de Arcellana, intersecta tramos de areniscas ferruginosas y pizarras de la *Formación Furada* (Silúrico Superior). Todo este conjunto forma parte del flanco occidental del sinclinal de Calabazos (fig. 5.13), quizá el pliegue de más perfecta geometría en Asturias.

En general, el metamorfismo de contacto provoca aureolas térmicas de notable desarrollo, observándose en superficie afloramientos aislados de materiales

---

[17] CORRETGÉ *et al.* (1970); SUÁREZ *et al.* (1999, p. 364).

marmóreos blanquecinos, sobre todo en el borde suroriental, en particular entre Arcellana y Godán, donde se ha detectado una cúpula magmática.[18]

Igualmente, en proximidad al pueblo de Arcellana aparecen rocas de aspecto marmóreo, con tonalidad de blanquecina a gris claro, mostrando la calcita una granulometría muy fina que, a veces, ofrece bandeados de diferente grosor en los que alternan tonos más oscuros derivados de la presencia de piroxenos, cuarzo y óxidos de hierro como impurezas. En ocasiones, adquieren morfologías casi brechiformes, exhibiendo una gran compacidad y dureza.[19]

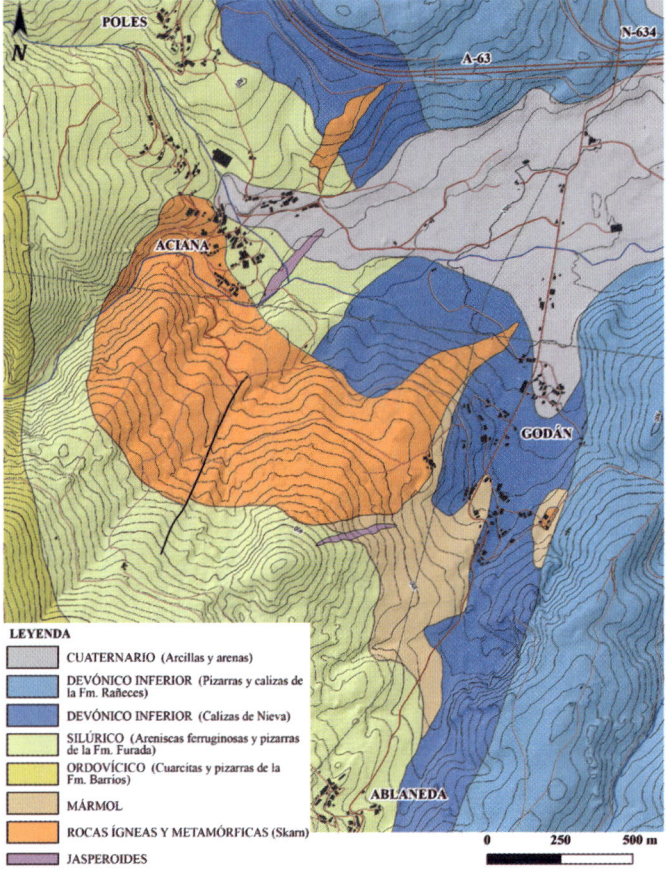

LEYENDA

- CUATERNARIO (Arcillas y arenas)
- DEVÓNICO INFERIOR (Pizarras y calizas de la Fm. Rañeces)
- DEVÓNICO INFERIOR (Calizas de Nieva)
- SILÚRICO (Areniscas ferruginosas y pizarras de la Fm. Furada)
- ORDOVÍCICO (Cuarcitas y pizarras de la Fm. Barrios)
- MÁRMOL
- ROCAS ÍGNEAS Y METAMÓRFICAS (Skarn)
- JASPEROIDES

FIGURA 5.13. Mapa geológico del área Godán-Arcellana. Redibujado en base a JULIVERT *et al.* (1977) y FUERTES-FUENTE *et al.* (2000).

---

[18] En este entorno se ha producido una amplia minería a cielo abierto para extracción de oro durante la dominación romana que ha dejado al descubierto localmente los afloramientos de rocas del subsuelo una vez que los mineros de esa época removieron principalmente terrenos alterados o arrastrados y que, con gran probabilidad, fueron sometidos a un proceso de lavado para recuperar el oro libre, trasladando el agua a través de algunos canales procedentes tanto del norte como del sur.

[19] CORRETGÉ *et al.* (1970, p. 267).

Los principales asomos de rocas carbonatadas parcialmente marmorizadas se encuentran en el límite meridional de Godán, una vez sobrepasado el edificio de La Rectoral, así como en los parajes de Los Ricabos y los cercanos a la aldea de Las Nuvares, al oeste del pueblo, donde las calizas inferiores del *Grupo Rañeces* aparecen muy recristalizadas con mármol irregularmente repartido, junto a frecuentes estructuras sigmoidales y bandeados de caliza gris oscuro y mármol blanquecino o gris claro (fig. 5.14). Apenas llegan a identificarse acumulaciones compuestas exclusivamente por mármol blanco puro. En el propio cauce del arroyo de San Vicente, que riega la vega existente entre Godán y Arcellana, se reconocen algunos cantos arrastrados de rocas carbonatadas metamórficas.

Sobre la aparición de zonas marmorizadas se ha señalado, como:

> En el mismo pueblo de Arcellana, se encuentra un afloramiento interesante. Se trata de una roca de aspecto marmóreo, blanquecino-grisáceo, durísima, de grano muy fino, en la que se observa un bandeado difuso que se debe a la presencia de zonas laminares oscuras, con

FIGURA 5.14. Muestra de caliza marmórea laminada, en la zona de La Rectoral-Godán.

aspecto ultramilonítico, alternando con zonas o bandas más anchas de grano más grueso (0,1 milímetro de diámetro medio). Se componen de feldespato, clinopiroxenos (diópsido) y cuarzo, con cantidades muy variables de opacos como accesorios (que en las zonas microcristalinas no suelen pasar de los 0,22 milímetros de diámetro).[20]

Al oeste de Godán, en Nuvares, se reconocen también otros tipos similares de roca caracterizados por un bandeado irregular de mármol blanco que alterna con mineralizaciones de silicatos de tonalidad oscura (serpentina y clorita). Corresponde a un mármol tipo fajeado, de composición oficálcica que, para formarse, requiere que en el protolito exista cierto contenido en magnesio.[21]

Estudiada al microscopio, la muestra de la fig. 5.15 se podría calificar como un «mármol oficálcico», con marcada laminación irregular, donde las bandas claras son de granoblastos de calcita y las oscuras corresponden a minerales serpentiníticos (con preferencia de antigorita) entremezclados con

Figura 5.15. Muestra de caliza marmórea laminada, procedente del oeste de Godán, cerca del contacto con la roca intrusiva.

---

[20] Corretgé *et al.* (1970, p. 267).

[21] En el reconocimiento petrográfico se ha contado con la colaboración de Luis Guillermo Corretgé.

clorita, algún resto de piroxeno alterado (probablemente diópsido), así como óxidos procedentes de la alteración de pirita y arsenopirita (ver fig. 7.44).[22]

Desde el último cuarto del siglo XX se han venido efectuando prospecciones en el yacimiento, primero por *Exploraciones Mineras del Cantábrico* y más tarde por *Río Narcea Gold Mines* y la compañía canadiense *Orvana Minerals*, centradas sobre todo en su parte occidental (La Ortosa). Allí se desarrolla un notable metasomatismo con formación de *skarns*, con presencia de minerales metálicos (arsenopirita, pirrotita, esfalerita, calcopirita) y oro nativo, acompañados de silicatos (piroxenos, cuarzo, granates).[23]

Leiguarda (Belmonte)

Además de la ya relatada presencia de mármol en el contexto geológico del yacimiento aurífero de Boinás —ligado a litologías intrusivas encajadas en niveles carbonatados del Cámbrico—, también se encuentran indicios de mármoles cerca de la aldea de Leiguarda, en la ladera occidental del río Pigüeña, afluente del Narcea (ver fig. 5.8).

En este sector del municipio de Belmonte se reconoce un magmatismo de composición gabroica —que previamente había sido definido como kersantita— con tonalidad oscura y tamaño de grano medio, a veces con texturas microporfídicas, representado por plagioclasas, biotita, piroxenos, cuarzo y feldespato potásico como minerales fundamentales.[24]

La intrusión gabroica posee una distribución espacial NE-SO, subparalela al eje del sinclinal de Bello, donde se dispone atravesando los estratos basales de la caliza devónicas del *Grupo Rañeces* (*Formación Nieva*), con algunas zonas en las que se observan moderados procesos de modificación geoquímica causados por fenómenos metasomáticos.

Son escasos los afloramientos en los que se observa con nitidez el contacto con la roca carbonatada y, por ello, donde se aprecie in situ si existe suficiente transformación metamórfica con generación de mármol. De forma ocasional se distinguen fragmentos sueltos de calizas marmóreas de tonalidad rosada y gris-blanquecina, esta última con laminaciones delgadas de mármol blanco de mayor pureza; en ambos casos la granulometría es de fina a media. Los mármoles llegan a ser visibles en los bloques de rocas que forman los cierres de las fincas, sobremanera en los parajes de El Cepeu y Calcura, inmediatos a la iglesia parroquial. Las prospecciones para investigar oro que se realizan en este entorno quizá concluyan a despejar las incertidumbres sobre la posibilidad de hallar de nuevas áreas marmorizadas.

---

[22] Agradecemos al profesor Corretgé su importante revisión del estudio microscópico de esta muestra. En su opinión, es similar a la descrita cerca de Arcellana en 1970.

[23] Fuertes-Fuente *et al.* (2000, pp. 180-182).

[24] Corretgé *et al.* (*op. cit.*, pp. 262 y 263).

6
MÁRMOLES EN LITOLOGÍAS DEL CARBONÍFERO

En el viejo camposanto
hay sepulcros fanfarrones
criptas / nichos / panteones.
Todo en mármol sacrosanto
de harto lujo / pero en cuanto
los desniveles sociales
en residencias finales
como éstas / no hay secretos
y los pobres esqueletos
todos parecen iguales.

Mario Benedetti

INTRODUCCIÓN

Además de las calizas más o menos marmóreas y los mármoles vinculados a los sedimentos cámbricos y devónicos descritos en los capítulos precedentes, existe otro ámbito geográfico donde se encuentran este tipo de litologías, pero en relación con materiales calizos de edad carbonífera. Se trata de una zona ubicada en posición centro-oriental de Asturias, en el término municipal de Piloña, concretamente entre las localidades de Cardes y Lozana, al sur de Infiesto (fig. 6.1).

GEOLOGÍA DEL ENTORNO DE INFIESTO

Las rocas marmóreas del concejo de Piloña se sitúan en el conocido geológicamente como Manto de Ponga (fig. 6.2). Los yacimientos están asociados a un conjunto de cuerpos ígneos[1] cuya intrusión metamorfiza esporádicamente a la *Formación La Escalada* (también conocida como «Caliza

FIGURA 6.1. Fotografía aérea de la zona de Cardes-Lozana, donde se encontraba la cantera de caliza marmórea de El Pipotón (foto n.º 43893 realizada el 21 de mayo de 1957).

---

[1] SUÁREZ y MARCOS (1967); GARCÍA-IGLESIAS *et al.* (1979); SUÁREZ y CORRETGÉ (1988); SUÁREZ *et al.* (1993 y 1999).

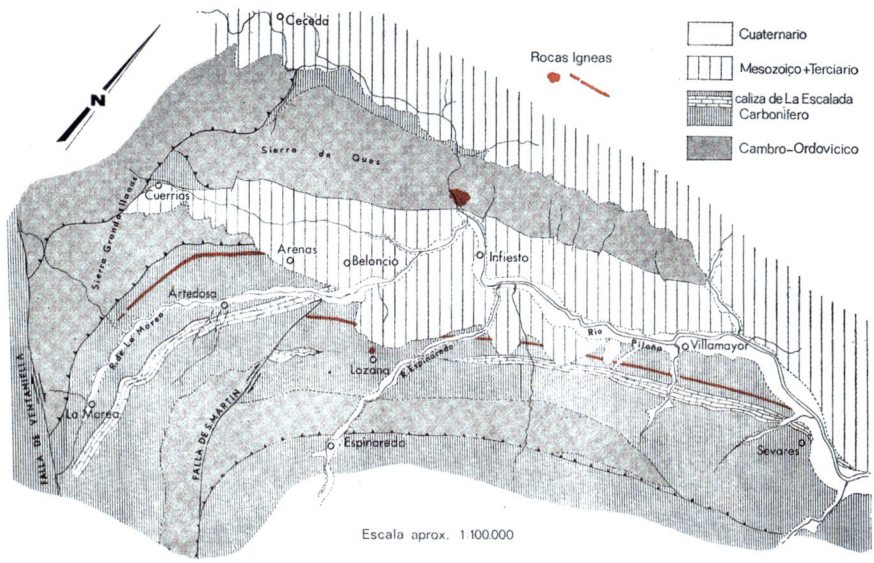

FIGURA 6.2. Esquema geológico de las inmediaciones de Infiesto. (SUÁREZ y MARCOS, 1967, p. 166).

Masiva» o «Caliza de Peña Redonda»), un conjunto carbonatado datado como Carbonífero Superior, más moderno que la «Caliza de Montaña» e inferior a la serie productiva en carbón.

Es destacable la existencia de una lámina tabular ígnea (sill) de escasa potencia, mas con gran continuidad lateral, que se extiende a lo largo de unos 15 km, entre el norte de La Marea y Sevares, sufriendo un desplazamiento dextral por la falla de San Martín, en las inmediaciones de Beloncio (fig. 6.2). La roca magmática está encajada entre las pizarras carboníferas situadas a techo de la caliza de la citada sucesión carbonífera. Ofrece una coloración rosada y se halla muy alterada, mostrando una textura porfídica, con una mineralización compuesta por plagioclasas, cuarzo (con morfologías redondeadas) y biotita muy ferrífera. Ha sido definida como un pórfido cuarzodiorítico a granodiorítico.[2]

Asimismo, a lo largo de la carretera Oviedo-Santander (km 166,8-167), en el tramo comprendido entre Infiesto y Ceceda, aflora un *stock* —intruido en la cuarcita ordovícica de la Sierra de Qués— que presenta grano medio y color gris oscuro, frecuentemente verdoso por modificación al contacto atmosférico. Su textura es hipidiomórfica granular, dominando como minerales esenciales plagioclasas, con cristales subhedrales o euhedrales que le dan un carácter porfídico, seguidas por ortosa, biotita, clinopiroxeno, augita, cuarzo y escaso olivino; con carácter secundario puede hallarse calcita procedente de

---

[2] SUÁREZ y MARCOS (*op. cit.*, pp. 172 y 173).

265

la alteración de las plagioclasas. Podría clasificarse como un lamprófido con composición intermedia entre el «minette» y la kersantita cuarcífera.[3]

La zona afectada por los efectos térmicos alcanza una extensión bastante considerable, que contrasta con lo restringido de las intrusiones magmáticas. Ello parece indicar que éstos constituyen pequeñas apófisis de otros *stocks* de mayor volumen o de un complejo ígneo no aflorante.

En Piloña, el metamorfismo de contacto relacionado con el plutonismo (granodioritas, gabros y pórfidos), detectable a pocos kilómetros de Infiesto en ambas márgenes del río Espinaredo (zona de Cardes-Lozana), produjeron la marmorización del tramo de calizas de la citada *Formación La Escalada*, que aquí muestra un trazado ENE-OSO y un buzamiento bastante verticalizado e incluso invertido (fig. 6.3).

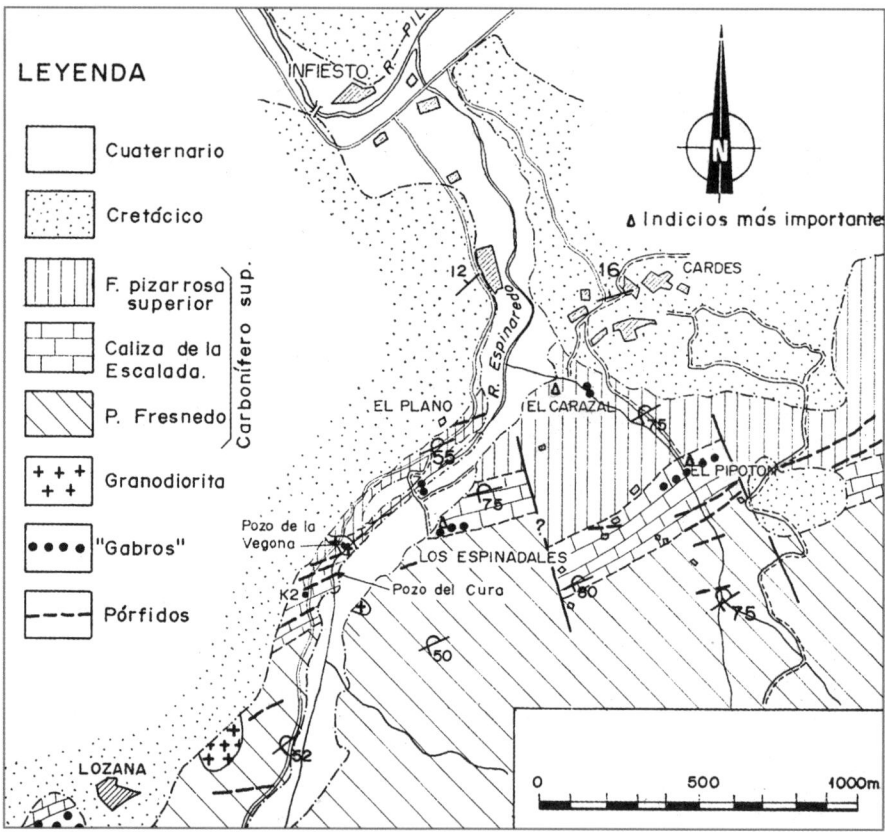

FIGURA 6.3. Esquema geológico del entorno de Cardes (Infiesto), donde en El Pipotón se han explotado calizas marmorizadas debido al metamorfismo de contacto producido por un complejo ígneo. (Según GARCÍA IGLESIAS *et al.*, 1979, p. 158).

_____

[3] SUÁREZ y MARCOS (*op. cit.*, pp. 169 y 170).

La unidad carbonatada se halla intercalada entre dos tramos lutíticos. Al sur de la misma se encuentra una litología pizarrosa correspondiente a la *Formación Fresnedo* (o *Beleño*) y al norte se localizan los horizontes carboníferos superiores pertenecientes a *la Formación Fito*. Los tres tramos paleozoicos (de edad Pensilvánico) que muestra la fig. 6.3 están afectados por un elevado número de asomos de las susodichas rocas intrusivas responsables de las manifestaciones metamórficas que allí se observan.

Igualmente, en las proximidades de Lozana (sobre todo al oeste del cerro del Cabezo, al NO de esa localidad y al sur de El Otero) se reconocen peñascos de color oscuro (los lugareños los denominan «ala de cuervo»), negro azulado y de grano fino. Aparecen encajados en pizarras y calizas del Carbonífero a las que metamorfiza débilmente, encontrándose sin embargo algunos mármoles. Se trata de una roca cuarcífera, leucocrática y subplagioclásica: una kersantita cuarcífera (fig. 6.4)[4]. Microscópicamente posee una textura hipidiomórfica con tendencia porfídica, y una mineralogía a base de plagioclasas (el componente más importante), biotita, clinopiroxeno (augita), olivino y ortosa.

FIGURA 6.4. Aspecto de campo de la kersantita de Lozana.

---

[4] SUÁREZ Y MARCOS (1967, pp. 170 y 171).

La calidad del mármol blanco que se localiza a mediodía de Infiesto, concretamente en El Pipotón (Cardes), además de en Lozana o El Valle, ha sido comparada incluso con la del Carrara italiano. Existe un sector bastante extenso donde las calizas aparecen muy recristalizadas, con tonos claros, aspecto sacaroideo y compuestas casi exclusivamente por calcita, aunque el volumen aprovechable sea, en conjunto, bastante limitado.

En este ámbito piloñés, aparte de los mármoles son frecuentes un buen número de mineralizaciones metálicas con una génesis relacionada con los procesos ígneos y metamórficos que allí acontecieron; ello dio lugar a que se denunciara un permiso de investigación minera para cobre (n.° 27.100) en terrenos de Cardes.

Un estudio llevado a cabo por encargo del *Instituto Geológico y Minero de España* (IGME) sobre las anomalías magnéticas de este espacio geográfico dio como resultado la obtención de mapas de gran interés geológico (fig. 6.5).[5]

El reconocimiento geofísico practicado en la zona se centró en el atractivo minero de la misma en relación con el *skarn* desarrollado en las rocas carbonatadas encajantes en el borde de un complejo intrusivo formado por gabros, pórfidos y granodioritas.[6] A tal efecto, se efectuaron 343 estaciones en Cardes y 215 en Lozana, medidas en perfiles e itinerarios por caminos y simbolizados sobre fotografías aéreas.

Además, se han realizado cálculos de la susceptibilidad magnética en ocho muestras, machacadas a tamaños de grano comprendidos entre 1 y 2 mm, representativas de las dos zonas de estudio (Cardes y Lozana), cuyos resultados se exponen en la tabla 6.I.[7]

6.I. Resultados de las medidas de susceptibilidad magnética en Piloña

Zona de Cardes	
Litología	**Susceptibilidad magnética (ucgs x 10^ -6)**
Skarn mineralizado	447-450
Skarn no mineralizado	298-300
Gabro	150-161
Zona de Lozana	
Litología	**Susceptibilidad magnética (ucgs x 10^ -6)**
Mármol	8-10
Gabro	46-55
Skarn	285-325
Corneana	8-10
Pizarra	8-10

---

[5] CAMPOS EGEA (1991).

[6] GARCÍA IGLESIAS *et al.* (1979).

[7] CAMPOS EGEA (*op. cit.*, p. 4).

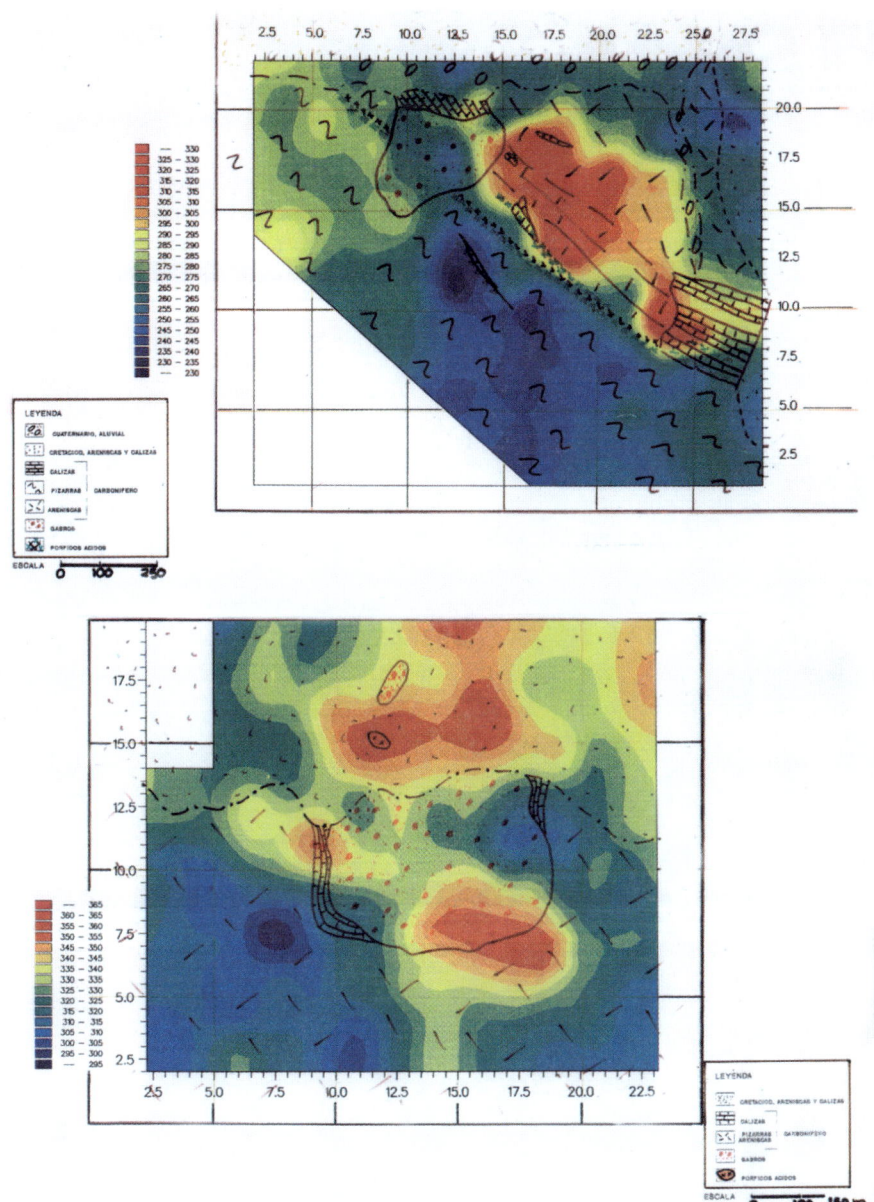

FIGURA 6.5. Mapas de anomalías magnéticas al sur de Infiesto con superposición de la cartografía geológica. Arriba, zona de Cardes. Abajo, zona de Lozana (CAMPOS EGEA, 1991).

De la observación de la fig. 6.5 y de la tabla 6.I se puede concluir que las litologías en las que encajan los cuerpos ígneos —entre las que se encuentra el mármol—poseen una susceptibilidad magnética muy baja (8-10 x 10^-6 ucgs). Por otro lado, el *skarn*, tanto si está mineralizado como si no, muestra una susceptibilidad muy alta y bien diferenciada del resto de los materiales. Las zonas que aparecen señaladas en rojo en la figura 6.5 son las áreas preferentes desde un punto vista minero, y por ello las más notables a la hora de realizar estudios de prospección en el futuro.

Esta evidencia petrológica ya había quedado de manifiesto en el año 1942 por algunas solicitudes mineras que tuvieron lugar en las inmediaciones de Cardes.[8] Una, registrada por José Argüelles Valdés el 19 de septiembre con 20 ha, recibió el nombre de «Carazal» (n.° 25.169), especificando que se trataba de piedra silícea. Y otra fue solicitada el 12 de noviembre por Ramón García Rendueles y Pazos —buen conocedor de la zona al haber denunciado dos años antes el mármol de El Pipotón— con la denominación de «Elena 2.ª» (n.° 25.230), matizando que el material requerido era de arsénico.

Efectivamente, en zonas más restringidas, generalmente próximas a las rocas de composición gabroica, se desarrollan paragénesis complejas, características de formaciones carbonatadas con minerales producidos por el metasomatismo tipo *skarn*, con las que van asociadas las mineralizaciones metálicas (tabla 6.II).[9]

6.II. Paragénesis minerales observadas en la secuencia carbonatada de la *Fm. La Escalada*

Zona (ver fig. 6.3)	Mineralogía
El Pipotón	Cuarzo-tremolita
	Grosularia-andradita-vesuvianita-wollastonita
	Calcita-grosularia-wollastonita (-epidota)
	Calcita-vesubianita
El Carazal	Cuarzo-tremolita (-epidota)
	Cuarzo-afrosiderita (-calcita)
	Calcita-epidota-talco (-anfíbol)
	Calcita grosularia-axinita-epidota (-cuarzo)
	Plagioclasa-grosularia-edenita-epidota
	Grosularia-axinita-edenita (-afrosiderita-cuarzo)
	Grosularia-plagioclasa-hornblenda-axinita (-epidota)
	Cuarzo-diópsido-hornblenda (-grosularia)
Los Espinadales	Hornblenda-calcita-epidota (-plagioclasa-cuarzo)
El Plano	Cuarzo-biotita-tremolita (-turmalina)

---

[8] *AHA. Fondo de Minas*, sigs. 25.169 y 25.230.

[9] García Iglesias *et al.* (*op. cit.*, p. 170).

Por otra parte, en relación con la investigación para Au-Cu de esta zona de Infiesto, eI *IGME* ejecutó uno de los cuatro sondeos perforados justo en la zona de entrada, en el extremo meridional de la cantera del Pipotón —que muestra una dirección general NE-SO— al lado de una antigua planta de trituración, el cual interceptó mármoles en sus primeros metros.

También a principios del siglo actual se llevó a cabo un análisis geológico de las zonas de El Pipotón y El Carazal (Cardes), culminando con una descripción de los procesos metamórficos ligados a las rocas intrusivas, centrados sobre los procesos de *skarn* y los mármoles. Para estos últimos se describe someramente su textura cristalina, con frecuencia de puntos triples entre los granos de calcita, confirmando además su elevado grado de pureza y ocasionales contenidos de morfologías rómbicas pertenecientes a cristales de dolomita.[10]

Adyacente a la explotación de El Pipotón se aprecian apuntamientos ígneos que han dado lugar a los yacimientos de este prototipo, tanto dentro de los niveles calcáreos (exoskarn) como del intrusivo (endoskarn), presentándose entonces como una pequeña banda en la zona de contacto con la caliza de la *Formación La Escalada*, a la que están asociados sulfuros metálicos. Se reconocen además las facies granatífero-piroxénicas, en relativa proximidad a la zona de marmorización.[11]

Recapitulando, los niveles marmóreos, aunque pueden reunir condiciones aceptables en cuanto a calidad y colorido, muestran el inconveniente de las discontinuidades —tanto superficies de estratificación como de diaclasación— que hacen reducir su valoración respecto a su categoría y aplicabilidad.

DENUNCIAS PRELIMINARES PARA MÁRMOL

La denuncia inicial registrada en el *AHA* de caliza cristalizada y mármol en este entorno, ante el Distrito Minero de Oviedo, corresponde al 11 de marzo de 1940 (fig. 6.6). La efectuó el vecino de Infiesto Ramón García Rendueles y Pazos con el nombre de «Carrara», estando situada en Pipotón y Melendreros, terrenos de la parroquia de Cardes (Piloña), en la vertiente meridional del monte Coroña. Las siguientes solicitudes verificadas a lo largo de ese mismo año quedan recogidas en la tabla 6.III.

---

[10] FERNÁNDEZ FERNÁNDEZ (2002, p. 135).

[11] FERNÁNDEZ FERNÁNDEZ (*op. cit.*, p. 126).

6.III. Denuncias de caliza cristalizada y mármol realizadas en Infiesto

Nombre	N.º	Ha	Lugar	Fecha	Denunciante
Carrara	24.407	24	Pipotón (Cardes)	11.03.1940	Ramón G.ª Rendueles y Pazos
Los Tres	24.427	27	Pipotón (Cardes)	02.04.1940	David Aguirre Fernández
Carrara	24.431	24	Pipotón (Cardes)	04.04.1940	Ramón G.ª Rendueles y Pazos
Averesta	24.472	20	Cantu del Rio (Cardes)	16.05.1940	Ramón G.ª Rendueles y Pazos

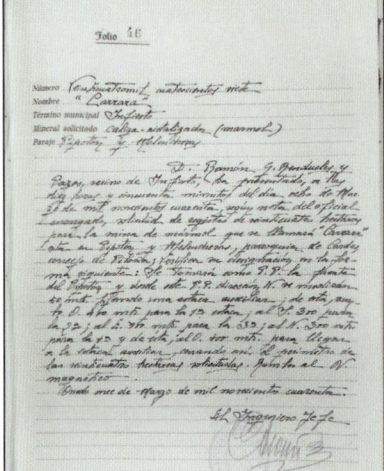
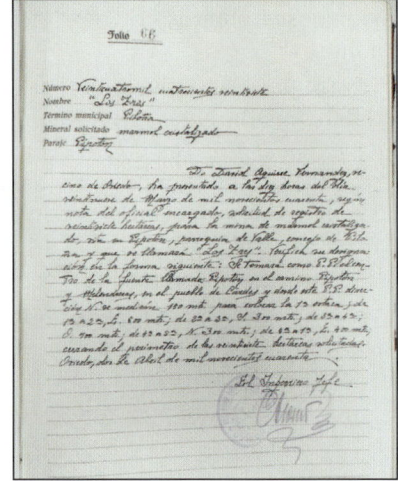
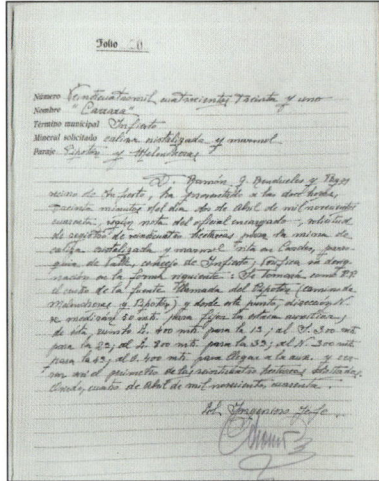
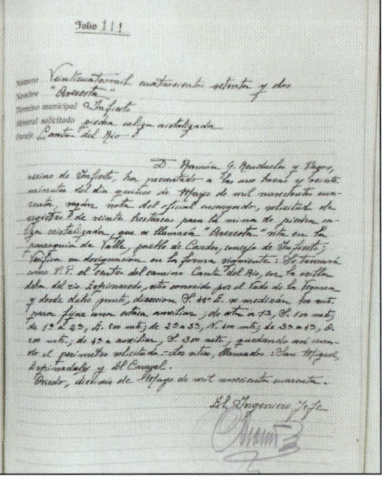

FIGURA 6.6. Denuncias de mármol efectuadas en Cardes (Infiesto). De arriba abajo y de izquierda a derecha: «Carrara», «Los Tres», «Carrara» y «Averesta» (*AHA. Fondo de Minas*, sig. 6.839, fols. 46, 66, 70 y 111).

CANTERA DE EL PIPOTÓN

Esta explotación marmórea fue la más importante de este contorno. Se encuentra en un contexto geológico peculiar, con un parecido similar a los descritos en los capítulos dedicados al Cámbrico. Sin embargo, aquí el material metamorfizado pertenece, como ya se indicó, a la *Formación La Escalada*, del Carbonífero Superior (fig. 6.7).

Con anterioridad a cualquier registro del mármol ya se lograban extraer bloques de caliza para construir viviendas o cierres de fincas[12]. Además, el 11 de abril de 1874 ya se había realizado la denuncia denominada «Cantera», con el número 4.956, al objeto de beneficiar hierro, por parte de Pablo Vallaure, apoderado de la *Real Compañía Asturiana*, que con una superficie de 105 abarcaba el paraje de El Pipotón.

Hacia finales de 1930 las fincas que ocupan estos tramos carbonatados eran propiedad de la vecina de Cardes, Nieves Sánchez Sariego, casada con Herminio Amado, natural de Llantones (Gijón), de la familia de los «Overos».

Previa a la adquisición de los terrenos donde más tarde se desarrolló el laboreo, ya existían en el lugar indicios de trabajos antiguos de extracción de

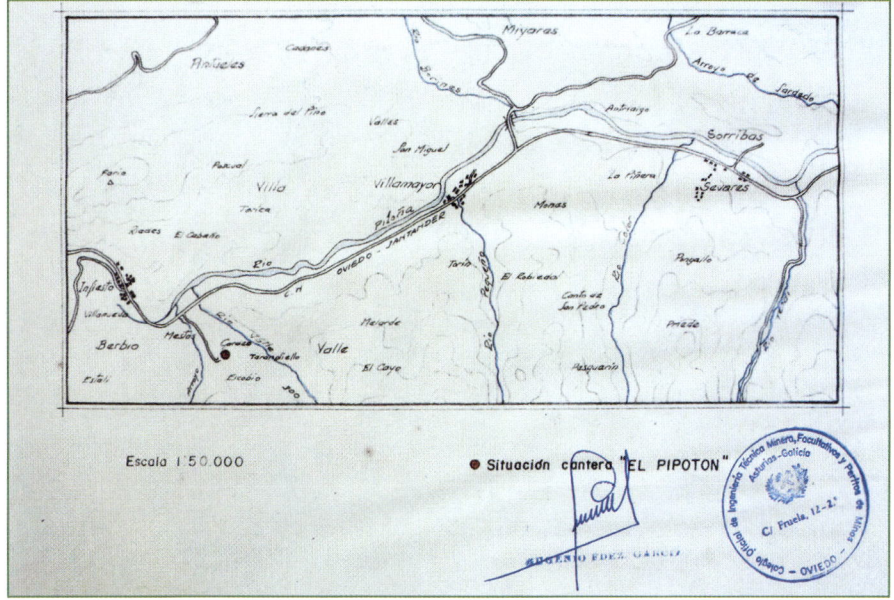

FIGURA 6.7. Plano de ubicación de la cantera de mármol de El Pipotón (*AHA*, sig. 37.371).

---

[12] Según nos relata nuestro amigo Emilio Campos (firmante en sus escritos como "Ernesto Conde"), a partir de 1825 se sacaron losas cuadradas para el solado de la Catedral.

caliza y de mármol. El tipo de roca interesó al citado Herminio que comenzó a extraerla con posterioridad a la Guerra Civil, destinándola a la fabricación de panteones, cruces para cementerios y otros objetos de ornato orientados a la edificación. Generalmente, se arrancaban bloques de mediana a pequeña dimensión de manera primaria, utilizando un barrenado manual (fig. 6.8) y ligeras cargas de explosivo.

La autorización oficial de la puesta en marcha de la cantera de El Pipotón llegó a figurar en un expediente depositado en 1940 en la *Jefatura de Minas* de Oviedo por el ya mencionado Ramón García Rendueles, que acababa de registrar varias concesiones en la zona (ver fig. 6.6 y tabla 6.III); tras el visto bueno del ingeniero Tomás Valera Hevia se concedió el permiso el 3 de junio de 1940, siendo muy limitada la actividad. Diez años después presentó una solicitud el afincado en Infiesto Jesús González G. Llamazares que obtuvo la autorización el 5 de octubre de 1950[13], aunque tampoco fructificaron sus iniciativas para beneficiar los niveles calcáreos, al no lograr un acuerdo con la propietaria.

A mediados de los años 40, al haber enviudado Nieves Sánchez, se arrendó a Juan Landaburu, hasta que el hijo de Nieves, Manuel Amado Sánchez, se hizo con la misma, trabajando desde poco después de iniciada la década de los años 50, con la puesta en marcha de un tibio proceso de mecanización, empleando para la perforación un martillo neumático accionado con

FIGURA 6.8. Placas de mármol blanco (de 70-90 cm de largo, por 45 cm de ancho) localizadas en el sector SO de la cantera de El Pipotón.

---

[13] *AHA. Fondo de Minas*, sig. 6849, fol. 218 y sig. 6851, fol. 54, respectivamente.

un compresor, amén de instalar un sencillo sistema de corte y trituración.[14] Para acceder a la roca fresca era preciso eliminar el recubrimiento vegetal que no solía sobrepasar el metro (fig. 6.9).

Figura 6.9. Imagen histórica de la cantera de El Pipotón en sus comienzos. (cortesía de Jorge de Orueta González).

---

[14] Como ya se adelantó, el tal Manuel Amado Sánchez también trabajó en Rengos en la cantera Reguero de los Prados, a las órdenes de José Varela Fernández, el cual tenía un contrato con Emilio Alonso ("el Polei-ro") para realizar el arranque en los primeros años de funcionamiento. Incluso llegaron a realizar en esta época una gran voladura con importante barrenado y utilización de una gran carga de dinamita, que llegó a afectar a la carretera del puerto de Rañadoiro, quedando parcialmente sepultada con los fragmentos proyectados, según comentarios de Manuel.

Poco después, en 1958, se instituyó una Sociedad entre Manuel Amado Sánchez y Jorge de Orueta Díaz[15], lo que redundó en dar un gran impulso de la explotación minera, en la que trabajó a lo largo de la etapa de laboreo —entre 1958 y 1978— el vecino de Cardes Constantino García junto con Bernardo Quirós de la Cobaya. Una vez cerrada la cantera continuó manteniendo la titularidad Manuel Amado, hasta la culminación de las actividades.

En la época de mayor dinamismo —década de los años 70— se consiguió mecanizar convenientemente, construyendo Jorge de Orueta Díaz (fig. 6.10) una planta de trituración, una vez que en 1972 se había independizado de la so-

FIGURA 6.10. Jorge de Orueta Díaz, uno de los impulsores de la cantera de El Pipotón desde 1958 (cortesía de su hijo Jorge de Orueta González).

ciedad suscrita con Amado, montando una línea de trituración en la casería de propiedad familiar en El Barredo, distante unos 700 m de la zona extractiva. Estaba conformada por la secuencia de una quebrantadora de mandíbulas, un molino de martillos y un trómel clasificador, donde trabajaban cuatro operarios. El mármol se prosiguió adquiriendo de la cantera de El Pipotón para someterla a un minucioso tratamiento a base de introducir los bloques a mano en el primer dispositivo y culminar su separación gravimétrica con ayuda de canaletas metálicas, diferenciando seis fracciones de tamaño fino a muy fino que, algunas, recibían la denominación comercial de «granito», suministrado el producto en sacas de 50 kg, obteniéndose una distribución como la señalada en la tabla 6.IV.

---

[15] Nieto del ilustre ingeniero de minas y geólogo malagueño Domingo de Orueta Duarte que, desde 1893 se incorporó como profesor a la Escuela de Capataces de Minas de Mieres, además de otras varias activida-des industriales y científicas. Su biznieto Jorge de Orueta González, también ingeniero de minas, investigó esta área, siendo uno de los más expertos de la mineralogía asturiana.

6.IV. Fracciones granulométricas obtenidas con el material de El Pipotón

Denominación	Intervalo de la fracción
Marmolina s.str.	Menor de 0,05 mm
Granito 1	Comprendida entre 0,05 y 1 mm
Granito 2	Comprendida entre 1 y 2 mm
Granito 3	Comprendida entre 2 y 3 mm
Granito 4	Comprendida entre 3 y 4 mm
	Mayor de 5 mm

Las fracciones 3 y 4 o mayores se volvían a moler en el molino de martillos. La producción mensual de marmolina[16] oscilaba entre 600 y 700 toneladas.

El terrazo, una vez aglomerado con cemento blanco adquiría una tonalidad predominantemente blanquecina como base a otros fragmentos de roca de tonos más oscuros que podían ser añadidos.

FIGURA 6.11. Restos de la planta de trituración, en hormigón armado con tolva de salida, en las inmediaciones de la cantera de El Pipotón.

---

[16] Se entiende por «marmolina» un agregado de granulometría controlada derivado de la trituración del mármol. Se trata pues de un tipo de piedra de color blanco puro triturada, también conocida como grava blanca pura. Contiene cristales de mármol que aportan un increíble brillo y un aspecto único con diferencia a las demás gravas blancas.

FIGURA 6.12. Aspecto actual del frente de la cantera de El Pipotón, donde se calcula que se extrajo un volumen de roca comprendido entre 14.000 y 15.000 m³.

Una vez culminada la participación conjunta en el desarrollo de la cantera, el propio Manuel Amado instaló al pie de la cantera una pequeña planta de trituración y clasificación en la que trató los productos marmóreos hasta su cese definitivo en 1978 (figs. 6.11 y 6.12).[17]

En ambos casos, el material se destinaba bien a obra civil o para obtener marmolina para terrazos y baldosas. Entre sus clientes se encontraban *Gijón Fabril*, así como *Fábrica de baldosas Bachiller*, *Terrazos Dimar* o *Mosaicos Suarsanch* de El Berrón (Siero). Igualmente, era vendida a otras empresas como *Pavimentos y Materiales Asturianos* (*Paymasa*), ubicada en Colloto (Siero), cuyos encargos eran elaborados y suministrados. Cabe destacar, entre otros, los pedidos de *Fomento de Obras y Construcciones*. En varias edificaciones se empleó baldosa fabricada con marmolina (procedente del sur de Infiesto) en suelos y portales, como la denominada *Manacor* de La Felguera, adquiridas en su mayor parte en la *Fábrica de Terrazos San Martín*, sita en Peñarrubia (Langreo).[18]

---

[17] Según información facilitada por Jorge de Orueta González.

[18] Así nos lo aseveró el ingeniero técnico que fue gerente de la empresa, y natural de Infiesto, José Antonio Priede Llano.

En las décadas de los años 60 y 70 estuvo muy de moda la colocación de terrazos de diversas tonalidades (gris, granate, blanco, amarillento, etc.) según fuesen los componentes que acompañaban a los fragmentos de mármol, que, por lo general, eran de grano medio a fino (entre 30 y 10 mm) o de marmolina fina de inferior tamaño. Estos componentes se incorporaban al cemento, a veces blanco o incluso añadiendo colorantes junto con fragmentos de cantos rodados o de rocas graníticas de tono oscuro. El aglomerado requería un posterior pulido y abrillantado, siendo sus dimensiones más comunes de 40 x 40 y 33 x 33 cm. En la actualidad existe una tendencia a repetir su uso decorativo para viviendas.

De forma muy ocasional, casi anecdótica, se distribuyeron bloques marmóreos de depurado tono blanco con diversas funciones, bien con vistas a obtener por aserrado planchas destinadas a encimeras, placas para mesas u otros muebles, sanitarios, escalones, mosaicos, etc., así como para usos funerarios, que aprovisionaron a marmolerías preferentemente emplazadas en la zona central asturiana. Destacó en Oviedo la de Belarmino Cabal de la Huerta[19], cuyos herederos llegaron a abastecer, en 1966, al Paseo de los Álamos en la genial obra de Antonio Suárez, con pavimento tipo portugués formado básicamente con pequeñas placas de excelente mármol blanco, si bien no está confirmada su procedencia piloñesa.

PLANES DE LABORES EFICIENTES

Entre los documentos conservados en la *Jefatura de Minas* de Oviedo del año 1956 figuran dos sobre la autorización de explotación en el entorno del arroyo de El Pipotón, al sur de Cardes (fig. 6.13), en el monte Coroña. El primero fue interesado por Josefa Llano Bueno y tramitado por el ingeniero jefe José María Sáenz de Santa María y Alonso el mes de marzo, aunque sin eficiencia extractiva. El segundo corrió a cargo de la aludida María de las Nieves Sánchez Sariego y formalizado por el ingeniero de minas González Conde el mes de julio de ese mismo año con el nombre de «Sierra del Pipotón»[20], momento en el que su hijo Manuel se puso, de forma definitiva y reglamentaria, al frente del minado, prolongando la primitiva corta hacia el nordeste.

Durante la década de los años 60 la cantera sufrió repetidos cambios respecto a la metodología minera. Así, se impulsó un proyecto de mecanización de la misma en un documento presentado por el citado Jorge de Orueta Díaz y dado de paso el 27 de noviembre de 1963 por el ingeniero de minas

---

[19] Su taller de cantería y trabajo del mármol natural estuvo ubicado en la calle Campomanes, n.º 6, aunque en 1927 se emplazó en la calle Matemático Pedrayes, esquina a Cervantes (FERNÁNDEZ LLANEZA, 2022. Artículo publicado en *La Nueva España* el 9 de agosto de 2021).

[20] *AHA. Fondo de Minas*, sig. 6854, fol. 223.

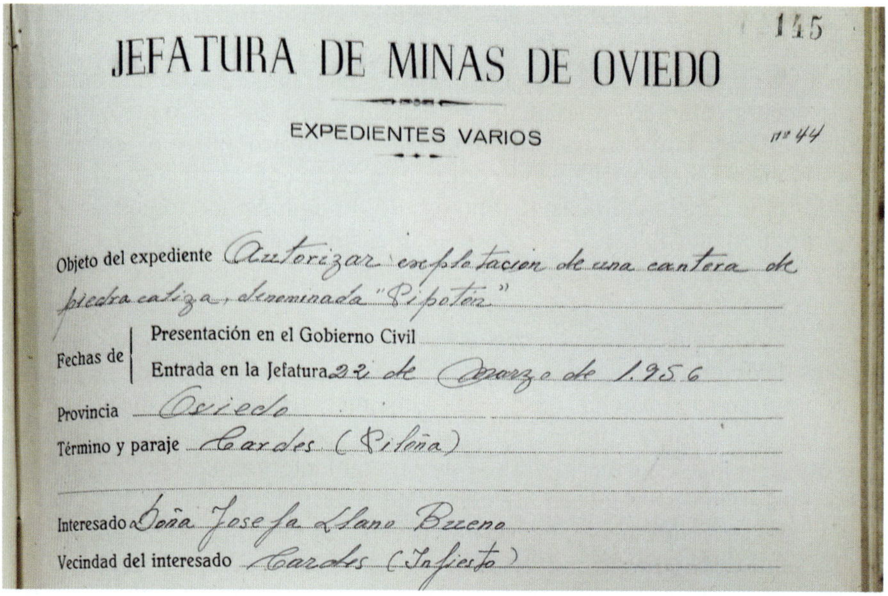
145

JEFATURA DE MINAS DE OVIEDO

EXPEDIENTES VARIOS nº 44

Objeto del expediente Autorizar explotación de una cantera de piedra caliza, denominada "Pipotón"

Fechas de | Presentación en el Gobierno Civil
| Entrada en la Jefatura 22 de Marzo de 1956

Provincia Oviedo

Término y paraje Cardes (Piloña)

Interesado Doña Josefa Llano Bueno

Vecindad del interesado Cardes (Infiesto)

FIGURA 6.13. Expediente de solicitud de la cantera El Pipotón (*AHA*. Fondo de Minas, sig. 6854. fol. 145).

Tomás Valera Hevia[21]; en abril de 1966 se incorpora una pala cargadora tipo «Calsa-500», adquirida por un monto de 335.427 pts.[22]

En los años 70 se confeccionaron nuevos planes de labores, siendo su concesionaria Nieves Sánchez Sariego y los productores Jorge de Orueta Díaz y Manuel Amado Sánchez, figurando este último ya como propietario en el *Inventario Nacional de Rocas Industriales* realizado en 1975 por el *Instituto Geológico y Minero de España*. En el *Archivo Histórico* se conservan los proyectos comprendidos entre los años 1971 y 1978 (fig. 6.14), figurando como director facultativo Eugenio Fernández García.[23]

El análisis químico de la caliza marmorizada se representa en la tabla 6.V, donde se recoge que su contenido en $CaCO_3$ es del orden del 98 %, por ello dentro de un rango de pureza similar a los más valorados mármoles (tabla 6.VI). Respecto a las reservas, se estimaban el año 1970 en 20.000 m^3 (repartidas entre seguras = 5.000, probables = 10.000 y posibles = 5.000 m^3).

[21] *AHA. Fondo de Minas*, sig. 6860, fol. 347.

[22] *AHA. Fondo de Minas*, sig. 6863, fol. 96.

[23] *AHA. Fondo de Minas*, sig. 37.371-1.

6.V. Análisis químico del mármol de El Pipotón

Compuesto	%	Compuesto	%
SiO_2	0,49	MgO	indicios
Al_2O_3	0,11	CaO	54,98
Fe_2O_3	0,08		

6.VI. Análisis de mármoles valiosos (%)

Compuesto	Macael	Carrara	Penteli
CaO	56,10	55,23	55,79
Fe_2O_3	0,01	—	—
Al_2O_3	0,08	0,18	0,23
SiO_2	0,27	0,41	0,47

Al estar perfectamente determinado el volumen del material aprovechable no se consideró necesario llevar a cabo *ex profeso* trabajos previos de investigación. No obstante, para el cálculo de reservas se tuvieron en cuenta las características de la masa caliza que, en algunos puntos, no resultaba rentable, por lo cual se valoraron como reservas seguras solo las que correspondían al afloramiento manifestado en aquel momento y cuyo grado de beneficio era posible y comercial; como reservas probables y posibles el 66 % restante y como seguras el 34 % sobrante.

El arranque se ejecutaba, a lo largo de una corta a cielo abierto de dirección NE-SO (véase fig. 6.12), a base de dinamita tipo Goma-2, barrenando los bancos con equipos taladradores activados desde un compresor de 20 HP marca «Samur», siendo el martillo perforador «Geis». Disponía igualmente de la pala cargadora «Calsa» ya reseñada, una machacadora de mandíbulas «Guardiola n.° 1» y un molino de martillos con el distintivo «Gracia n.° 1», además de equipos de clasificación según distintas fracciones. Se procuraba que la carga de explosivo fuera la adecuada para la obtención de fragmentos capaces de ser introducidos en la quebrantadora de mandíbulas, pues si su tamaño era inadecuado requería reducirlo mediante golpeo con mazas.

Entre las previsiones para el año 1971, el plan expresaba que «se trabaja a cielo abierto, no siendo necesaria ninguna clase de ventilación forzada. Se trata de una cantera de caliza marmórea, no produciéndose polvo silíceo, es húmeda y se trabaja al aire libre. No hubo baja alguna por silicosis». Añadía el informe elaborado que «se explota por talud forzado en un frente de 20 m y una altura media de 15 m (fig. 6.15); el aprovechamiento «se puede estimar como de 80 %, existiendo una ligera montera de 1,50 m de espesor medio aproximado».

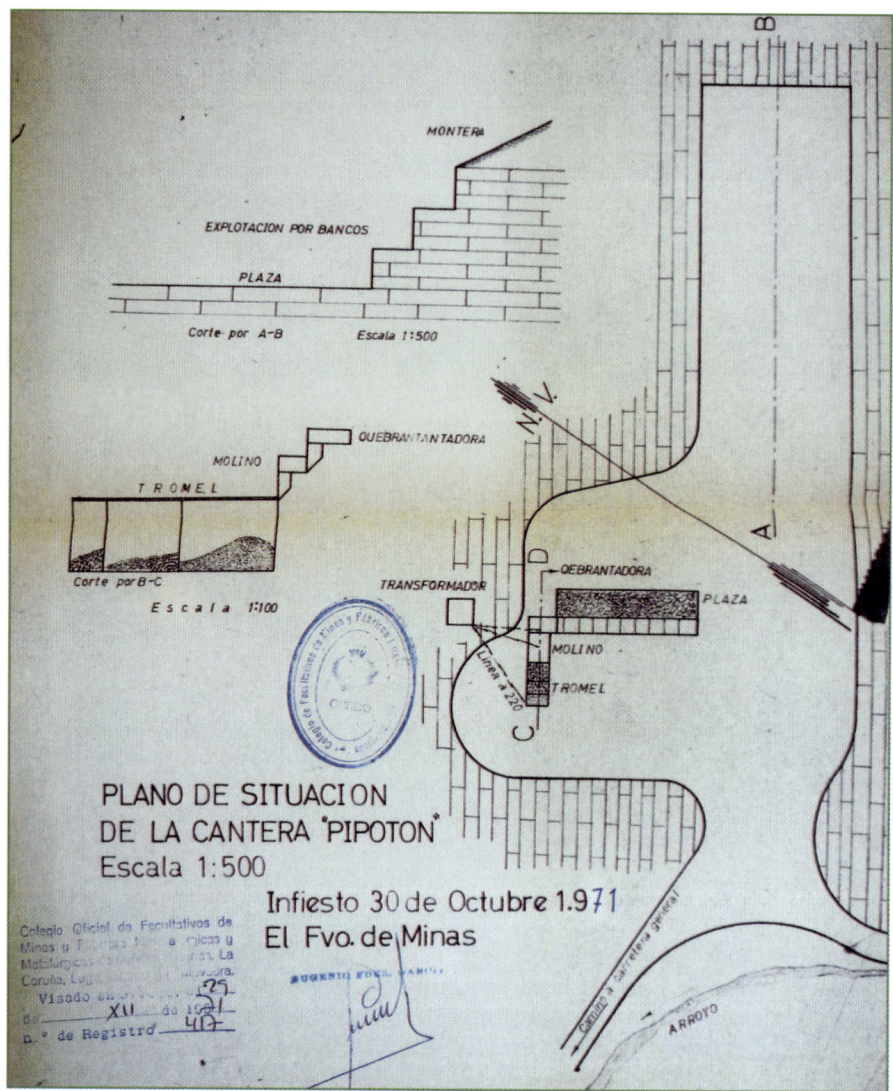

FigurA 6.14. Planta y alzados de la cantera El Pipotón a finales de 1971 (*AHA*, sig. 37.371).

Finalizaba este informe relatando pormenores del laboreo con las siguientes observaciones:

> La producción se mantiene a un bajo ritmo, aunque se pretende mejorarla con un tratamiento más adecuado de la molienda.
> La plantilla de personal en la cantera es de 2, y otros 3 en la planta de trituración y molienda.

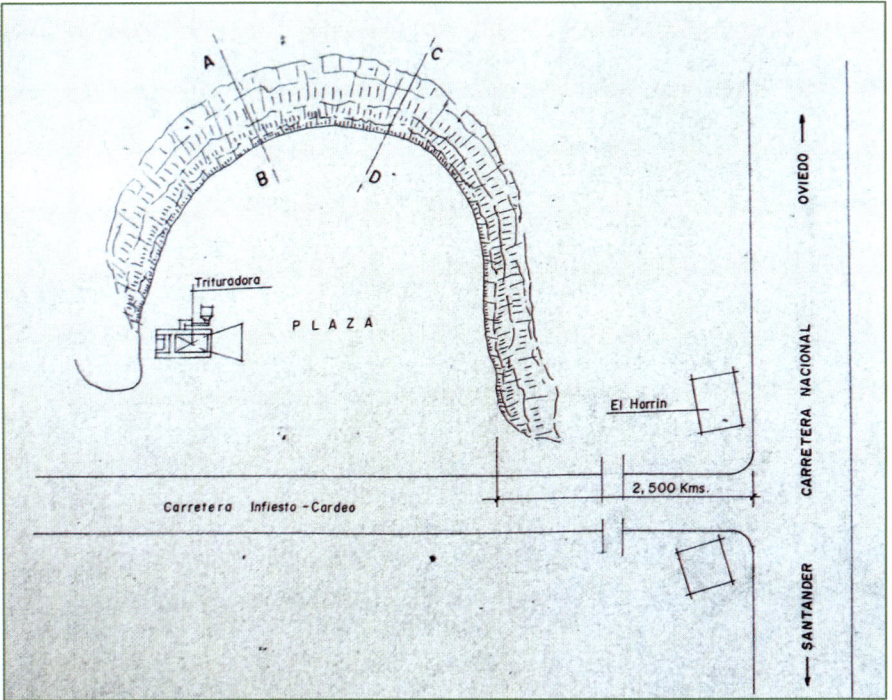

FIGURA 6.15. Plaza de la cantera El Pipotón en la década de los años 70 (*AHA*, sig. 37.371).

El destino de los materiales es en su mayoría para la construcción, empleándose preferentemente en la fabricación de terrazos.

Ha sido modificado el presupuesto de costos por estimarlo muy bajo para cinco obreros y una media de doscientos cincuenta días de trabajo, calculándolo en unas 375.000 pesetas, después de una inspección minera efectuada por el técnico Tomás Valera Hevia.

A juicio del ingeniero que informa procede aprobar el Plan de Labores de la cantera «El Pipotón», con la modificación precedente, que presenta don Jorge de Orueta y otro, sito en términos de Piloña y firmado por el Facultativo de Minas don Juan Antonio Morán Valbuena.

En el plan presentado ante el Ministerio de Industria para el año 1978 —último año de actividad—, se repiten con bastante fidelidad los datos precedentes, salvo pequeñas matizaciones respecto al aumento de las reservas totales a 99.000 m³ (seguras = 19.000, probables = 30.000 y posibles = 50.000).

6.VII. Producción y rendimientos obtenidos en El Pipotón el año 1977

Resultados	Datos de explotación
Metros cúbicos (M)	3.230 m³
Tonelaje equivalente extraído (T)	4.200 t
Número total de jornales empleados (E)	732
Rendimiento medio logrado por jornal (M/E)	4,07
Rendimiento medio logrado por jornal (T/E)	5,30
Número de jornales empleados en el arranque (A)	276
Rendimiento medio por jornal de arranque (M/A)	11,7
Rendimiento medio por jornal de arranque (T/A)	15,2
Explosivo total empleado	545 kg

En el informe de la inspección a las instalaciones realizada con posterioridad por el ingeniero José Emilio Durán Zaloña se corrige parcialmente el planteamiento del director técnico Eugenio Fernández García: «La producción en el año fue de 4.200 t, contra unas provisiones de 5.600, con un rendimiento de 15,2 t por jornal de arranque y de 5,3 totales (tabla 6.VII). En el día de la visita trabajaban dos obreros y el explotador. Para 1978 se esperan extraer 4.992 t, con un presupuesto total de 696.384 pesetas, que se corrige a 1.198.000» (tabla 6.VII), no llegando a cubrirse las expectativas.

A poco más de una treintena de metros al sureste de la cantera de El Pipotón, siguiendo el camino paralelo al arroyo de Saliencia, se abrió otra pequeña cantera (fig. 6.16), con las siguientes proporciones: alto 4-6 m, ancho 12 m y largo 12 m. Su propietario, Eusebio Lueje Guisasola, llegó a instalar una planta de molienda en la finca conocida como El Cobordal, en la margen izquierda del río Piloña a su paso por Infiesto.

Asimismo, cabe hacer constar que en el entorno de Lozana, a unos 2,5 km al SO de El Pipotón, se han identificado de forma ocasional bancos marmorizados (figs. 6.16 y 6.17) en la unidad de calizas carboníferas de la *Formación La Escalada*, a su vez adyacentes con afloramientos de una roca intrusiva de carácter porfídico (ver fig. 6.4).

Ya desde mediados del siglo XIX se conocía la existencia de mármol en los alrededores de esta localidad, habiéndose realizado excavaciones que denotaban una excelente calidad. La roca metamórfica que aparece en esta zona ofrece una nítida tonalidad blanquecina, por lo general de gran pureza, y es dura y homogénea; en la actualidad resulta dificultoso reconocer los afloramientos con asomos marmóreos.[24]

---

[24] El artesano y artista piloñés Julio Benito López Alonso llegó a calificar a los mármoles de Lozana y Cardes de finísimos, con su grano blanco, de un valor ornamental «fuera de serie», si bien lamenta que ya nadie lo llegue a extraer (*La Nueva España*, 20 de febrero de 2016).

FIGURA 6.16. Pequeña explotación marmórea al sureste de El Pipotón.

FIGURA 6.17. Casa de Salceda en Lozana luciendo sillares de mármol.

En este ámbito se llegaron a extraer bloques que fueron utilizados como sillares en la construcción de diversos edificios de esta localidad y de su cercana El Otero, donde es frecuente ver el mármol blanco tanto en sillares o mampuestos como enmarcando las ventanas y puertas, a menudo junto a materiales pardo-amarillentos del Cretácico. Resultan especialmente llamativas la denominada Casa de Salceda a la entrada de Lozana (fig. 6.17) y la de El Barredo en Cardes con elementos del mármol de Lozana.

En otros parajes, como son los adyacentes a El Valle, localidad sita al este de Cardes, se realizaron prospecciones e incluso extracciones irregulares de rocas marmóreas, siendo evidentes algunas labores que dejaron algunas pequeñas oquedades en los terrenos calcáreos carboníferos, así como la presencia de fragmentos sueltos de mármol blanquecino o grisáceo en su contorno.

UNA ROCA ORNAMENTAL ESPECIAL: «CALIZA GRIOTTE»

Existe en Asturias una caliza que probablemente sea la más representativa de la zona centro-oriental de la región. Se encuadra en la denominada *Formación Alba*, conocida vulgarmente con el término francés de «Caliza Griotte». Está integrada por 20-30 m de calizas micríticas con tamaño de grano fino y criptocristalino, bioclásticas y fosilíferas (sobre todo, con goniatítidos, crinoideos y conodontos), a veces de carácter noduloso y con una típica coloración rojiza o rosada que pasa a tonos grises y verdosos hacia el techo, cerca del contacto con la «Caliza de Montaña». En su parte media posee intercalaciones de pizarras y radiolaritas, ambas también con tonalidad roja.

Su naturaleza ya había sido descrita por Charles Barrois[25], calificándola como *mármol amigdaloide* cuya coloración atribuye a óxidos de hierro, siendo común la abundancia de fósiles que contiene, con casi ausencia de sílice como impureza; es bastante común que muestre al microscopio agrupaciones globulares de limonita de un tono pardo-amarillento o rojizo.

Su valor comercial quedó bien de manifiesto desde que en el año 1878 se trasladaron muestras de León y Asturias a la Feria de la Exposición Universal de París, alcanzando un notable éxito, siendo desde entonces identificadas como un tipo de *«mármol griotte»* (esto es, de color guinda o cereza), comparable a rocas similares de Bélgica y Francia. Poco más tarde, tras su exhibición en otras manifestaciones nacionales o de carácter regional, se incrementó su valoración y demanda.

Con características tan llamativas, no resulta extraño que haya sido empleada como sillares o mampuestos en diversas construcciones de gran relevancia, tales como la basílica de Covadonga y los edificios de su entorno, la iglesia parroquial de Cangas de Onís, así como en los templos ovetenses de

---

[25] BARROIS (1882, t. 2, pp. 41-43).

FIGURA 6.18. Construcciones levanta͞ ͞s con «Caliza Griotte». Basílica de Covadonga, San Pedro de los Arcos (Oviedo) e igl͞ ͞ ͞e San Juan el Real (Oviedo), actualmente considerada como basílica.

San Juan el Real y San Pedro de los Arcos, o en La Iglesiona (basílica del Sagrado Corazón de Jesús) de Gijón, entre otras edificaciones sacras o civiles (fig. 6.18). Asimismo, se han llegado a colocar múltiples losas en las aceras y plazas de diferentes localidades asturianas.[26] Pero además, después de su corte y pulimento se logró destinar a la obtención de diferentes objetos de adorno.[27]

6.VIII. CARACTERÍSTICAS TECNOLÓGICAS DE LA «CALIZA GRIOTTE»

Característica	Valor			
	La Frecha	Priede	Garfio	Javariega
Peso específico (kg/m³)	2.700	2.670	2.710	2.700
Coeficiente de absorción de agua (%)	0,2	0,3	0,1	0,1
Porosidad abierta (%)	0,6	0,9	0,2	0,15
Resistencia al choque (cm)	21	24	25	27
Resistencia al desgaste /mm)	18,9	18,6	18,2	18,5
Resistencia a las heladas (% pérdida de peso)	0,02	0,02	0,02	0,01
Res. a la cristalización de sales (% pérdida peso)	0,04	0,04	0,02	0,01
Resistencia a la compresión (kg/cm² / MPa)	1.700/167	1.580/155	1.380/135	1.600/157
Módulo elástico (kg/cm² x105 / MPa x104)	7,0 / 6,9	7,0 / 6,9	6,5 / 6,4	7,2 / 7,1
Resistencia a la flexión (kg/cm² / MPa)	193 / 18,9	259 / 25,4	177 / 17,4	165 /16,2

Por todo ello, representa uno de los niveles litoestratigráficos más característicos de la Zona Cantábrica, tanto por su aspecto como por su extensión. Su edad corresponde al Misisípico (Serpujoviense-Viseense), esto es, al tramo basal del Carbonífero Inferior.

Sus propiedades tecnológicas facilitan asimismo su utilización como material de revestimiento, solados, zócalos, etc. (tabla 6.VIII)[28]. Después de su extracción en ámbitos próximos a Covadonga y Oviedo, en la etapa

---

[26] Un claro ejemplo, que aún permanece, de su emplazamiento la constituye el enlosado que circunda la acera del edificio histórico de la Universidad de Oviedo (conocida como «la pedrera»), donde pueden apreciarse frecuentes ejemplares de ammonoideos del género goniatites. Algo similar sucede en la ovetense plaza de La Corrada del Obispo o en el entorno del Hotel de La Reconquista.

[27] Un tablero de mármol Griotte, circular, sobre una mesa con alrededor de un metro de diámetro, adornado con una abundante presencia de fósiles y magníficamente pulido, se conserva en la mansión de los Azcoitia Argüelles en las afueras de Infiesto.

[28] SUÁREZ DEL RÍO et al. (2003, p. 470).

más reciente ha sido explotada igualmente en los concejos de Nava, Piloña, Amieva y Llanes.[29]

La Frecha

Esta cantera, conocida como «El Brañuetu» (coordenadas *UTM*: X = 303015; Y = 4801845) y situada en La Sierra-Carancos (Nava), actualmente se encuentra inactiva. Afloran calizas nodulosas rojizas, ocasionalmente con pátina verdosa, tabulares y subverticales (290/85°), en estratos con un espesor medio de 14 cm afectados por diaclasas orientadas 185/50°. El laboreo se desarrolló en un solo banco con una altura de 35-40 m utilizando palas mecánicas y voladuras.

Priede

Se ubica en Peñagrande (Piloña). Se trata de la antigua y abandonada llamada «La Fontexina» o «La Prida» (coordenadas *UTM*: X = 317080; Y = 4800175). Las calizas rojas, con nódulos de sílex, están estratificadas en capas de 15 cm y posición subvertical (172/85°). Se abrieron cuatro bancos mediante retroexcavadoras, alcanzando el frente una altura total de 80 m.

Garfio

La también nombrada «Badagar» se halla en Monteforcada-Vis (Amieva), con unas coordenadas *UTM*: X = 327912; Y = 4795617. La caliza se dispone en capas subverticales (130/72°) mostrando coloraciones variadas (rojo, salmón, verde y gris) y es conocida comercialmente como «Rojo Covadonga» y «Gris de Vis».

Se abrieron cuatro bancos con equipos mecánicos y ocasionalmente con detonantes, teniendo el frente global una altura de 60 m.

La Javariega

En las inmediaciones de Vega de Ibeo-Meré (Llanes) se halla la cantera en activo más significativa que aprovecha este tipo de caliza (coordenadas *UTM*: X = 344277; Y = 4803801), encargándose de su utilidad la empresa *Calizas Ornamentales de Asturias, S. L.* (fig. 6.19).

Se aprovechan dos versiones, denominadas «Rojo Covadonga» y «Gris Cabrales» en razón a su diferente tonalidad. Como resulta habitual, el material consiste en una micrita fosilífera con intercalaciones de radiolaritas y nódulos de chert, que aflora en estratos bastante inclinados (30/80°). El frente muestra una altura 25-30 m.

En el año 2014 el Tribunal Superior de Justicia abrió diligencias de investigación en relación a una denuncia por posible delito contra el medio

---

[29] SUÁREZ DEL RÍO *et al.* (*op. cit.*, pp. 466-469).

FIGURA 6.19. Cantera La Javariega en el concejo de Llanes (Internet).

ambiente, actuación que, por el contrario, fue defendida por la Dirección General de Minería y Energía del Principado de Asturias, lo que dio lugar al archivo de la denuncia.

Otras canteras de la caliza carbonífera

Aparte de las citadas, son numerosas las explotaciones que han beneficiado la «Caliza Griotte» en la zona centro-oriental de Asturias. A destacar las existentes en los concejos de Proaza (Valdecereales y Peñas Juntas), Santo Adriano (Peña La Escalera), Las Regueras (Viado), Ribera de Arriba (La Torre), Morcín (Penayo, Panzales y Las Mazas), Oviedo (Naranco y Trubia), Amieva (Trexeru y Cueto Mayo) y Cangas de Onís (La Majosa, Covadonga y Pico Carroceo).[30]

FIGURA 6.20. - Marmolista con su aprendiz hacia 1915 en un cementerio del oriente de Asturias. Fondo fotográfico de Miguel Rojo Borbolla. Colección *Muséu del Pueblu d'Asturies.*

[30] FERNÁNDEZ SUÁREZ *et al.* (2013, pp. 95-99).

7
MICROSCOPÍA DE LAS ROCAS METAMÓRFICAS MARMÓREAS

Si uno los mira de cerca,
al microscopio,
comprobará que los sueños,
en realidad,
están hechos de plumas:
no sirven para la gravedad
son antónimos del suelo.
Si se me mira a mí,
lo que se ve
es que estoy hecho de sueños.

Tomado de Apadrina un Poema

INTRODUCCIÓN

Es bien conocido que si una litología cualquiera, independientemente de su origen y composición, es sometida a condiciones termodinámicas —especialmente presión (P) y temperatura (T)— diferentes a aquéllas de su procedencia, sea derivada de procesos de sedimentación y diagénesis, como de fenómenos de magmatismo, se producen una serie de reacciones minerales y cambios en la estructura cristalina que dan lugar a una roca distinta de la primitiva, un nuevo agregado pétreo que recibirá una denominación particular.

Es el caso que nos ocupa con el mármol. Para comprender bien el mecanismo que se desarrolla resulta de interés tener en cuenta alguno de los hechos implicados en el mismo:

> Las reacciones minerales, recristalizaciones, inversiones estructurales, etc. que constituyen el metamorfismo, son procesos que tienen lugar en un estado esencialmente sólido, asistido por fluidos intergranulares. Esta característica peculiar de metamorfismo implica la aparición de unas texturas propias que permiten distinguir a las rocas metamórficas del resto de las rocas (plutónicas, sedimentarias, etc.).
>
> Mediante el estudio petrográfico de las rocas metamórficas se puede conocer, en muchos casos, la naturaleza del proceso metamórfico y la magnitud de las variables que lo han condicionado (P, T, PH_2O, etc.). Esto es posible gracias a la existencia de asociaciones minerales característica de un determinado grado o zona. De igual modo es posible conocer las relaciones existentes entre procesos de deformación y de metamorfismo mediante el análisis de las relaciones microestructurales. No obstante, y a pesar del inestimable valor de los datos proporcionados por el estudio petrográfico, en muchos casos es preciso recurrir a técnicas más sofisticadas (microsonda electrónica, RX, etc.) para conocer la composición exacta de una determinada fase mineral, si se quiere determinar con precisión la magnitud de las variables implicadas.[1]

En este capítulo se exponen los resultados del estudio microscópico[2] y de visu realizado sobre distintas muestras recogidas en las antiguas canteras de mármol que se desperdigan por diferentes zonas (de manera preferente en los concejos de Cangas del Narcea, Degaña, Castropol, Infiesto, Salas y Belmonte), haciendo especial hincapié en los rasgos petrográficos más significativos, tales como tonalidad, características texturales, microestructuras y minerales representativos, tanto los esenciales (calcita y dolomita) como los accesorios.

---

[1] Castro Dorado (1989, p. 94).

[2] Para lo cual se han utilizado los equipos de Petrología de la Facultad de Ciencias de la Universidad de Oviedo, con la asesoría de varios de sus profesores.

METAMORFISMO

El metamorfismo (con el significado etimológico de «cambio de forma») es «el proceso por el cual una roca preexistente experimenta una modificación en las fases minerales y/o en las relaciones intercristalinas, o textura, sin cambiar significativamente la composición química del conjunto de la roca, en respuesta a cambios en las condiciones ambientales de presión, temperatura y estado de esfuerzos».[3]

Sin embargo, el reconocimiento de estos complejos mecanismos termodinámicos, no empezaron a estar suficientemente bien definidos hasta finales del siglo XVIII, gracias al geólogo y naturalista escocés JAMES HUTTON y, de manera especial, en la primera mitad de la siguiente centuria (fig. 7.1). Entre la documentación bibliográfica que incorporaron los condes de Toreno figuró la del reverendo doctor inglés WILLIAM BUCKLAND, quien publicó en 1838 un volumen sobre *Geología y Mineralogía*, donde se describe como «el calor permitiría a las partículas materiales agruparse y cristalizar, y este proceso daría como resultado constituir diversas rocas, tanto no estratificadas, como afectar sustancialmente a las rocas estratificadas, entre las que se encontrarían las constituidas por carbonato de calcio».[4] Esto es, los mármoles.

Asimismo, fueron trascendentes los estudios sobre los procesos metamórficos efectuados entre 1825 y 1847 por el polifacético profesor, también británico, CHARLES LYELL, considerado como uno de los pioneros de la geología, en especial la estratigrafía y paleontología modernas, el cual gozó de mucha influencia entre los naturalistas españoles del siglo XIX.

Los avances en el discernimiento geológico permitieron diferenciar dos tipos de metamorfismo. El primero, denominado *regional*, se singulariza por abarcar grandes extensiones, a escala de decenas de kilómetros, y por

FIGURA 7.1. Tres innovadores de los procesos geológicos: James Hutton (1726-1797), William Buckland (1784-1856) y Charles Lyell (1797-1875).

---

[3] CASTRO DORADO (2015, p. 176).

[4] BUCKLAND (1838, pp. 35 y 36).

encontrarse asociado a procesos geodinámicos y de deformación cortical, con presiones dirigidas y elevadas temperaturas; es característico de los límites convergentes de las placas tectónicas. El segundo tipo de metamorfismo se conoce como de *contacto*, característico de la proximidad a una masa intrusiva, generando en la roca adyacente una «aureola de contacto», con un carácter local, por el flujo de calor desde el cuerpo magmático.

Zonas metamórficas

Se conoce como «zona metamórfica» al área perteneciente a un afloramiento de litologías de este tipo, caracterizadas por un mineral (o una asociación de minerales) formados por efecto del metamorfismo. Están limitadas por isógradas (una línea o superficie ideal con el mismo grado metamórfico) definidas por la primera aparición, o desaparición, de un determinado «mineral índice» (o asociación de ellos) en rocas de composición similar.

Tradicionalmente, se han diferenciado, dentro del metamorfismo regional, cuatro zonas: *anquizona* (el grado más bajo, establece la transición entre la diagénesis y el metamorfismo propiamente dicho), *epizona* (la menos profunda y de menor intensidad metamórfica *sensu stricto*, caracterizada por temperaturas muy bajas), *mesozona* (zona de profundidad intermedia) y *catazona* (la más profunda y de mayor intensidad, con temperaturas más elevadas).

Se reconocen cambios mineralógicos conforme uno se desplaza de las zonas de bajo a las de alto grado metamórfico. En el caso de un metamorfismo regional en lutitas (fig. 7.2), el primer mineral nuevo que se forma es la clorita. A medida que aumenta la temperatura surgen las micas moscovita y biotita, luego, bajo condiciones más extremas, se hallan granate, estaurolita y, ya cerca del punto de fusión, la sillimanita.

En base a los minerales índices se distinguen diferentes zonas de metamorfismo. La clorita empieza a formarse a temperaturas relativamente bajas (inferiores a 200 °C), dando lugar a rocas de bajo grado; en el otro extremo, la sillimanita se genera por encima de los 600 °C, siendo distintiva de las litologías de alto grado.

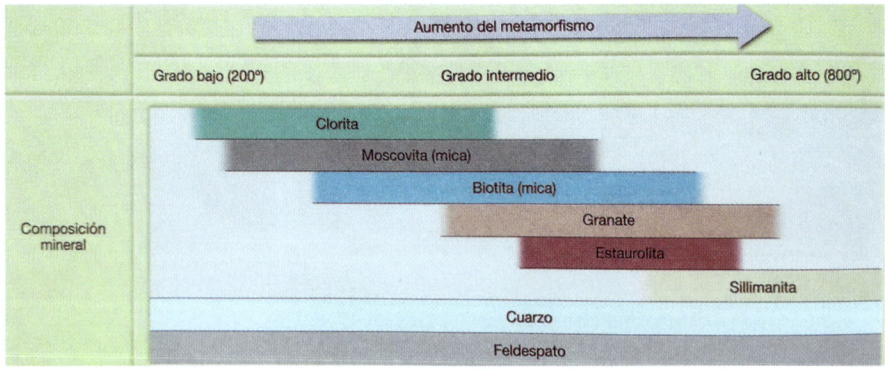

Figura 7.2. Intervalo de presencia de los minerales índice durante el metamorfismo progresivo en una roca lutítica (Tarbuck y Lutgens, 2005, p. 248).

Metamorfismo regional en Asturias

Se encuentra relacionado con la orogenia varisca o hercínica[5] que afecta con bajo grado esencialmente a las rocas de la Zona Asturoccidental-Leonesa (ZAOL); igualmente, con carácter esporádico, se ha detectado en la Zona Cantábrica (ámbito del Cabo Peñas) y al norte de Tuña, en el municipio de Tineo, un metamorfismo de muy bajo grado o anquimetamorfismo. Sin embargo, «se admite la existencia de una deformación precámbrica en el Antiforme del Narcea, ésta es de baja intensidad y no llega a producir foliación ni metamorfismo asociado, por lo que los procesos metamórficos que han operado en la región asturiana pueden ser considerados de edad varisca, incluido el metamorfismo de contacto que representa el último episodio metamórfico».[6]

En la región asturiana el metamorfismo regional no supera la zona de la clorita, excepto en la ZAOL, donde muestra un carácter progresivo, aumentando de modo general la intensidad hacia el oeste, en cuyo ámbito se han diferenciado unas bandas alargadas con orientación N-S, con morfología algo arqueada («domos térmicos») que controlan la disposición de las isogradas que son simétricas con respecto al eje del domo. Corresponden a los domos de Novellana-Pola de Allande-Degaña y Boal-Los Ancares (fig. 7.3).[7]

En el extremo más occidental de esta figura se aprecia, ya en territorio gallego, el domo de Lugo que se ubica en las zonas más internas de la cadena Varisca, dentro del sector del Manto de Mondoñedo. Aquí se ha definido un metamorfismo polifásico que aconteció en dos episodios diferentes, uno de presión intermedia (con un gradiente de unos 35 °C/km), seguido de otro de baja presión con temperaturas más altas.

Las zonas de la clorita-biotita-granate-estaurolita (distena) en el domo de Lugo simbolizan la secuencia de minerales índice formados durante el primer estadio, siendo la andalucita y la sillimanita representativas del segundo episodio metamórfico, relacionado con la intrusión de granitos.[8]

Volviendo a Asturias, el domo Novellana-Pola de Allande–Degaña cobra un interés especial pues en él están incluidos los principales afloramientos de mármol. El mineral más significativo es la biotita y existe una mayor recristalización de clorita y moscovita en todo tipo de litologías, así como cuarzo.

La segunda banda asturiana, el domo de Boal-Los Ancares, ostenta una relación espacial con afloramientos de intrusiones graníticas (entre ellas, los plutones de Boal, El Pato y Salave). En la parte más interna, ligada al

---

[5] Orogénesis en la que sus principales deformaciones se producen durante el Paleozoico Superior.

[6] SUÁREZ (1995, pp. 134-137); CORRETGÉ (2021, pp. 143-147).

[7] SUÁREZ y CORRETGÉ (1988).

[8] MARTÍNEZ y GIL IBARGUCHI (1983).

magmatismo, aparece andalucita (manifestada con frecuencia en su variedad de quiastolita con ejemplares característicos de notable tamaño), diferenciándose, en ocasiones, en la externa la zona de la biotita. Simboliza la paragénesis metamórfica de más alto grado regional (con temperaturas máximas próximas a los 600 °C).

Metamorfismo de contacto en Asturias

Constituye un proceso geológico fundamentalmente de carácter térmico relacionado con intrusiones magmáticas. Se exterioriza por el desarrollo de aureolas de contacto alrededor de los cuerpos intrusivos, que generalmente son estrechas debido a la poca conductividad de las rocas encajantes. Los niveles térmicos más elevados se obtienen en el entorno de las intrusiones gabroicas, magmas que superan en temperatura a los de naturaleza granítica.

En los materiales carbonatados, las transformaciones metamórficas pueden ser más acusadas que en los siliciclásticos (pelíticos o areniscosos), debido a su mayor reactividad. Ocasionalmente, la recristalización térmica puede ir acompañada por un intercambio químico, o metasomático, lo cual supone la incorporación de ingredientes procedentes del magma a la roca de contacto,

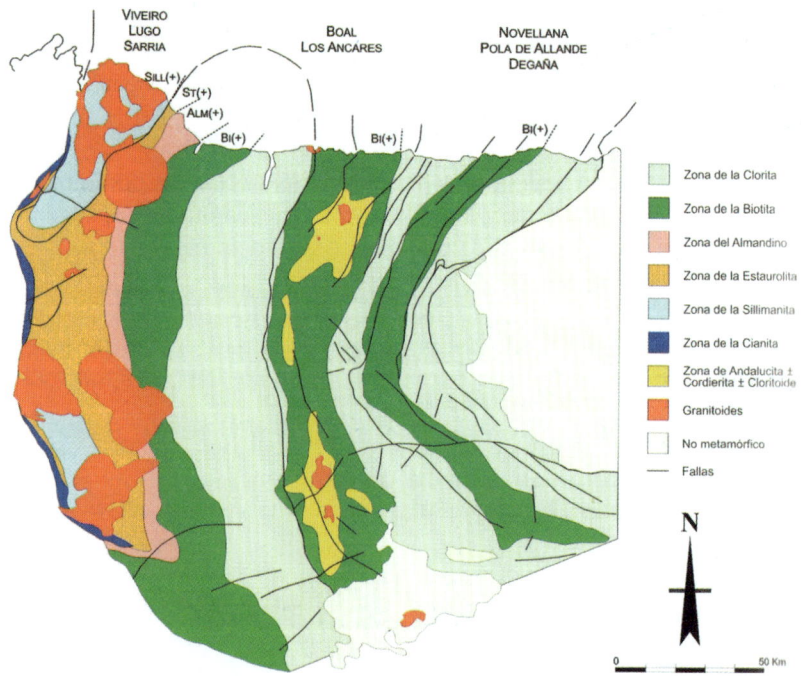

FIGURA 7.3. Distribución de los domos metamórficos en la Zona Asturoccidental-Leonesa y Zona Cantábrica (SUÁREZ y CORRETGÉ, 1988).

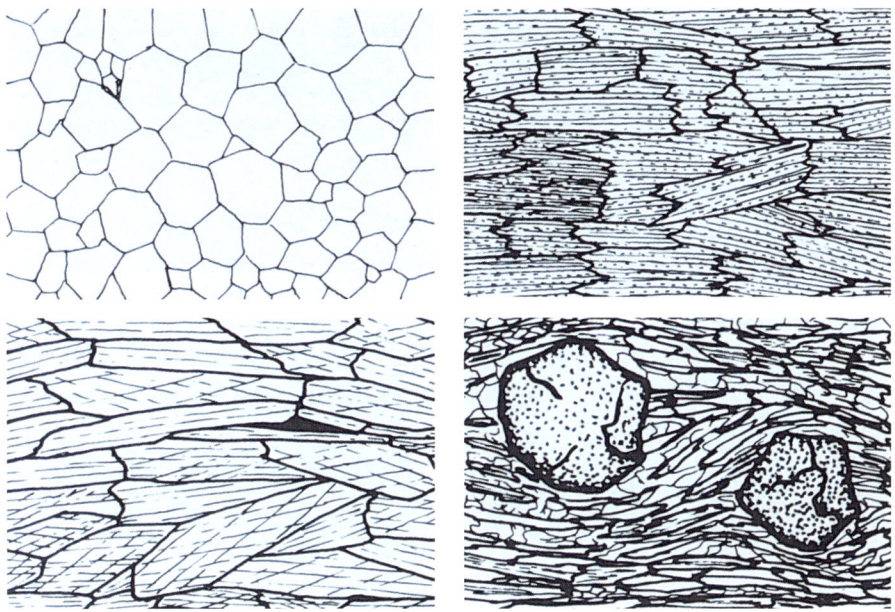

FIGURA 7.4. Los cuatro tipos esenciales de texturas metamórficas. De izquierda a derecha y de arriba abajo: granoblástica, lepidoblástica, nematoblástica y porfiroblástica. (CASTRO DORADO, 1989, p. 95).

formándose entonces un *skarn*: rocas masivas ricas en silicatos de calcio, magnesio y hierro, como granates y piroxenos.

Desde este punto de vista, las aureolas de contacto de los granitos de Boal y El Pato, de Linares y del complejo de Porcía-Salave-Represas se pueden considerar dentro del tipo pelítico, siendo marginal la secuencia carbonatada, mientras que las de Cangas del Narcea-Degaña, Infiesto y Salas-Belmonte pueden ser adscritas prioritariamente a esta última.[9]

Texturas metamórficas

Cuando un componente rocoso se somete a un proceso metamórfico, las fases minerales resultantes (blastos) cristalizan en un medio esencialmente sólido y la textura intercristalina final es de tipo cristaloblástica, lo que supone el ocaso de cualquier otra previa. No obstante, en áreas metamórficas de bajo grado pueden quedar restos de la textura original del protolito.

En función del hábito de los cristales, las texturas metamórficas se pueden agrupar en cuatro tipos morfológicos (fig. 7.4).[10]

---

[9] SUÁREZ (1995, p. 137).
[10] CASTRO DORADO (1989, p. 95).

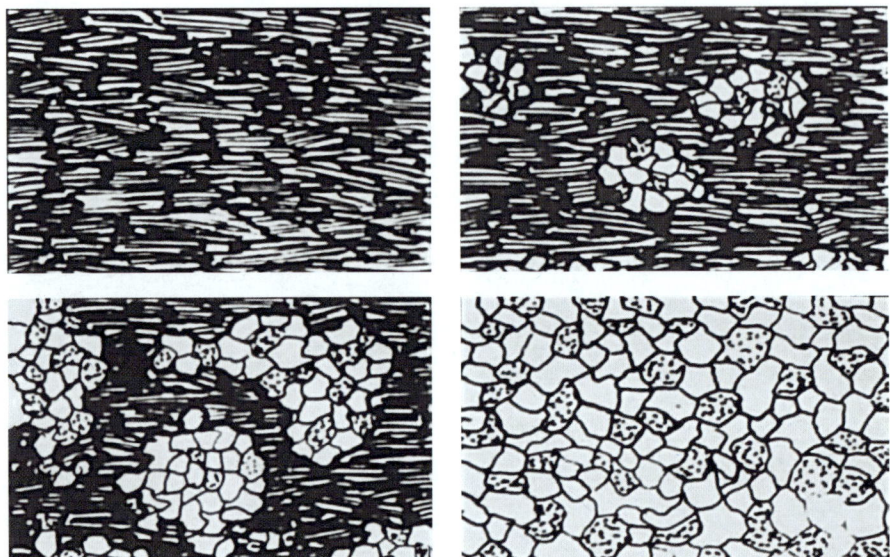

Figura 7.5. Esquema mostrando el desarrollo de una textura granoblástica, a partir de una roca con textura lepidoblástica, y mediante la formación de una microestructura nodulosa. Obsérvese de izquierda a derecha y de arriba abajo (Castro Dorado, 1989, p. 96).

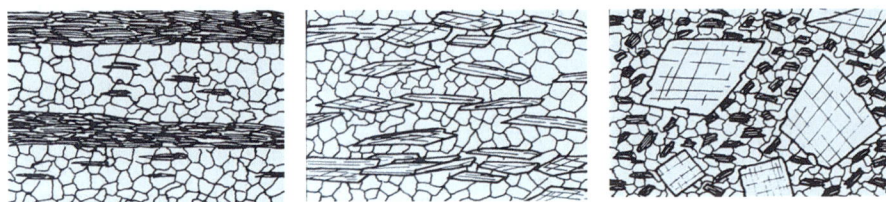

Figura 7.6. Combinaciones texturales más frecuentes en rocas metamórficas. De izquierda a derecha: granolepidoblástica, granonematoblástica y granoporfiroblástica (Castro Dorado, 1989, p. 97).

En la textura *granoblástica* los cristales forman un mosaico de granos minerales más o menos equidimensionales con tendencia a un empaquetamiento hexagonal. Cuando las rocas son monominerales —caso de los mármoles— la formación de blastos con mayor equilibrio textural se produce en forma de agregados poligonales granoblásticos con puntos triples entre aristas a 120°.[11]

La *lepidoblástica* la conforman minerales laminares (en especial filosilicatos), con blastos de hábito planar homogéneamente orientados paralelamente entre sí. Definen la textura *nematoblástica* granos minerales de hábito prismático orientados con sus ejes mayores paralelos entre sí. Por último, la *porfiroblástica*

---

[11] Castro Dorado (2015, pp. 197-198).

se caracteriza por la presencia de blastos de tamaño apreciable a simple vista, mayores que la matriz que puede tener cualquiera de las texturas anteriores.

El desarrollo de una textura granoblástica puede llegar a ser complejo y derivar de una textura metamórfica anterior, hecho relativamente frecuente en las aureolas de contacto (fig. 7.5).

Habitualmente, en la mayoría de las rocas poliminerálicas la textura metamórfica resultante es una combinación de los tipos anteriormente expuestos. La fig. 7.6 expone tres ejemplos de las combinaciones más comunes.

Caso especial de los carbonatos

En la génesis del mármol está implícita una reacción metamórfica en estado sólido en la cual sobre los minerales de partida —calcita [$CaCO_3$] y dolomita [$CaMg(CO_3)_2$]— tiene intervención una fase fluida intergranular compuesta por H_2O y CO_2, que implica el crecimiento de nuevos cristales y la recristalización de los preexistentes, generándose así una nueva litología a partir de la original.

De manera general, la petrografía resultante posee la misma constitución química que la procedente, excepto por la probable pérdida o adquisición de agua y de dióxido de carbono. Si la roca de partida es una caliza pura el producto final será un mármol formado en casi su totalidad por carbonatos. Sin embargo, en el caso de que las calizas originales contengan impurezas arcillosas o dolomita, recristalizan dando lugar a micas (o talco) que se dispondrán entre los granos de calcita; en el caso de contener pequeños cristales de cuarzo, cuando los afecta el metamorfismo, no suelen alterarse o tienden a mostrar extinción ondulante, permaneciendo entremezclados con los anteriores.

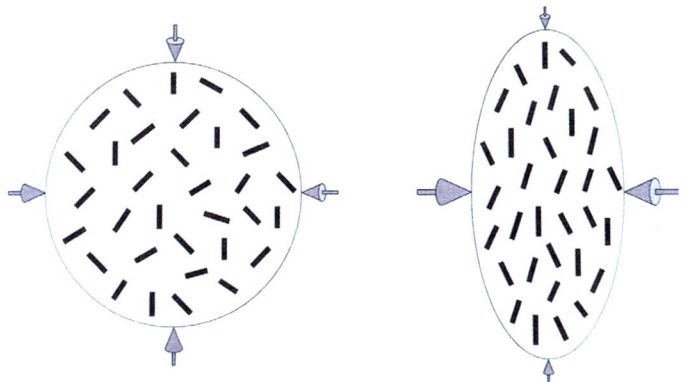

Figura 7.7. Rotación mecánica de granos minerales. Izquierda, bajo una presión uniforme los minerales mantienen una orientación aleatoria. Derecha, bajo un esfuerzo diferencial los minerales rotan hacia el plano de aplastamiento (Tarbuck y Lutgens, 2005, p. 234).

Cuando el metamorfismo es de bajo grado, se suelen reconocer aún restos fósiles, superficies de estratificación o vacuolas (vesículas) que proporcionan pistas útiles sobre el protolito, incluyendo el ambiente deposicional.

Los factores más importantes que actúan en el proceso metamórfico involucrado en la transformación de una roca sedimentaria carbonatada a mármol se resumen en tres: calor, presión (esfuerzo) y fluidos químicamente activos.

El *calor*, definido como la transferencia o intercambio energético entre dos cuerpos, constituye el factor esencial, ya que proporciona la energía que impulsa los cambios químicos que producen la recristalización de los minerales. Un aumento de temperatura hace que los iones minerales vibren con mayor rapidez y migren con libertad dentro de la estructura cristalina. Es bien conocido como las temperaturas aumentan con la profundidad a un ritmo conocido como «gradiente geotérmico» (unos 30 °C por kilómetro).

La *presión*, al igual que la temperatura, aumenta con la profundidad. La carga litostática hace que las litologías enterradas estén sometidas a un esfuerzo de confinamiento progresivo (metamorfismo de enterramiento) que cierra los espacios porosos. Por otro lado, las rocas pueden estar sometidas a

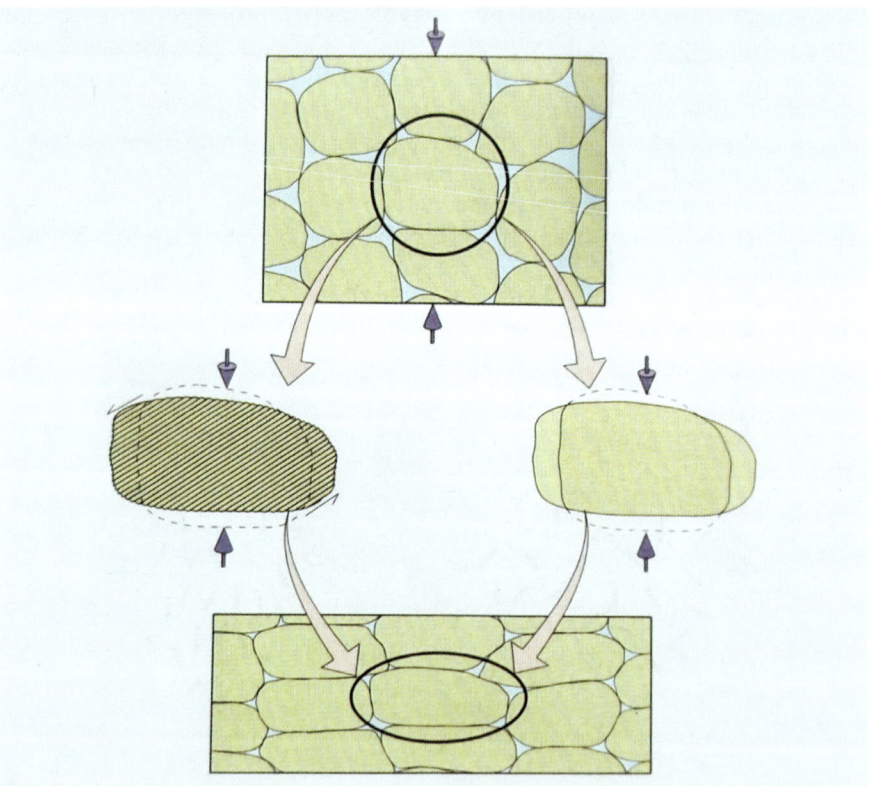

Figura 7.8. Desarrollo de las orientaciones preferentes en un mineral (Tarbuck y Lutgens, *op. cit.*, p. 235).

presiones tangenciales que actúan en diferentes posiciones («esfuerzo diferencial»), acortando los componentes minerales en la dirección de mayor presión y se alargan en la dirección perpendicular al impulso (fig. 7.7).

Está admitido que los *fluidos químicamente activos*, compuestos por hidrógeno y carbono, representan un importante papel en el proceso metamórfico. Los fluidos que rodean los granos minerales, de manera especial en ambientes de mayor grado calorífico, actúan como catalizadores y provocan la recristalización, fomentando la migración iónica. El agua es abundante tanto en los espacios porosos de las rocas sedimentarias, como en algunos minerales; éstos con las temperaturas elevadas de un metamorfismo de bajo o moderado grado se deshidratan y el fluido resultante se mueve a lo largo de los huecos intergranulares, facilitando el transporte iónico.

Cuando se unen dos granos minerales, la parte de sus estructuras cristalinas en contacto están expuestas a una mayor presión, de manera que los iones situados en estas zonas son disueltos por los fluidos calientes y migran a lo largo de la superficie del grano hacia los espacios porosos precipitando el producto (fig. 7.8). Como consecuencia, «los minerales tienden a recristalizar y a alargarse más en una dirección perpendicular a los esfuerzos compresivos».[12]

A todos los efectos, el mármol es un tipo de roca metamórfica en la que los componentes químicos involucrados en la recristalización (CaO, MgO, SiO_2, CO_2 y H_2O), al acomodarse a las nuevas condiciones termodinámicas, dan lugar a un mosaico de cristales mayoritariamente de calcita, aunque igualmente pueden aparecer nuevos compuestos paragenéticos en función del grado de metamorfismo al que han estado sometido y de la presencia de una fracción arcillosa o arenosa en el protolito[13]. El tamaño de grano responde así mismo al grado de metamorfismo, mayores cuando la acción metamórfica sea superior.

ESTUDIO MICROSCÓPICO

Se describirán sucesivamente las características texturales de muestras representativas de los concejos de Cangas del Narcea, Degaña, Castropol, Piloña, Salas y Belmonte, obviando la edad de los materiales encajantes.

Petrografías en Cangas del Narcea

Es con diferencia donde existe una mayor concentración de afloramientos ricos en rocas marmóreas, destacando cinco las canteras estudiadas.

---

[12] TARBUCK Y LUTGENS (2005, p. 232).
[13] CASTRO DORADO (2015, p. 179 y siguientes).

Reguero de los Prados

El análisis petrográfico realizado mediante microscopía óptica define los mármoles de esta cantera ubicada en proximidad al Pueblo de Rengos (véase capítulo 4) como una roca metamórfica de tonalidades blanca, rosácea o gris, la cual ofrece, con carácter general, una nítida textura granoblástica compuesta por cristales de calcita de grano fino que a veces exhiben bordes de grano irregulares, aserrados o suturados, con frecuencia interpenetrados unos con otros, en ocasiones hasta con formas poligonales, de tendencia hexagonal, cuadrada o rómbica, dispuestas en mosaico. Su exfoliación tiende a observarse muy marcada, no siendo infrecuente que ofrezcan moderados colores de interferencia al ser observados bajo nícoles cruzados. Con carácter aislado se reconocen cristales de cuarzo con morfología irregular o subredondeada (fig. 7.9).

FIGURA 7.9. Reguero de los Prados (Rengos). 1 y 2 (muestra A-1). Ejemplar de mano y característica textura granoblástica; 3 (A-3). Cristales de calcita maclados; 4 (A-4). Fisura rellena por material arcilloso-carbonatado; 5 y 6 (muestra A-5). Textura granoblástica en mármol blanco, con frecuentes puntos triples y algunos opacos con un cristal de cuarzo en el medio de la lámina de la derecha.

En los mármoles de tonalidad más blanca se distinguen escasas y dispersas inclusiones de óxidos de hierro en el material carbonatado, así como minerales arcillosos y filosilicatos, siendo habitual observar también granos de calcita maclados (especialmente en la muestra A-3) y muy raramente de dolomita.

En los mármoles grises se diferencia un porcentaje mayor de minerales arcillosos que tienden a significar hasta un 30 % de la sección microscópica en algunos casos, apareciendo muchos cristales de calcita de tamaño fino con su superficie «manchada» por restos de dichos componentes del grupo de los filosilicatos, advirtiéndose con cierta asiduidad presencia de rellenos de materiales arcillosos en fisuras (muestra A-4).

En ellos es también común la existencia de minerales opacos de óxidos de hierro, valorándose en un 3 a 5 % su contenido. En los de tonalidad rosa se advierte un moderado incremento de dolomita, talco y hematites.

La distribución por tamaños de los 94 granos de calcita medidos según su dimensión mayor, se recoge en la fig. 7.10, siendo sus valores extremos de 80 y 760 mµ, con un dato medio de 314 mµ, aunque otras muestras ofrecen unas dimensiones de grano bastante superiores.

Incluso, la muestra A-2 resultó ser de una caliza gris en el límite del tramo marmóreo con el techo del Miembro Medio. Ofrece una textura heterogénea con bandas de calcita recristalizada de grano muy fino (micrita) junto con cristales grandes (de 900 a 1.500 mµ) con estructuras circulares agrupadas o curvilíneas que corresponden a fósiles, alguna en forma de media luna (braquiópodos), otras redondas perfectas (crinoideos) con un núcleo circular de crecimiento (fig. 7.11).

Posee abundante material lutítico, entremezclado con un carbonato finísimo y son frecuentes los granos de cuarzo de 30 a 150 mµ, así como bandas de relleno de cuarzo microcristalino, que se dispone sustituyendo a los carbonatos que lo rodea, quedando islotes de éstos en el interior de la zona silicificada, donde se contemplan fisuras paralelas y cristales de calcita idiomorfos.

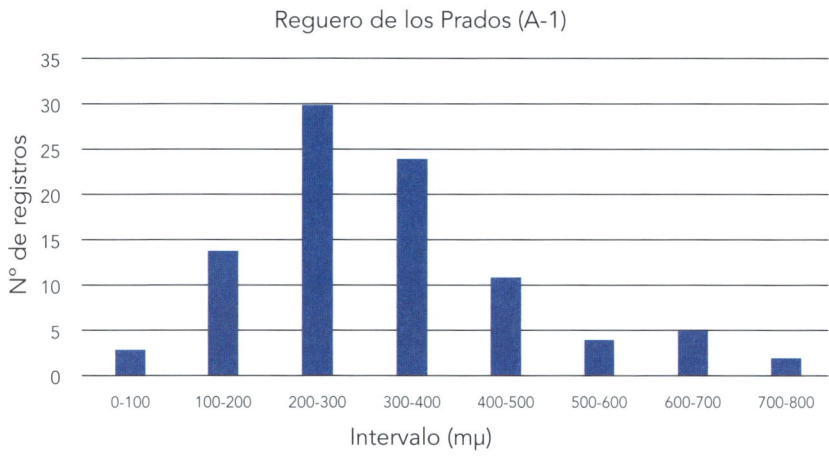

Figura 7.10. Distribución del tamaño de grano en la muestra A-1.

FIGURA 7.11. Reguero de los Prados (Rengos, Cangas del Narcea). Muestra A-2, mostrando puntualmente un notable contenido fosilífero cuando se observa al microscopio.

Reguero de los Prados 2.ª o Campoaviao

El estudio petrográfico realizado en esta cantera, ubicada próxima al puerto de Rañadoiro, confirma la existencia de mármoles de tonalidad blanquecina de notable limpieza (fig. 7.12). Al microscopio, ofrecen la típica textura granoblástica, con tamaño de cristales de calcita finos y de morfología subhedral, con bordes de grano irregulares y poco definidos, o bien con marcadas líneas de exfoliación tanto paralelas o entrecruzadas con distribución rómbica. Algunos cristales se presentan interpenetrados e incluso maclados.

Como impurezas, se reconocen cristales prismáticos de talco, de vivos colores de interferencia, minúsculos granos de óxidos de hierro aislados con tamaño menor de 50 mμ, así como componentes arcillosos de tonalidad grisácea muy dispersos.

Los tamaños de los granos, medidos según la longitud mayor (sobre 84 medidas), varían en la muestra B-1 entre 100 y 895 mμ, con una media de 443 mμ, y entre 80 y 1.080 mμ, con una media es de 492 mμ en la B-2 (fig. 7.13).

FIGURA 7.12. Ejemplares marmóreos de Campoaviao y su visión microscópica. Arriba: muestra B-1; abajo: muestra B-2. Los cristales de calcita muestran líneas de exfoliación y maclación, junto a algún grano de cuarzo incluido en la calcita o en los bordes de grano.

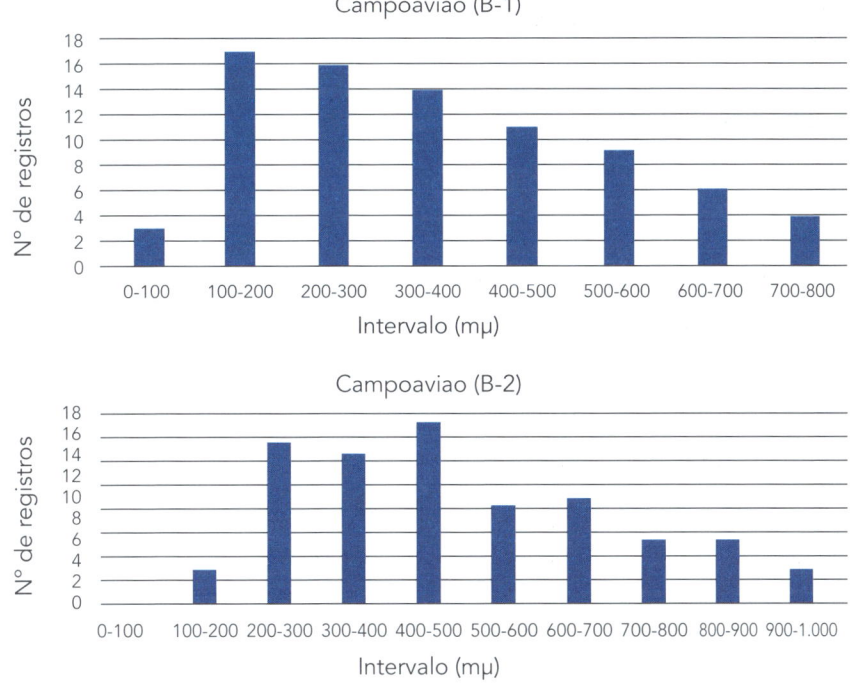

FIGURA 7.13. Distribución del tamaño de grano de las calcitas en muestras de Campoaviao.

Peña Moncó

El análisis petrográfico de los afloramientos y de los ejemplares de mano extraídos en este lugar, corresponden macroscópicamente a mármol blanco de tonalidad bastante homogénea, si bien en ocasiones ofrece un bandeado más o menos ordenado, con alternancia de tonos grises y blancos, distribución que aparece desde casi rectilínea hasta con núcleos subredondeados o irregulares (fig. 7.14).

Al microscopio de polarización, la calcita —como principal constituyente mineral, superior al 85 %— tiene un tamaño de grano de fino a muy fino y conforma una textura granoblástica de morfología idiomórfica con bordes, en general, rectilíneos bastante netos, mostrando, con notable frecuencia, puntos triples. Revelan con frecuencia una clara exfoliación, bien con uno o dos sistemas, en este caso con una ordenación romboédrica (fig. 7.15), a veces más señalados por los diferentes tonos de los colores de interferencia.

FIGURA 7.14. Diversas muestras de mármoles de la cantera de Peña Moncó. De arriba abajo y de izquierda a derecha: C-1, C-2, C-3, C-4, C-5 y C-6.

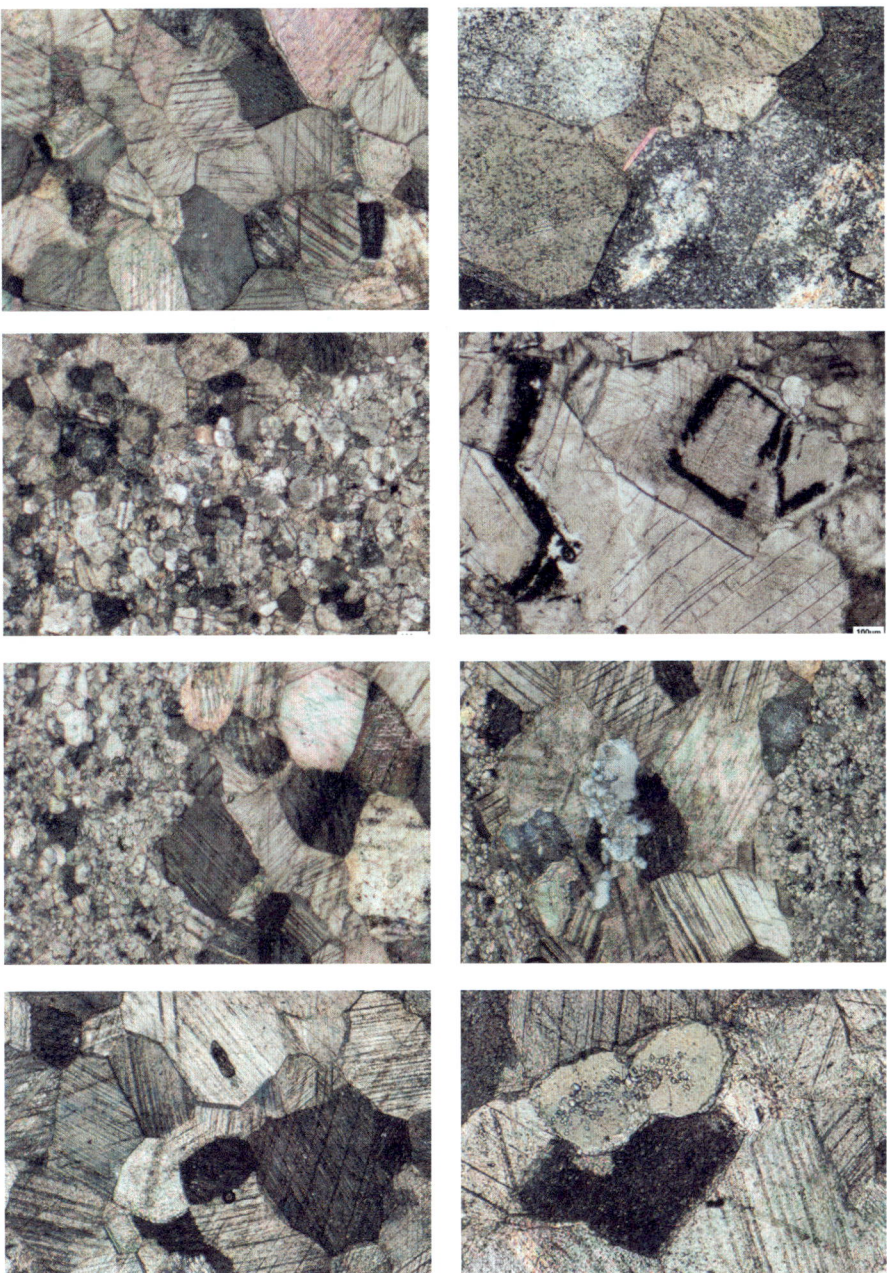

FIGURA 7.15. Observación microscópica de los mármoles de Peña Moncó. De izquierda a derecha y de arriba abajo: 1 y 2 (muestra C-1); 3 y 4 (C-2); 5 y 6 (C-4); 7 y 8 (C-5).

Es bastante común la existencia en los cristales de maclas polisintéticas (fig. 7.15, muestras C-1, C-4 y C-5). En las zonas con presencia de laminaciones, la distribución de tamaños es más homogénea, desde un orden fino a mostrar excepcionalmente grandes cristales idiomorfos fragmentados con recrecimientos que engloban en ocasiones óxidos de hierro.

La distribución del tamaño de los granos de calcita es bastante similar para todos los prototipos con tonalidad blanquecina uniforme (tabla 7.I y fig. 7.16).

7.I. TAMAÑOS DE GRANO EN CRISTALES DE CALCITA DE LA CANTERA DE MONCÓ

Muestra	N.º de medidas	Dimensión (mμ)		
		Máxima	Mínima	Media
C-1	86	910	100	408
C-4	85	750	100	455,5
C-5	85	730	100	408

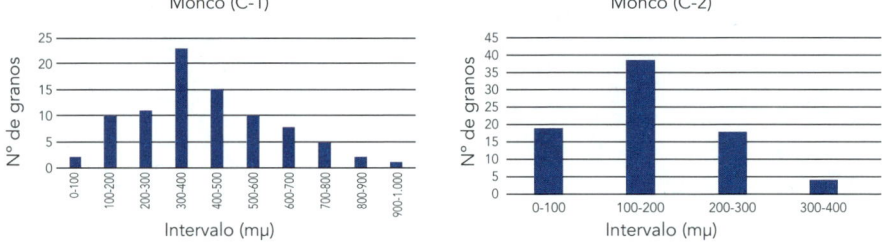

FIGURA 7.16. Distribución del tamaño de grano de las calcitas en muestras de Peña Moncó.

En aquellos ejemplares con bandeado, suele haber diferente grado de tamaños de grano según las distintas láminas (tabla 7.II y fig. 7.16, derecha).

7.II. TAMAÑOS DE GRANO EN LOS CRISTALES DE CALCITA DE PEÑA MONCÓ

Muestra	N.º de medidas	Dimensión (mμ)		
		Máxima	Mínima	Media
C-2	85	320	40	150
C-3	70	325	15	140
C-6 (banda gruesa)	60	1.315	110	469
C-6 (banda fina)	51	240	10	105

Como impurezas microscópicas en el mármol, debe señalarse al cuarzo, en general distribuido de manera escasa (inferior al 2-3 %) en los bordes de grano o en los puntos triples, mostrando una morfología variada, escasamente hexagonal idiomórfica. En porcentaje casi similar se visualizan cristales aislados opacos de óxidos de hierro. Algo más frecuente es la aparición de minerales arcillosos repartidos tanto en los bordes de grano como dispersos sobre la superficie y el clivaje de los granos de calcita, muy en particular en las zonas donde se aprecian mayores estructuras de laminación. Finalmente, con carácter bastante excepcional, se distinguen algunos filosilicatos con morfología regularmente prismática, incluidos en calcita y/o dolomita que corresponden a talco.

La Penona de Jalón

Las rocas marmóreas que se identifican en esta cantera canguesa ofrecen unas características similares a las ya relatadas en las explotaciones precedentes de las cercanías de Rengos. Se trata, por tanto, de una roca carbonatada afectada por metamorfismo, con predominio de calcita, aquí con tamaño fino a muy fino (fig. 7.17).

La muestra D-1 tiene un color blanco con finas bandas de tono grisáceo y pátina marrón o gris. Presenta estructuras con tendencia estilolítica grisácea o de tono marrón. Al microscopio la textura es típicamente granoblástica con un tamaño de grano reducido (fig. 7.18). La calcita exhibe morfología anhedral y

FIGURA 7.17. Diversos tipos de mármoles (muestras D-1 y D-2) de la cantera de La Penona de Jalón (Gedrez, Cangas del Narcea).

FIGURA 7.18. La Penona de Jalón. Vistas microscópicas de la muestra D-1.

límites o bordes irregulares interpenetrados con los adyacentes. Alrededor de un 50 % manifiestan exfoliación visible, en otros es menos aparente o inapreciable. Son reconocibles también escasos granos de cuarzo subhedral y apenas se aprecian agregados arcillosos.

Asimismo, existen zonas de concentración de óxidos de hierro asociados a microfracturas, siendo habitual la conjunción de dos o más de ellas, coincidiendo además con la presencia de microcristales de calcita y algo de material arcilloso que impregna y ensucia el carbonato.

La distribución granulométrica de la calcita se recoge en el gráfico adjunto, siendo las dimensiones máxima y mínima, sobre 92 mediciones, de 280 y 10 mµ respectivamente y un valor medio de 113 mµ (fig. 7.19, izquierda).

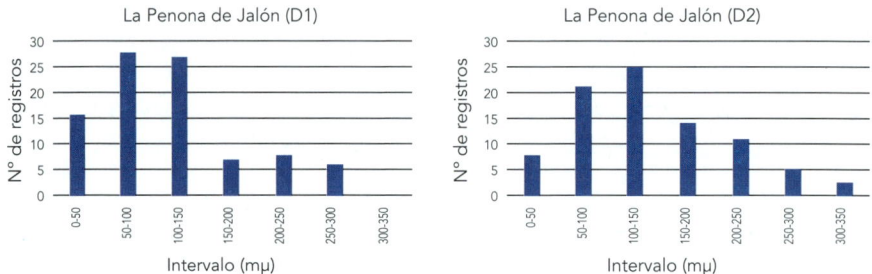

FIGURA 7.19. Distribución del tamaño de las calcitas en muestras de La Penona de Jalón.

La D-2 (fig. 7.17, derecha) es de un mármol blanco, algo sucio y fisurado, con textura granoblástica y límites de grano netos, desde rectangulares o hexagonales a irregulares o subredondeados. El tamaño de grano vuelve a ser fino a muy fino, acompañados de bastantes cristales de cuarzo y escasos opacos de óxidos de hierro. Se observan algunas microfisuras cerradas que apenas desplazan a los granos o dejan pequeños huecos, así como alguna microgeoda. El dimensionamiento de grano, realizado sobre 87 medidas, oscila entre 30 y 300 mµ, con un valor medio de 133 mµ (fig. 7.19, derecha).

La Pradera de Larón

El mármol de esta cantera presenta una dominante coloración blanquecina, con un tamaño de grano de fino a medio (fig. 7.20).

La textura granoblástica en la muestra E-1 (fig. 7.21) está formada por agregados de calcita en mosaico con bordes de grano bien definidos, con aristas desde subrectilíneas a irregulares, a veces escalonadas o levemente interpenetradas entre cristales adyacentes. Es muy notoria una clara exfoliación con una o dos direcciones, en este último caso dibujando morfologías rómbicas.

FIGURA 7.20. Muestras de mármol procedentes de La Pradera de Larón (E-1, E-2 y E-3).

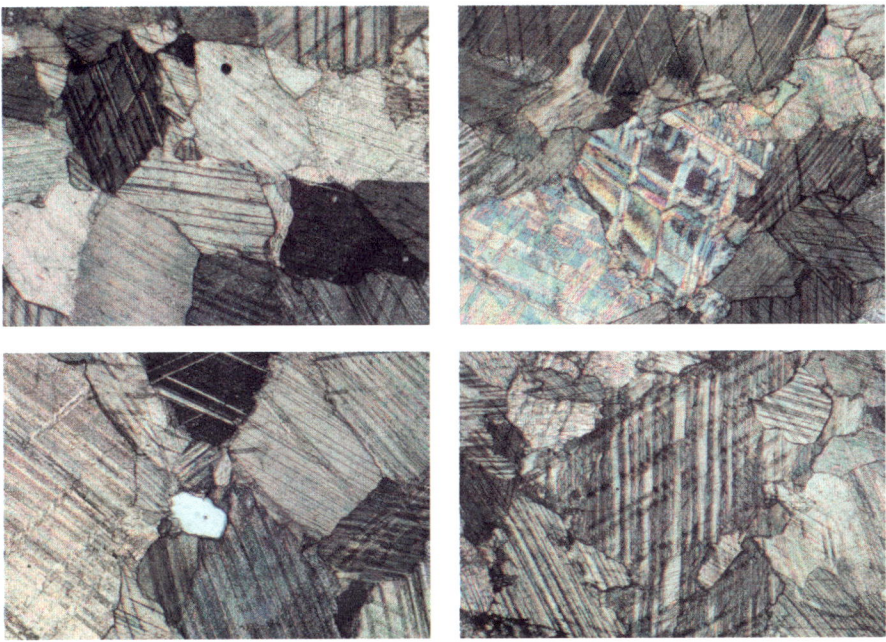

FIGURA 7.21. La Pradera de Larón. Aspecto microscópico con nicoles cruzados de la muestra E-1.

Periódicamente, presenta inclusiones diminutas de cuarzo, gránulos de óxidos de hierro aislados, material arcilloso y filosilicatos (talco), éstos con claros colores de interferencia amarillos y azulados. Con luz natural, se observa un aspecto granuloso que puede asignarse a calcita en aquellas secciones donde se intuye algo de exfoliación.

En la E-2 la textura es de grano fino (fig. 7.22, arriba), con bordes rectilíneos y otros escalonados, aunque lo más frecuente es que sean irregulares o subredondeados. Marcadas líneas de exfoliación, tanto en una sola dirección como dos intersectadas.

Ocasionalmente, se advierte alguna fisura muy clara, casi rectilínea, abierta sin relleno mineral que bien rompe los granos o recorre los bordes de los mismos marcando una línea divisoria muy fina. Escasos granos pequeños aislados de cuarzo ubicados en bordes de grano o incluidos en calcita y posibles cristales de talco con vivos colores de interferencia amarillo, azul y verde.

En la E-3 (fig. 7.22, abajo) se aprecia un dominio casi exclusivo de calcita con una marcada exfoliación en uno o dos sistemas, ocasionalmente macladas de forma polisintética paralelas a la exfoliación romboédrica. Exhibe una neta textura granoblástica en mosaico, cuyo tamaño de cristal varía de medio a grande, con morfologías de subidiomorfa a irregular y límites de grano netos con bordes algo irregulares o incluso rectilíneos, a veces aserrados, suturados o corroídos con interpenetración de unos con otros.

Junto al carbonato existe una diseminación de minúsculos granos de óxidos de hierro, a la vez que algún filosilicato (flogopita) y quizá talco de

Figura 7.22. La Pradera de Larón. Láminas delgadas (arriba, muestra E-2; abajo, E-3).

tamaños diminutos. Se detectan pequeños cristales de calcita en los puntos triples entre granos, así como de cuarzo, en similar posición entre calcitas o como pequeñas inclusiones.

Es común que superficialmente la roca carbonatada ofrezca una pátina gris oscura (véanse figs. 4.42 y 4.43) relacionada con agrupaciones granulares irregulares de minerales arcillosos y de óxidos de hierro, dispuestos preferentemente entre los bordes de grano de los cristales de calcita con morfología subhedral a euhedral y mostrando en ocasiones una textura en mosaico.

La tabla 6.III presenta la distribución de tamaños de grano de algunos ejemplares, medidos según la longitud mayor del grano.

7.III. TAMAÑO DE GRANO DE LA CALCITA EN MUESTRAS DE LA PRADERA DE LARÓN

Muestra	N.º de medidas	Dimensión (mµ)		
		Máxima	Mínima	Media
E-1	84	1.040	70	524,5
E-2	87	640	80	325
E-3	101	1.340	125	576,5

La distribución del tamaño de grano de la calcita en cada una de los ejemplares se refleja en las fig. 7.23.

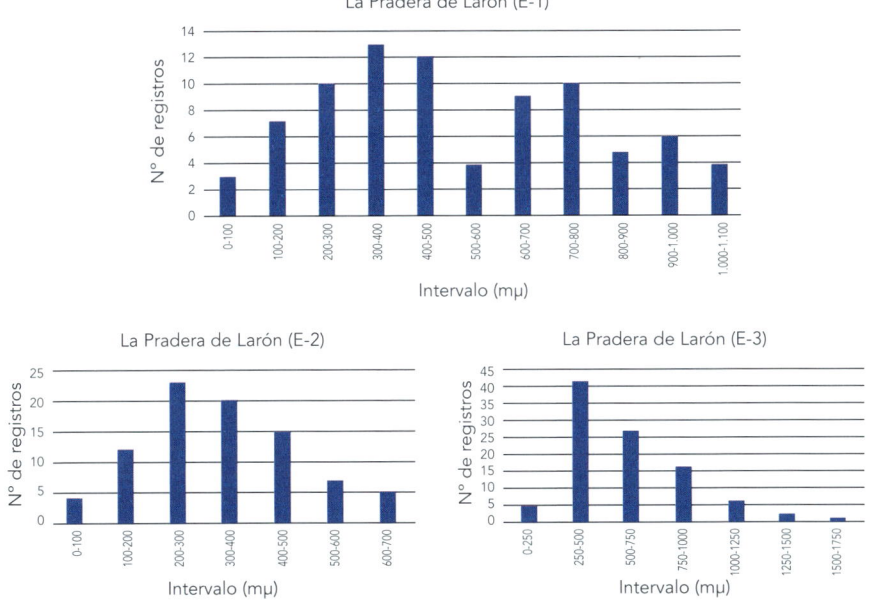

FIGURA 7.23. Distribución del tamaño de las calcitas en muestras de La Pradera de Larón.

Petrografías en Degaña

Se trata del yacimiento marmóreo más meridional de Asturias, lindando al norte con el concejo de Cangas del Narcea y al sur con la provincia de León. Aunque hay otros pequeños indicios en este ámbito, el principal afloramiento se halla en el Campo Las Corradas o Campo Sagrado, al este de Cerredo.

Campo Las Corradas o Campo Sagrado

El análisis geológico de este espacio geográfico permite reconocer determinadas zonas con una intensa fracturación de los niveles marmorizados de la *Formación Vegadeo*, presentando una pátina grisácea, aunque en superficie fresca, al ser golpeados y fragmentados, ofrecen el característico color blanquecino.

Se distinguirán las dos labores que se encuentran muy cercanas. En «Corón de Arriba» las muestras están rotuladas con la letra F, mientras que en «Corón de Abajo» se denominan a efecto de etiquetado representativo como G.

Peña Corón de Arriba

El estudio petrográfico realizado al microscopio sobre las láminas delgadas de los especímenes extraídos (fig. 7.24) en distintos entornos de la cantería, —conocida como el Campo Las Corradas o Campo Sagrado (figs. 4.48, 4.50 y 4.51)—, determina que todas ellos presentan una textura granoblástica, en ocasiones constituida por cristales poligonales de calcita de grano variable, desde fino a grueso, distribuidos tanto en mosaico con límites de grano a veces rectilíneos y netos, como subhedrales (figs. 7.25 a 7.28).

Resulta singular la aparición de cristales de cuarzo de dimensiones variables, bien aislados o en agrupaciones, con frecuentes y diminutas inclusiones subcirculares, tanto fluidas como de carbonato cálcico. Los de mayor dimensión oscilan entre 400 y 550 mµ.

Asimismo, llegan a ser común en la mayoría de las láminas estudiadas cristales prismáticos euhedrales de talco, sea incluido en la calcita, como en la zona de bordes de granos, bien definibles por sus vivos colores de interferencia, en su mayoría amarillos o verdes (figs. 7.26 y 7.27). Como impurezas están presentes los minerales arcillosos, siendo más abundantes en las microfisuras, aunque en ocasiones se reparten sobre la superficie de los cristales de calcita, o más infrecuentemente de dolomita.

En la fig. 7.25 se incluyen seis imágenes microscópicas de una de las muestras (F-1.3), que muestran una textura granoblástica y granos irregulares a subidiomorfos, ofreciendo límites en ocasiones difusos. Resulta abundante el material arcilloso distribuido entre las superficies de los cristales carbonatados o superpuestos sobre las abundantes líneas de exfoliación que, como viene siendo común, tienen uno o dos sistemas.

Son frecuentes los granos de cuarzo, a veces subredondeados, dispersos y de tamaño fino a medio (30-400 mµ), ocasionalmente con extinción ondulante

FIGURA 7.24. Diversos tipos de mármoles de la cantera de Corón de Arriba en el Campo Las Corradas o de Campo Sagrado, en Cerredo (Degaña). De arriba abajo y de izquierda a derecha: F-1.1, F-1.2, F-2, F-3, F-4 y F-5.

y con inclusiones sólidas de carbonatos con colores de interferencia acusados. La calcita dolomítica también contiene pequeñas inclusiones o cristales, con vivos colores de interferencia, con preferencia en los bordes de grano, con tendencia ovalada o cuadrangular, probablemente asimilables a talco. Se aprecian algunas microfisuras que no desplazan a los granos de calcita, sino que los atraviesa rectilíneamente, salvo algún tramo con bifurcaciones.

En la fig. 7.26 se observan cristales grandes de calcita con cierta elongación, ofreciendo de vez en cuando su dimensión mayor orientada paralelamente entre

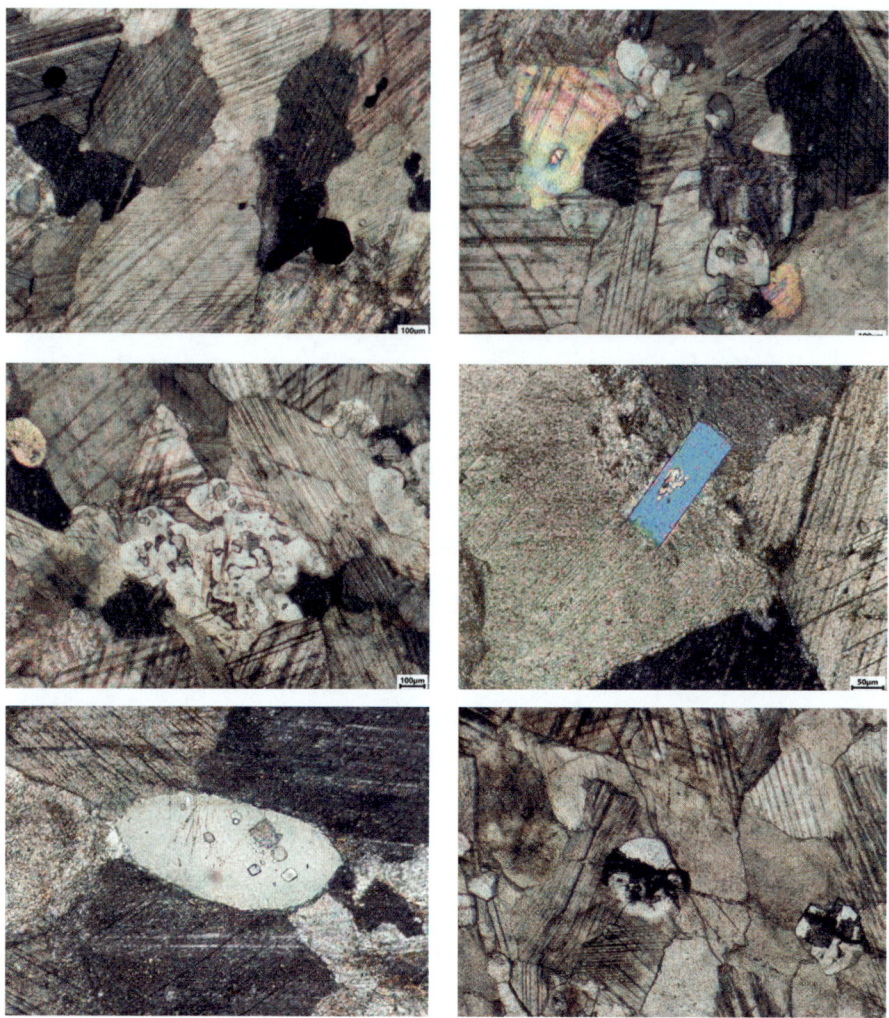

Figura 7.25. Peña Corón de Arriba. Aspecto microscópico de la muestra F-1.3.

sí (textura con tendencia lepidoblástica), algunos superiores a 2 mm, con aristas irregulares e interpenetraciones de cristales de calcita, otros interpuestos e incluidos con finas líneas de exfoliación, paralelas o en dos sistemas, e incluso en tres (dos de ellos formando un ángulo de 10-15°). Los bordes de grano llegan a ser irregulares en su mayoría, aunque algunos exponen una o dos aristas rectilíneas.

Se detecta la presencia de fisuras subparalelas que siguen los bordes de grano en las que se concentran óxidos de hierro y finos cristales de cuarzo. En general, no producen traslaciones en los granos de calcita, de forma que suelen incorporar minúsculos granos de carbonato, mientras que otras son limpias. En la microfotografía de la derecha de dicha fig. 7.26 exhibe un pequeño cristal muy birrefringente de talco incluido en otro de calcita con maclas.

La muestra F-1.5 pertenece a un mármol de color cremoso de grano medio, con una textura granoblástica (fig. 7.27) muy similar a la F-1.4; de vez en cuando los cristales de calcita se distribuyen en mosaico, con intensa exfoliación en uno o dos sistemas. La impregnación del componente arcilloso proporciona un aspecto de suciedad de tono gris-marronáceo, tanto en la superficie cristalina como a lo largo de las líneas de exfoliación.

Los granos de calcita tienen a formar bordes difusos, otras son netos, con morfología irregular a subidiomorfa, bien prismática alargada, hexagonal o rómbica. Bordes ocasionalmente aserrados en escalera. Inclusiones de cuarzo (con tamaño comprendido entre 15 y 550 mµ) y frecuentes óxidos de hierro.

 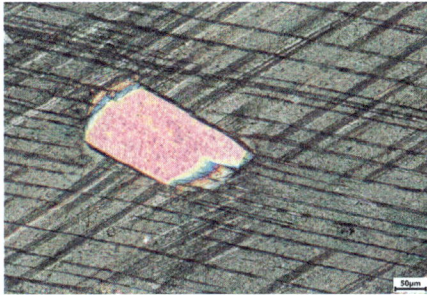

FIGURA 7.26. Peña Corón de Arriba. Detalles microscópicos de la muestra F-1.4.

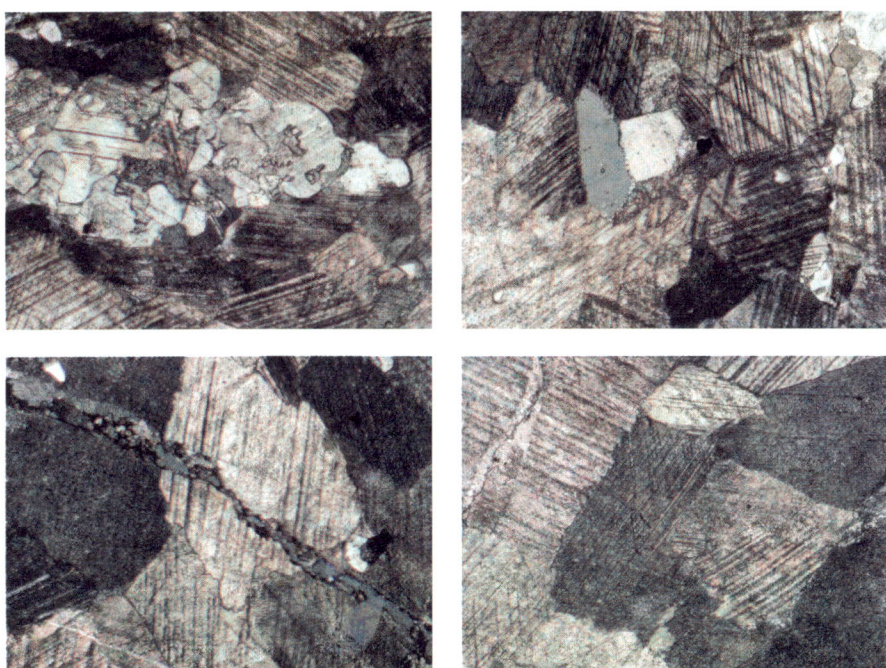

FIGURA 7.27. Peña Corón de Arriba. Muestra F-1.5.

319

Figura 7.28. Peña Corón de Arriba. Muestra F-1.6.

Como viene siendo habitual, vuelven a reconocerse fisuras con tendencia rectilínea rellenas de calcita, cuarzo y abundantes óxidos de hierro, con una anchura de 80-100 mµ que atraviesan los grandes cristales de calcita (fig. 7.27, foto inferior izquierda).

La F-1.6 corresponde a un mármol blanco-grisáceo, bastante impuro. Ofrece una textura granoblástica con cristales de calcita de tamaño grande a medio, con límites irregulares y cierta penetración de intercrecimiento, tanto en los bordes como en el interior (fig. 7.28) y sobresale la exfoliación, así como las maclas polisintéticas (imagen de la izquierda). Los perímetros de grano son frecuentemente difusos, otros subidiomorfos o incluso netos rectangulares. Los cristales mayores de calcita alcanzan las 3.500 mµ (desde más de 2.000 mµ) y coexisten con otros de menor tamaño.

Son comunes los componentes minerales aislados de óxidos de hierro de una talla comprendida entre 20 y 200 mµ. También aparece cuarzo (400 mµ) a veces idiomorfo hexagonal (fig. 7.28, derecha) y probable talco. Como ocurre en los casos precedentes, resalta alguna microfisura rellena de calcita microcristalina y materia arcillosa.

Son igualmente asiduos los cristales de calcita con acusados colores de interferencia, y según la sección del mineral se obtiene mayor o menor birrefringencia, por lo que en estos últimos casos manifiestan tonalidades de más bajo grado y por ello más vivos. De nuevo la exfoliación es muy aparente, formando estructuras internas rómbicas o en bandas bastante notables en función de las líneas de exfoliación, unas violetas y amarillas, otras azul-verdosas.

Los análisis granulométricos de los granos de calcita característicos de esta cantera se representan en las fig. 7.29.

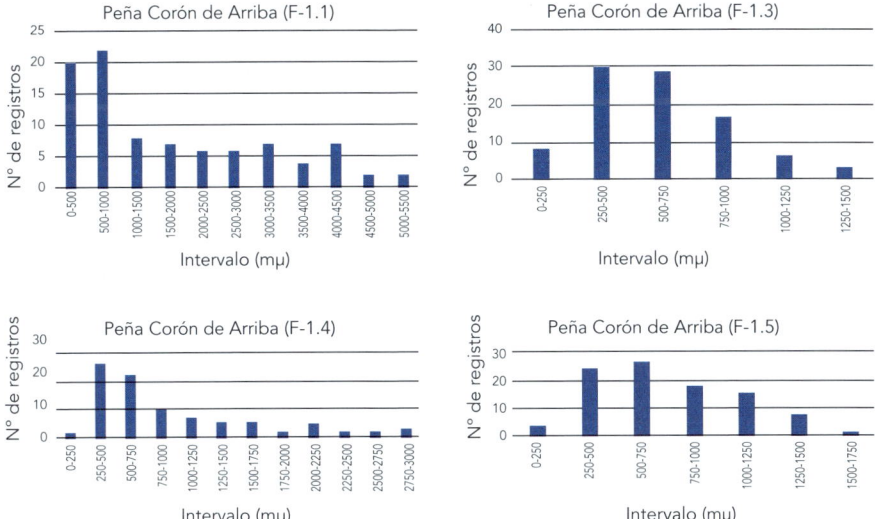

FIGURA 7.29. Distribución del tamaño de las calcitas en muestras de Peña Corón de Arriba.

Peña Corón de Abajo

En proximidad a la cueva de Fonchada siguen aflorando mármoles blanquecinos que han sido objeto de explotación, aunque con mucho menos vigor que en la vecina zona de Corón de Arriba. Con el fin de proceder a su estudio microscópico se han recogido cuatro ejemplares (fig. 7.30).

En la figs. 7.31 y 7.32 se presentan microfotografías de muestras representativas del lugar que, como puede observarse, comparten una texturación y mineralogía similar.

La G-1.1 corresponde a un mármol blanco-grisáceo de grano grueso. Su textura es granoblástica con grandes cristales de calcita con morfología anhedral y bordes de grano irregulares, escalonados, suturados o lobulados; algunos de ellos están incluidos en otros mayores o interpenetrados en los límites de grano, solo en ciertas ocasiones se ve alguna arista rectilínea, y tienden a morfologías subhedrales.

Es evidente la presencia de una marcada exfoliación, sobre todo en los ejemplares más elongados, con uno o dos sistemas. Con frecuencia la calcita ofrece con luz natural una tonalidad entre gris oscura y marrón, diferenciándose con luz polarizada maclas de tipo polisintético según (0112).

Como inclusiones, aparecen núcleos arcillosos dispersos, así como ciertos minerales negros (con nicoles cruzados) e isótropos con morfología cuadrangular derivados de la alteración de pirita; también algún filosilicato (talco) y óxidos de hierro en granos minúsculos irregulares. El talco se manifiesta en cristales rectangulares euhedrales con colores de interferencia violetas o verdes. Asimismo, se distingue alguna microfisura sin desplazar aparentemente a los granos.

FIGURA 7.30. Mármoles de Peña Corón de Abajo en Campo Las Corradas, próximos a la cueva de Fonchada. De izquierda a derecha y de arriba abajo: G-1.1, G-1.2, G-1.3 y G-2.

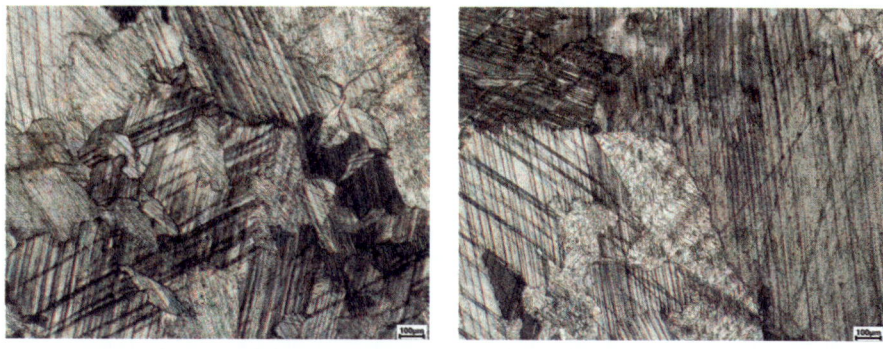

FIGURA 7.31. Peña Corón de Abajo, textura microscópica de la muestra G-1.1.

Las microfotografías de la fig. 7.32 conciernen a un mármol blanco-grisáceo de tamaño de grano grueso (muy similar al anterior), con textura granoblástica. Los cristales de calcita tienen mayormente hábitos irregulares con bordes lobulados.

Presenta fisuras, alguna abierta, otras rellenas de calcita muy fina. Se observa algún filosilicato difícil de diferenciar si se trata de moscovita o talco.

FIGURA 7.32. Cantera de Peña Corón de Abajo, muestra G-1.2.

La fig. 7.33 representa el aspecto microscópico de un mármol blanco-grisáceo con un tamaño de grano medio a fino, con textura granoblástica formada por calcita irregular de bordes netos, aunque suturando unos granos con otros, a veces se llegan a atravesar o se disponen incluidos en otros mayores.

Algunas calcitas manifiestan una tonalidad grisácea con luz natural, con líneas de exfoliación muy marcadas y apretadas. Su morfología es subhedral o anhedral con escasos granos de morfología euhedral. Algunos cristales están maclados polisintéticamente.

Exhiben un diferente grado de granulación derivado de un cierto grado de cataclasis, como también parece indicarlo la extinción ondulante en algunos granos de cuarzo (ocasionalmente con pequeñísimas inclusiones gaseosas). Aparición de algunos filosilicatos (talco).

La G-1.4 pertenece a una roca calcárea de naturaleza frágil, laminada y alterada que apenas suele tener consistencia para obtener una lámina delgada dado que se fractura y disgrega al pulirla. Los escasos y dispersos fragmentos observables al microscopio presentan granos de calcita de contorno muy irregular, con tamaños variables, interpenetrados, que no tienden a mostrar una textura granoblástica. Recurrentemente, se entremezclan con material arcilloso y contienen pequeñas inclusiones de cuarzo euhedral a subhedral. Concierne a una caliza escasamente marmorizada, con intercalaciones lutíticas que, en general, ofrecen una distribución bandeada.

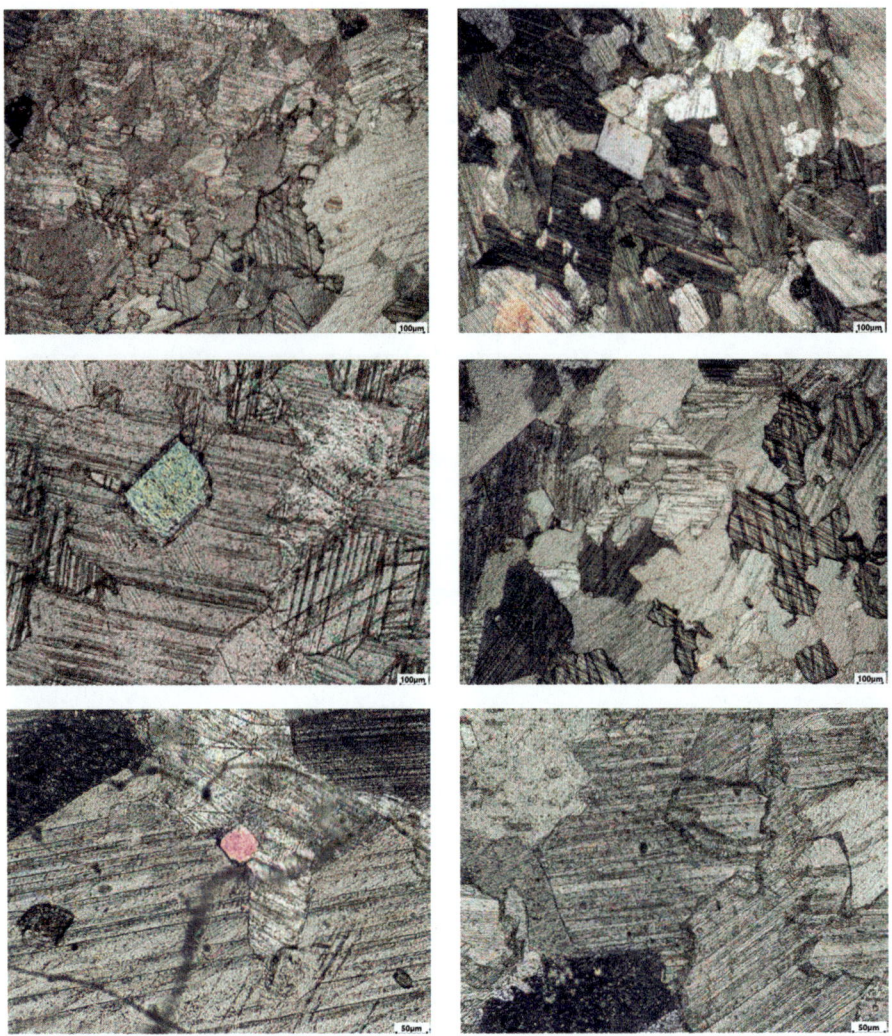

FIGURA 7.33. Cantera de Peña Corón de Abajo. Muestra G-1.3.

Por último, la fig. 7.34 expone seis microfotografías de una caliza marmórea laminada, desde gris-blanquecina hasta mármol grisáceo, ofreciendo éste una textura granoblástica con tendencia en mosaico y casi equigranular, con una cierta elongación y orientación paralela de los granos. Con luz natural predominan los tonos grises, destacando una marcada exfoliación con uno o dos sistemas, así como una frecuente maclación polisintética y bordes de grano irregulares, tanto curvados como algo lobulados, escasamente rectilíneos cuando se observan con nicoles cruzados.

Figura 7.34. Cantera de Peña Corón de Abajo en Campo Las Corradas, muestra G-2.

Vienen a ser reiteradas las inclusiones de óxidos de hierro en granos dispersos y de pequeño tamaño (del orden de 50-100 mμ) que ocasionalmente, junto a un componente arcilloso, se reparten siguiendo finas líneas de sutura irregulares, no rectilíneas, a manera de microestilolitos. Son comunes los granos de cuarzo dispersos, subredondeados, de hasta 150 mμ, con diminutas inclusiones fluidas.

A su vez, es relativamente frecuente la aparición de filosilicatos: talco (y posiblemente moscovita) en láminas rectangulares de pequeño tamaño (210 x 50 mµ), con una morfología idiomorfa que deben de ser en su totalidad de talco en razón a las condiciones térmicas de formación del mármol (de bajo a medio grado). La abundancia de pequeños cristales de este mineral rico en magnesio indicaría que la roca originaria de la que deriva la metamórfica correspondería a una caliza algo dolomitizada —como suele ser frecuente en la *Formación Vegadeo*[14]— que aportaría dicho integrante para la posterior génesis del silicato.

La fig. 7.35 recoge algunos ejemplos de la distribución estadística según los tamaños de los granos de la calcita de Peña Corón de Abajo.

A modo de resumen, la tabla 7.IV recopila las granulometrías de los granos de calcita de los yacimientos de Degaña, donde queda reflejado como el tamaño de los cristales sufre variaciones de unas muestras a otras.

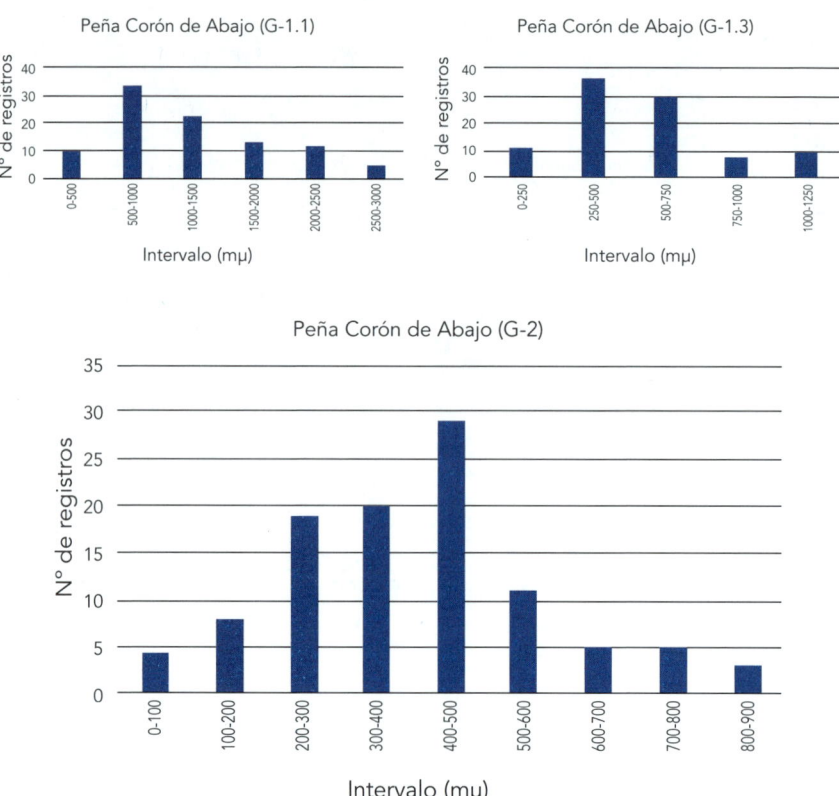

FIGURA 7.35. Distribución del tamaño de las calcitas en muestras de Peña Corón de Abajo.

_____

[14] ZAMARREÑO y PEREJÓN (1976).

7.IV. Tamaño de grano de la calcita en las canteras de Campo Las Corradas

Muestra	N.º de medidas	Dimensión (mµ)		
		Máxima	Mínima	Media
F-1.1	91	5.200	100	1.850
F-1.2	82	7.200	225	2.250
F-1.3	90	1.320	150	608
F-1.4	100	3.050	280	1.041
F-1.5	94	1.500	160	774,5
G-1.1	94	2.830	290	1.229,5
G-1.2	71	2.020	160	1.105
G-1.3	93	1.300	100	552
G-2	97	830	90	391,5

Petrografías en Castropol

Se trata de los afloramientos marmóreos más occidentales de Asturias, entorno a la margen derecha de la ría del Eo, a caballo entre los municipios de Vegadeo y Castropol. En este ámbito existen dos estructuras anticlinales en cuyo núcleo se dispone el nivel carbonatado cámbrico (véase fig. 4.59).

Vilavedelle

Las explotaciones marmóreas existentes en esta localidad implican, de nuevo, a niveles carbonatados de la *Formación Vegadeo* aflorantes en el límite occidental de Asturias. Tienen como referencia las descripciones geológicas realizadas a finales del siglo XIX por alguno de los pioneros de la geología regional, como fueron el francés Charles Barrois y el aragonés Lucas Mallada (ver figs. 2.11 y 2.12).

El resultado del estudio microscópico de las muestras analizadas (referenciadas con la letra H) es coincidente con el efectuado en 1882 por el científico galo, perteneciendo los mármoles blancos o grisáceos a rocas con la típica textura granoblástica, con cierta tendencia a disponerse los cristales según una distribución en mosaico, con sus bordes rectilíneos y netos, si bien presentan en ocasiones un hábito subhedral o anhedral, siendo asimismo frecuente que ofrezcan un acusado bandeado.

El tamaño de grano tiende a ser algo fino y homogéneo (fig. 7.36) con un valor medio de 480 mµ, existiendo una predisposición a mostrar una cierta elongación (fig. 7.37, H-1 y H-2), así como a mostrar recrecimientos del carbonato entre los cristales de calcita dificultando entonces apreciar la exfoliación.

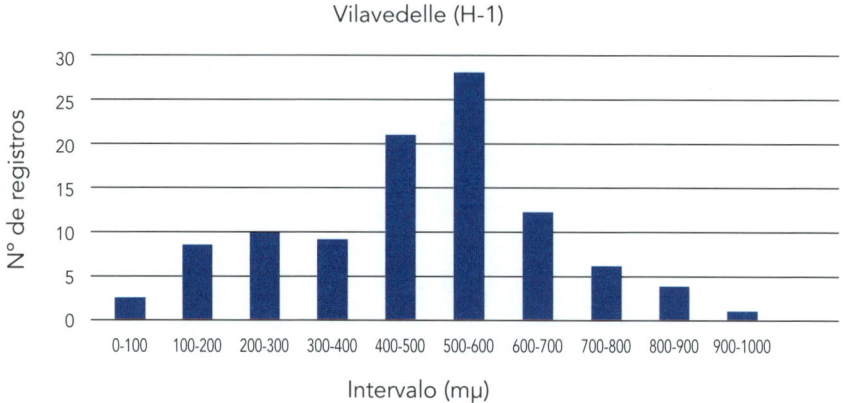

FIGURA 7.36. Distribución granulométrica de los granos de calcita.

Como minerales accesorios se identifica cuarzo con morfología subhedral y de muy reducidas dimensiones, así como clorita dispersa y escasos
óxidos de hierro.

La muestra H-2 presenta una mineralogía similar a la H-1, con un cierto
tono rosado, pero de tamaño de grano de la calcita más fino, entre 50 y 400
mμ. Es bastante más abundante en cuarzo, desde subredondeado o incluso
euhedral prismático, con dimensiones entre 50 y 300 mμ, los cuales contienen
frecuentes inclusiones minúsculas tanto de carbonatos, como gaseosas y de
silicatos (circón) (fig. 7.37, centro). Son visibles algunas bandas de tono grisáceo constituidas por clorita y óxidos de hierro, entremezclados con cristales
de carbonatos elongados según la laminación.

Junto con los tramos marmóreos referidos existen intercalaciones de niveles laminados de tonalidad gris verdosa y blanquecina (H-3) con predominio en este caso de clorita además de cuarzo y calcita, todo ello de tamaño
muy fino. También se ven agregados arcillosos subredondeados y bandas de
carbonato, tanto con una distribución espacial paralela, como transversal a los
tramos cloritosos.

Allí donde hay mayor abundancia de calcita, ésta manifiesta una textura
dominante en mosaico, con bordes de grano bien definidos y una tendencia
rectilínea, con neta exfoliación y, a veces, una evidente maclación. Su tamaño
de grano es fino, entre 30 y 400 mμ, con un valor medio de 210 mμ. De manera dispersa se identifican finísimos granos de óxidos de hierro (5-20 mμ), pre-
dominando en las fracciones de dimensión más reducida. No obstante, resulta
bastante frecuente la aparición de microfisuras, tanto rectilíneas, como con un
trazado irregular, que apenas llegan a provocar un deslizamiento cristalino.
Suelen estar, a veces, rellenadas por microcristales de calcita y, en ocasiones,
por óxidos de hierro en núcleos diseminados.

FIGURA 7.37. Mármol de Vilavedelle, muestras de mano y microscópicas. De arriba abajo: H-1, H-2 y H-3. Muestra H-1: Mármol blanco-grisáceo extraído en la antigua cantera; textura granoblástica, con calcita algo elongada. H-2: Mármol blanco con ligero tono rosado; calcita elongada y cuarzo con finas inclusiones. H-3: Caliza marmórea, laminada y cloritosa; lámina de calcita intercalada en la masa cloritosa, con abundantes óxidos de hierro.

Petrografías en Piloña

Al sur de Infiesto, especialmente en las inmediaciones de Cardes y Lozana, se encuentran asomos marmóreos en relación con la *Formación La Escalada* del Carbonífero Superior.

Cardes

Como ya quedó de manifiesto en el capítulo 6, al sur de esta localidad piloñesa se extrajo mármol en la cantera de El Pipotón, de la cual se han obtenido diferentes muestras numeradas como I-1 a I-6 (figs. 7.38 y 7.39).

A simple vista, en su mayoría se corresponden con dicha roca metamórfica, que se halla asociada a niveles carbonatados del Carbonífero. Los

FIGURA 7.38. Mármoles de Cardes (Infiesto)-I. De arriba abajo: I-1, I-2 y I-3. Muestra I-1: Textura granoblástica con calcitas bandeadas de tamaño de grano muy fino a fino. I-2: Abundantes óxidos de hierro. I-3: Macla en cristal de calcita con óxidos de hierro y minerales arcillosos en la superficie de los granos.

especímenes más frecuentes y aparentes ofrecen un nítido color blanco[15], si bien se identifican ejemplares con tonalidades amarillenta, crema, levemente rosada o gris claro.

La muestra I-1 corresponde a un mármol blanco con una textura grano-blástica, con un tamaño de grano bastante fino (con una media de 225 mμ).

FIGURA 7.39. Mármoles de Cardes (Infiesto)-II. De arriba abajo: I-4, I-5 y I-6. Muestra I-4: Bandeado de material arcilloso y carbonatado con óxidos de hierro dispersos. I-5: Mineral prismático de moscovita en un punto triple de granos de calcita, con clara exfoliación. I-6: Cuarzo en el límite de granos de calcita, éstos con marcada exfoliación.

---

[15] En el tiempo de su explotación recibió una notable valoración, en particular para un destino ornamental.

Características texturales bastante similares se observan en el mármol correspondiente a la I-2, con un abundante contenido en óxidos de hierro sobre todo en los bordes de grano, tanto rectos como lobulados.

La numerada como I-3 exhibe bordes de grano difusos y lobulados, con cierta abundancia de materiales arcillosos, además de finos granos de óxidos de hierro, tanto en los límites cristalinos como sobre su superficie.

La I-4 corresponde a una lutita calcárea metamorfizada con tamaño de grano muy fino (inferior a 50 mμ), cierta distribución bandeada y con algunas fisuras rellenas de carbonato cálcico, junto a otras abiertas.

La I-5 y I-6, recogidas en el talud suroccidental de la cantera, corresponden al mármol de mayor grado de pureza, con el tono blanquecino más puro y limpio. Manifiestan una textura granoblástica con cristales de calcita con hábito subhedral a anhedral y tamaño medio, aunque con la media más alta (tabla 7.V), con límites bien definidos y netos, frecuentemente rectilíneos o ligeramente curvados; distribución ocasional en mosaico con puntos triples bien evidentes. Es aparente una exfoliación muy marcada, con frecuentes las maclas polisintéticas en la calcita. Como accesorios aparecen de forma ocasional minerales prismáticos de moscovita, más o menos elongados (I-5), granos de cuarzo (I-6) comúnmente subredondeados, escasos óxidos de hierro y minerales arcillosos.

7.V. Tamaño de grano de los granos de calcita
en la cantera de Cardes

Muestra	N.º de medidas	Dimensión (mμ)		
		Máxima	Mínima	Media
I-1	80	410	30	215
I-2	95	1.450	80	380
I-3	84	670	40	270
I-5	92	1.600	160	560
I-6	76	2.050	150	630

Lozana

Por regla general, la mayoría de las muestras reconocidas en las inmediaciones de este ámbito piloñés ofrecen una singular pureza, resultado de una depurada tonalidad blanquecina. El mármol está constituido por cristales de calcita subhedrales a anhedrales, con límites de grano irregulares, a veces superpuestos entre sí, interpenetrados o incluidos. El tamaño de grano es reducido, con la dimensión mayor comprendida entre 50 y 450 mμ y el valor medio de 150 mμ.

Son frecuentes las maclas polisintéticas (fig. 7.40, muestra J.1), así como agrupaciones de componentes de menor tamaño (fig. 7.40, J.2) con respecto al resto que los bordea. Se observan escasos opacos de ínfimas dimensiones, a la vez que algunos minerales arcillosos muy dispersos.

FIGURA 7.40. Características del mármol de Lozana. Arriba, muestra de campo representativa; izquierda, J.1; derecha, J.2.

Petrografías en Salas

En este concejo, se han estudiado muestras de tres afloramientos carbonatados relacionados con formaciones estratigráficas del Devónico Inferior y Medio: Carlés, Viescas y Godán-Arcellana.

Carlés

En el contacto de la roca intrusiva aflorante en este yacimiento con los niveles carbonatados basales del *Grupo Rañeces* (Devónico Inferior) se han formado calizas marmóreas e incluso mármoles, con una tonalidad blanca o ligeramente cremosa (fig. 7.41, muestras K-1 y K-2), con alguna banda delgada de color negro o gris oscuro, derivada de la presencia, con carácter accesorio, de óxidos de hierro o impurezas de minerales silicatados. En ocasiones, ofrece una tonalidad gris con estructura homogénea o laminada (K-3).

Las texturas (fig. 7.41) varían desde granuda de grano fino, a granoblástica de borde de grano difuminado, incluso en mosaico, con tamaño de tipo medio en esta última (tabla 7.VI).

7.VI. Tamaño de grano de la calcita en muestras de Carlés

Muestra	N.º de medidas	Dimensión (mμ)		
		Máxima	Mínima	Media
K-1	74	370	25	165
K-2	93	410	5-10	180
K-3	82	3.900	25	560

Figura 7.41. Mármoles de Carlés. De arriba abajo: muestras K-1, K-2 y K-3.

FIGURA 7.42. Carlés, detalles de la muestra K-1. Izquierda: caliza marmórea rica en cuarzo y magnetita. Derecha: caliza marmórea con glóbulos de cuarzo microcristalino.

La muestra K-1 corresponde a un mármol blanco, perteneciente a un testigo de sondeo, con textura granoblástica, cuyos cristales de calcita muestran límites irregulares, con contactos generalmente difusos, en una proporción del carbonato cercana al 70 %. Aparecen dispersos entre los granos de calcita, o como inclusión, cuarzos con marcada extinción ondulante en cristales muy finos (entre 50 y 80 mμ) que, a veces, constituyen agrupaciones globulares de hasta 200 mμ de diámetro (fig. 7.42, derecha) y que llegan a mostrar contenidos de hasta el 40 %.

Como minerales accesorios se encuentran óxidos de hierro (magnetita), tanto desperdigados como concentrados rellenando fisuras que atraviesan la masa cuarzo-carbonatada, así como escasos y dispersos silicatos, con morfología laminar (moscovita, sericita) y fibrosa (wollastonita y serpentina) (fig. 7.41, K-1), siendo patente una microfisuración más o menos regular y rectilínea (fig. 7.41, K-2; fig. 7.42, derecha).

La K-2 y K-3 presentan características morfológicas bastante similares *de visu*. La primera consiste en un mármol blanco cremoso proveniente de la corta a cielo abierto, mientras que la segunda representa un mármol gris, compacto y homogéneo. Al microscopio muestran evidentes procesos de recristalización posterior del carbonato que dan lugar a recrecimientos de calcita euhedral en las zonas de borde de grano (fig. 7.41, K-3), con frecuencia poco netos. Hay muy abundantes y finísimas inclusiones de óxidos de hierro, tanto en los límites de los cristales de calcita como en su interior. También se aprecian algunos agregados de clorita, serpentina, cuarzo y materiales arcillosos, así como, muy ocasionalmente, ciertos cristales prismáticos del piroxeno diópsido, del anfíbol actinolita y la mica moscovita.

Viescas

En la cantera del Acebo, situada en Viescas al norte de Carlés, la muestra analizada, correspondiente a la *Formación Moniello* (Devónico Medio) confirma un cierto grado de recristalización, con claras señales de recrecimiento

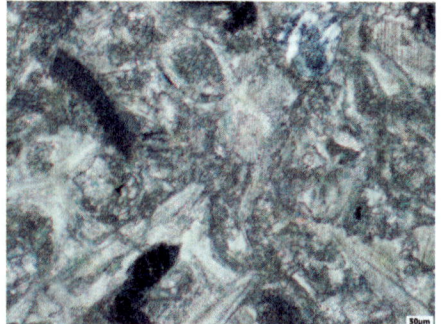

Figura 7.43. Aspecto microscópico de la caliza de la cantera de El Acebo (muestra L-1), mostrando abundante fauna fósil.

de los cristales de calcita (fig. 7.43). Muestran nítidas líneas de exfoliación y morfología de irregular a subidiomorfa, entremezclados con algún pequeño cristal de cuarzo y de óxidos de hierro idiomorfo de alteración de pirita. (con morfología cuadrada o triangular). Aún son bien apreciables las trazas fosilíferas.

Godán-Arcellana

En este ámbito (véase fig. 5.13) se han analizado ejemplares, vinculados al *Grupo Rañeces*, con notable variedad morfológica y mineralógica, que varían desde calizas recristalizadas con ligero tono rosado (fig. 7.44, M-1) y tamaño de grano fino en la cual, de forma incierta, se diferencian relictos fosilíferos, hasta en aquellos ejemplares que revelan claros efectos de metasomatismo en proximidad a Arcellana, con formación de *skarns* cálcicos microcristalinos, y presencia de abundantes filosilicatos (clorita).

En parajes de Godán resultan bastante frecuentes los mármoles de tonalidad blanquecina o grisácea (fig. 7.44, M-2) con cristales de calcita de tamaño fino a medio y morfologías irregulares con bordes de grano difusos, a veces por recrecimiento y recristalización que tiende a borrar la exfoliación. Asimismo, forman pequeños cristales romboédricos en los límites de la calcita (fig. 7.44, M-1). Su superficie está salpicada por finísimos cristales de minerales opacos (óxidos de hierro) y arcillosos, dejando incluso microporos u oquedades tapizadas por calcita euhedral romboédrica. Otras veces los bordes de grano son lobulados o incluso existe una interpenetración cristalina.

En la zona de contacto con la roca plutónica se localizan petrologías metamórficas con una estructura bandeada, con horizontes de mármol blanquecino o amarillento alternando con otros negruzcos o grises oscuros. Los cristales de calcita tienen una textura granoblástica o ligeramente lepidoblástica (fig. 7.44, M-2) al estar elongados, con hábitos de subhedral a anhedral y bordes de grano bien definidos, aunque es común que estén suturados o lobulados, mostrando una fina exfoliación y abundantes inclusiones de minerales opacos

FIGURA 7.44. Mármol de Godán, muestras de mano y microscópicas, De arriba abajo: M-1, M-2 y M-3. Muestra M-1: Caliza marmórea con tono ligeramente rosado; Calcita romboédrica en bordes de grano de calcita con bordes de grano irregular. M-2: Mármol blanco-grisáceo, con una banda estilolítica; límite de bandeado de calcita con serpentina y óxidos de hierro (banda oscura). M-3: Mármol fajeado, en bandas blanquecinas y oscuras (oficálcico); banda gris oscura con serpentina y óxidos de hierro y relictos de inosilicatos y olivino.

y silicatos. El tamaño de grano de la calcita es de medio a grande, desde 3.100 mμ en los mayores, a alrededor de 100 mμ de valor mínimo, siendo de 650 mμ el término medio. Como inclusiones, son visibles moscovita, piroxenos y olivino alterados (fig. 7.44, M-3).

Las bandas oscuras están constituidas por serpentina, clorita y óxidos de hierro (magnetita), estos últimos en agrupaciones muy notables, presentándose claramente diferenciadas de las láminas de mármol, siendo corriente que el límite entre ambas ofrezca superficies irregulares o curvadas. Se ha definido como un mármol fajeado (ver figs. 5.14 y 5.15) con claras señales de deformación plástica (fig. 7.44, muestra M-3).

El tamaño de grano máximo es de 1.750 mμ frente a un mínimo de 50 y un valor medio de 490 mμ (fig. 7.45).

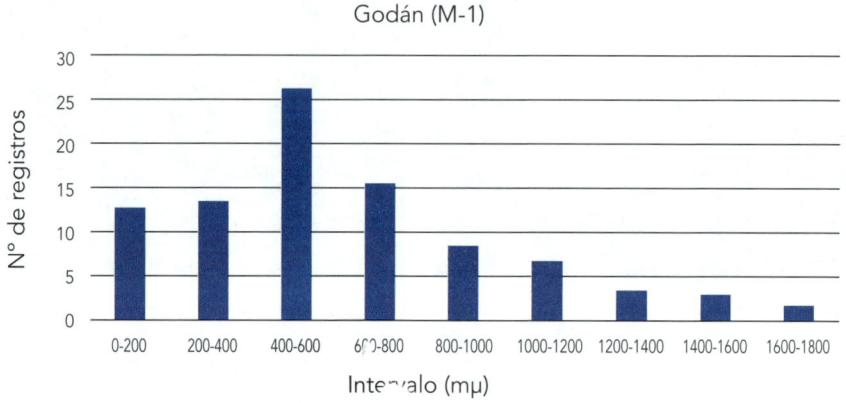

FIGURA 7.45. Distribución granulométrica de los granos de calcita en Godán.

Petrografías en Belmonte

En este término municipal se han estudiado muestras carbonatadas de dos yacimientos (Boinás y Leiguarda). Se trata de mármoles bastante impuros al estar relacionados con procesos tipo *skarn*.

Boinás

Las escasas muestras que se han reconocido de este entorno[16] están caracterizadas por la existencia de mármoles sustancialmente impuros debido a

---

[16] Las muestras nos han sido gentilmente facilitadas por María Antonia Cepedal Hernández, autora de una tesis doctoral sobre las mineralizaciones del significativo yacimiento aurífero de «El Valle-Boinás».

contenidos notables de minerales accesorios acompañando a la calcita, la cual ofrece una típica textura granoblástica con frecuentes puntos triples (fig. 7.46, N-2.2), con tamaño de grano fino, por lo común inferior a 800 mµ, teniendo en torno a 250 mµ la dimensión más común, además de presentar una conformación anómala, con bordes de grano algo irregulares, e incluso una maclación polisintética.

FIGURA 7.46. Microfotografías de los mármoles de Boinás. De arriba abajo y de izquierda a derecha: N-1.1: abundante presencia de olivino; N-1.2: Cristales de calcita maclados y olivino; N-2.1: Abundante serpentina y clorita; N-2.2: Dominio de calcita con textura granoblástica y aparente punto triple; N-3.1: Calcita anhedral y numerosa periclasa; N-3.2: Idem con cierta cantidad de minerales opacos.

Es significativa la aparición ocasional de cristales de olivino de reducido tamaño con morfologías desde subcirculares a prismáticas y con elevados colores de interferencia (fig. 7.46, N-1.1 y N-1.2). Sobresale en varias ocasiones la aparición de serpentina y flogopita asociadas al olivino y a agregados de granos de calcita con marcada exfoliación y maclas, con formato predominante subhedral y en mosaico (fig. 7.46, N-2.1).

En otras ocasiones los granos del carbonato, de formas irregulares, están asociados a periclasa y brucita —señal de un elevado contenido en magnesio del protolito—, que suelen ir acompañadas por minerales opacos (óxidos y sulfuros de hierro) y escaso cuarzo (fig. 7.46, N-3.1 y N-3.2).

Leiguarda

Adyacente a esta localidad belmontina se han obtenido algunos ejemplares carbonatados muy recristalizados, aunque precisamente no *in situ*. Su estudio microscópico permitió reconocer, de forma imprecisa, la clásica textura granoblástica con cristales de calcita mayoritariamente anhedrales y con bordes de grano irregulares (fig. 7.47, muestra O-3), cuando no difusos, debido a recrecimiento y conjunción del componente mineral mayoritario, identificándose con claridad restos fosilíferos.

Los ejemplares que se han llegado a obtener (fig. 7.47, O-1) no corresponden a mármoles homogéneos, salvo en bandeados en los que lo más común es que la calcita muestre una morfología subhedral con bordes de grano frecuentemente netos y rectilíneos, diferenciados de unos cristales a otros y su textura en mosaico. También son poco reconocibles las líneas de exfoliación. El tamaño de grano es en general bastante fino a medio, oscilando su valor medio, según el bandeado, entre 150 y 200 mμ, con dimensiones máximas cercanas a 500 mμ y mínimas del orden de 60 mμ.

En alguna muestra se han reconocido granos de cuarzo, casi siempre redondeados, y en determinados casos con ligera extinción ondulante. Así ocurre en la lámina delgada de la fig. 7.47 (O-2), asociados a los cristales de calcita anhedrales con importantes recrecimientos en sus bordes.

Acompañan de forma más dispersa y escasa, minerales laminares y finos de moscovita, así como agregados arcillosos, junto a óxidos de hierro en ejemplares de muy reducido tamaño, entre los que llega a diferenciarse muy vagamente algún resto de fósiles.

FIGURA 7.47. Microfotografías marmóreas procedentes de Leiguarda. De arriba abajo: muestras O-1, O-2 y O-3.

SELECCIÓN BIBLIOGRÁFICA

AA.VV. (1900): *Exploitation minière et forestière de la Haute-Narcea (Asturies)*. Impr. F. Levé, París.

AA.VV. (2018): *Marmora Baeticae. Usos de materiales pétreos en la Bética romana. Estudios arqueológicos y análisis arqueométricos* (J. BELTRÁN FORTES, M. L. LOZA AZUAGA y E. ONTIVEROS ORTEGA, coords.). Editorial Universidad de Sevilla, Colección SPAL Monografías Arqueología, núm. XXVII, 289 pp., Sevilla.

AA.VV. (2021): *El patrimonio geológico de Asturias* (M. GUTIÉRREZ CLAVEROL y E. VILLA OTERO, coords.). Colección Patrimonio de Asturias. Real Instituto de Estudios Asturianos, 509 pp.

ADARO MAGRO, L. DE y JUNQUERA, G. (1916): Criaderos de Asturias. En: *Criaderos de hierro de España*. Memorias del Instituto Geológico de España, 677 pp., t. II Láminas, Madrid.

ADARO RUIZ, L. (1990): *Datos y documentos para una historia minera e industrial de Asturias. Documentación de la minería asturiana (1383-1803)*. Suministros Adaro S. A., Imprenta La Industria, t. III, 505 pp., Gijón.

ALVARADO DE LA PEÑA, S. (1832): *El Reino Mineral, o sea, la Mineralogía en general y particular en España*. Imprenta Villaamil, 293 pp., Madrid.

ÁLVAREZ MUÑOZ, E. y FERNÁNDEZ SAMPEDRO, L. (2018): *Biblioteca Geológica y Minera de Asturias hasta 1900*. Ediciones de la Universidad de Oviedo, 107 pp.

ÁLVAREZ PEREDA, M. (2022): La estatua de Carlos III y el misterio del sepulcro monumental de Rengos. *Tous pa Tous* (revista digital), Cangas del Narcea.

ARANGO, J. (2024): *Retrato de los 78 concejos de Asturias*. Ed. Jesús Arango González, 572 pp.

ARIAS, L. (2009): San Tirso, Foncalada y Santa María de Bendones. Guías del Prerrománico Asturiano, Ediciones Nobel, 63 pp.

BARROIS, CH. (1882): *Recherches sur les terrains anciens des Asturies et de la Galice*. Mémoires de la Société Géologique du Nord (Lille), t. 2, n.º 1, 630 pp. Traducción de J. Egozcue recogida en el Boletín del Mapa Geológico de España (1883).

BASTIDA, F.; MARCOS, A., PÉREZ-ESTAÚN, A., PULGAR, J. A., GALÁN, J. y VARGAS, I. (1980): *Mapa Geológico de España 1:50.000*, hoja n.º 75 (10-6) *Naviego*. Instituto Geológico y Minero de España, Serv. de Publ. del Ministerio de Industria; Madrid.

BECERRA FERNÁNDEZ, D. (2017): El marmor en Itálica. Un estado de la cuestión. *ROMVLA*, 16, pp. 167-194. Revista del Seminario de Arqueología de la Universidad Pablo de Olavide de Sevilla.

BELTRÁN FORTES, J. (2022): El mármol de Estremoz en la Bética romana y su relación con el mármol de Almadén de la Plata (Sevilla). *Mármore. 2000 años de Historia (*A. CARNEIRO, C. MOURA SOARES, F. GRILLO y V. SERRAO, coords.), vol. III, pp. 159-194.

BELTRÁN FORTES, J. y LOZA AZUAGA, M. L. (2003): *El mármol de Mijas. Explotación, comercio y uso en época antigua.* Colección Osunillas. Museo Histórico Etnológico de Mijas, 235 pp.

BELTRÁN, J., LOZA, M. L., ONTIVEROS, E., PÉREZ, J. A., RODRÍGUEZ, O. y TAYLOR, R. (2018): Mármoles en el extremo SE de la «Baetica», en el territorio actual de Huelva. En: *Marmora Baeticae.* Editorial Universidad de Sevilla, Colección Spal Monografías Arqueología, núm. XXVII, pp. 113-136, Sevilla.

BELLMUNT Y TRAVER, O. y CANELLA Y SECADES, F. (1897): Cangas de Tineo. En *Asturias*, t. II, pp. 193-238, Gijón.

BUCKLAND, W. (1838): *La Géologie et la Minéralogie dans leurs rapports avec la Théologie Naturalle.* Tomo I, Crochard et Cie. Libraires, 545 pp., París. Depositado en la Colección de los condes de Toreno, sign. 3666. Biblioteca de la Facultad de Geología de la Universidad de Oviedo.

BUENAGA, FRAY I. DE (1772): Relación sobre la mina de Amianto de Astúrias, haciendo mención de otras de jaspes y mármoles, de metales, piedras figuradas, cristales, piritos, marcasita y otros fósiles; como también varios arbustos, plantas y animales de que habla D. Gaspar Casal en su *Historia de Astúrias*, Madrid.

CAMPOS EGEA, R. (1991): *Estudio magnetométrico en los sectores de Lozana y Cardes (Infiesto, Asturias).* Instituto Geológico y Minero de España (informe inédito), 22 pp.

CARNEIRO, A., MOURA SOARES, C., GRILLO, F. y SERRAO, V., COORDS. (2022): El mármol de Estremoz en la Bética romana y su relación con el mármol de Almadén de la Plata (Sevilla). *Mármore. 2000 años de Historia*, vol. III, pp. 159-194.

CARPIO GARCÍA, G. (1983): *Las haciendas municipales en la Década Moderna.* Tesis Doctoral. Universidad Autónoma de Madrid, 422 pp.

CARRETERO GÓMEZ, A. (2022): Cinco siglos defendiendo la propiedad de las canteras de Macael. En: *La Vida de l_ Piedra* (A. Alonso Mora, ed.). Ministerio de Ciencia, Innovación y Universi___es, Feder e Institut Catalá de Arqueología Clássica, pp. 45-69.

CASADO AGUDÍN, T. y ARTOS CAMPAL, J. (1989): *Iglesia de Santa María Magdalena de Cangas del Narcea.* Consejería de Educación, Cultura, Deportes y Juventud, Principado de Asturias, 89 pp.

CASAL, G. (1762): *Historia Natural y Médica del Principado de Asturias.* Consejería de Educación, Cultura y Deporte del Principado de Asturias (Ed. facsímil, 1988), 480 pp., Oviedo.

CASTRO DORADO, A. (1989): *Petrografía básica. Texturas, clasificación y nomenclatura de rocas.* Ed. Paraninfo, 143 pp.

CASTRO DORADO, A. (2015): *Petrografía de rocas ígneas y metamórficas.* Ed. Paraninfo, 260 pp.

CAYO PLINIO SEGUNDO (1629): *Historia Natural (77).* Traducido y ampliado por Gerónimo de Huerta y dedicado al rey Felipe IV. Edición facsimilar del Instituto Geológico y Minero de 1982, 907 pp., Madrid.

CEPEDAL HERNÁNDEZ, M. A. (2001): *Geología, mineralogía, evolución y modelo genético del yacimiento de Au-Cu de «El Valle-Boinás» Belmonte (Asturias).* Tesis Doctoral. Universidad de Oviedo, 352 pp.

CEPEDAL, A., MARTÍN-IZARD, A., REGUILÓN, R., RODRÍGUEZ-PEVIDA, L., SPIERING, E. y GONZÁLEZ-NISTAL, S. (2000): Origin and evolution of the calcic and magnesian skarns hosting the El Valle-Boinás copper-gold deposit, Asturias (Spain). *Journal of Geochemical Exploration*, 71, pp. 119-151, *Elsevier*.

CISNEROS CUNCHILLOS, M. (1988): Mármoles hispanos. Su empleo en la España Romana. *Monografías Arqueológicas*, 29, 199 pp., Universidad de Zaragoza.

CONDE DE TORENO (1785): *Discursos pronunciados en la Real Sociedad de Oviedo en los años de 1781 y 1783 por su promotor y socio de mérito el Conde de Toreno*. Joachin Ibarra, impr de Cámara de S. M.., 100 pp., Madrid. Edición facsímil, Biblioteca Popular Asturiana (1978).

CORRETGÉ, G. (2021): Rocas metamórficas. En: *El patrimonio geológico de Asturias* (M. Gutiérrez Claverol y E. Villa Otero, coords). Colección Patrimonio de Asturias, n.º 1. Real Instituto de Estudios Asturianos, 509 pp., Oviedo.

CORRETGÉ, G. y SUÁREZ, O. (1990): Igneous rocks. En: *Pre Mesozoic Geology of Iberia* (Dalmayer y Martínez García, eds.). Springer, pp. 72-80, Berlin.

CORRETGÉ, G., LUQUE, C. y SUÁREZ, O. (1970): Los stocks de la zona de Salas-Belmonte (Asturias). *Boletín Geológico y Minero*, 81 (2-3), pp. 257-270, Madrid.

CUERVO, J. FR. (1897): Cangas de Tineo. En: *Asturias* (O. Bellmunt y Traver y F. Canella y Secades, directores), t. II. pp. 193-238, Gijón.

DEBRENNE, F. y ZAMARREÑO, I. (1975): Sur la faune d'Archéocyates de la Formation Vegadeo et leur rapport avec la distribution des facies carbonates dans le NW de l'Espagne. *Breviora Geologica Asturica*, año XIX, n.º 2, pp. 17-27, Oviedo.

DÍAZ ÁLVAREZ, J. (2014): Cambios en la domesticidad de la casa aristocrática: el palacio de los condes de Toreno en Cangas del Narcea (1689-1827). *Cuadernos de Estudios del siglo XVIII, Revista de la Universidad de Oviedo*, núm. 24, pp. 67-110, Oviedo.

ESPINOSA, J., VILLEGAS, R., AGER, F. y GÓMEZ TUBÍO, B. (2002): Estudio arqueométrico mediante análisis petrográfico y químico de dos esculturas romanas del Museo de Riotinto (Huelva). I Congreso del GEIIC, Valencia.

EZQUERRA DEL BAYO, J. (1851): *Elementos de laboreo de minas*. Imprenta Vda. de Antonio Yenes, 584 pp., Madrid.

FERNÁNDEZ DÍAZ-FORMENTÍ, J. M. (2001): *Asturias en las estaciones*. Cajastur, Gráficas Rigel, 399 pp., Avilés.

FERNÁNDEZ FERNÁNDEZ, J. J. (2002): *Skarn de Cardes: Investigación geológica y aspectos económicos*. Proyecto Fin de Carrera. Escuela de Ingeniería Técnica Minera de Mieres, Departamento de Explotación y Prospección de Minas, 250 pp., Mieres.

FERNÁNDEZ FERNÁNDEZ, P. (2011): *Guía Artística de Cangas del Narcea. Palacios y casonas*. Tous pa tous. Sociedad Canguesa de Amantes del País y Ayto. de Cangas del Narcea. Impr. Mercantil Asturias, 164 pp., Gijón.

FERNÁNDEZ FERNÁNDEZ, P. (2022): *Actividades escultóricas en la zona suroccidental de Asturias durante los siglos XVII y XVIII: los talleres de Cangas de Tineo y Corias*. Editorial Trea, 494 pp.

FERNÁNDEZ LLANEZA, C. (2022): Belarmino Cabal: más que mármol. En: *El Otero II. Cien nuevas miradas sobre Oviedo*. Libros LM, pp. 197-198, Oviedo.

FERNÁNDEZ OCHOA, C., ENCINAS MARTÍNEZ, M. y GARCÍA CARRILLO, A. (1986): Excavaciones en el palacio de Revillagigedo (Gijón). *Excavaciones arqueológicas en Asturias 1983-86*, pp. 173-179.

FERNÁNDEZ RIESTRA, F. J., MARCOS FERNÁNDEZ, J. y ARANGO DEL CAMPO, L. (2011): *Aproximación a la arquitectura tradicional de los Concejos de Cangas del Narcea, Ibias y Degaña (Asturias)*. Gráficas Summa, 196 pp.

FERNÁNDEZ SUÁREZ, J., LÓPEZ LÓPEZ, M.ª T., NUÑO ORTEA, C. y MONTESERÍN LÓPEZ, V. (2013): Explotaciones e indicios de rocas y minerales industriales. En: *Mapa de rocas y minerales industriales de Asturias* (M.ª T. López López, ed.). IGME-Consejería de Economía y Empleo del Principado de Asturias, 332 pp., Madrid.

FERREIRO BLANCO, J. L. (1923): *Breves apuntes sobre el Monasterio de San Juan de Corias*. Ecos de Covadonga, diciembre, pp. 323-324, 400-401, 52-53 y 192-194.

FRECHILLA, M. (2008): La excavación del Bellas Artes descubre restos de una pila bautismal del siglo V o VI. *El Comercio* de 31 de octubre, *Gijón*.

FUERTES ARIAS, R. (1902): *Asturias Industrial. Estudio descriptivo del estado actual de la industria asturiana entorno a sus manifestaciones*. Imprenta F. de la Cruz, 488 pp.

FUERTES ACEVEDO, M. (1884): *Mineralogía asturiana. Catálogo descriptivo de las sustancias así metálicas como lapídeas*. Impr. Hospicio Provincial, 224 pp., Oviedo.

FUERTES-FUENTE, M., MARTÍN IZARD, A., NIETO, J. G., MALDONADO, C. y VARELA, A. (2000): Preliminary mineralogical and petrological study of the Ortosa Au-Bi-Te ore deposit: a reduced gold skarn in the northern part of the Río Narcea Gold Belt, Asturias, Spain. *Journal of Geochemical Exploration*, 71, pp. 177-190.

GALEOTI, J. B. (1784): *Informe sobre las canteras de mármol de Astúrias*. Emitido el 12 de mayo.

GARCÍA ÁLVAREZ-BUSTO, A. (2016): *Arqueología de la Arquitectura Monástica de Asturias. San Juan Bautista de Corias*. Consejería de Educación y Cultura del Principado de Asturias, Gráficas Eujoa, 356 pp.

GARCÍA DE LOS RÍOS COBO, J. I. y BÁEZ MEZQUITA, J. M. (1994): *La piedra en Castilla y León*. Consejería de Economía y Hacienda, Junta de Castilla y León, 325 pp., Valladolid.

GARCÍA IGLESIAS, J., GUTIÉRREZ CLAVEROL, M., ORUETA, J. y SUÁREZ, O. (1979): Mineralizaciones asociadas al metamorfismo de contacto del complejo ígneo de Infiesto (zona oriental de Asturias, España). *IV Reuniao sobre a Geología do Oeste Peninsular. Museu e Laboratorio Mineralógico e Geológico da Facultade de Ciências do Porto*, vol. CXI, pp. 155-181, Oporto (Portuga).

GARCÍA LÓPEZ DEL VALLADO, J. L. (2009): *La cal en Asturias*. Museo del Pueblo de Asturias. Fundación Municipal de Cultura, 302 pp., Gijón.

GÓMEZ GÓMEZ, M. (1920): *Los siglos de Cangas del Narcea*. Editorial Reus, 179 pp.

GONZÁLEZ, J. M. (1957): Una «muria» romana en Oviedo (Buenavista). *Boletín de la Comisión Provincial de Monumentos*, pp. 198-200.

GONZÁLEZ AGUIRRE, J. (1897): *Diccionario geográfico y estadístico de Asturias*. Imprenta La Tipografía, 405 pp., La Habana. Edición en Editorial Auseva, 1991, 432 pp.

GONZÁLEZ SANTOS, J. (1992): Iglesia de Santa María Magdalena de Cangas del Narcea. Puntualizaciones Histórico-Artísticas a un edificio singular del Barroco Asturiano. *Revista La Maniega,* n.º 70, 40 pp., Cangas del Narcea.

GUTIÉRREZ CLAVEROL, M. (2013): El mármol de Asturias. *El Comercio*, 10 de mayo, p. 30; *Recortes de Prensa*. La fábrica de libros, pp. 79 y 80.

GUTIÉRREZ CLAVEROL, M. y LUQUE CABAL, C. (1993): *Recursos del subsuelo de Asturias*. Servicio de Publicaciones de la Universidad de Oviedo, 393 pp., Oviedo.

GUTIÉRREZ CLAVEROL, M., LUQUE CABAL, C. y PANDO GONZÁLEZ, L. (2012): *Canteras históricas de Oviedo. Aportación al patrimonio arquitectónico*. Hércules Astur Ediciones, 251 pp., Oviedo

GUTIÉRREZ GARCÍA, A., ROYO, H., GONZÁLEZ SOUTELO, S., SAVIN, M. C., LAPUENTE, P. y CHAPOULIE, R. (2016): The marble of O Incio (Galicia, Spain): Quarries and first archaeometric characterisation of a material used since roman times. *Journal of Archaeometry*, 40, pp. 103-177.

GUTIÉRREZ MAYO, J. y ÁLVAREZ URÍA, G. (1904): *Anuario descriptivo de Asturias*. Tip. del Anuario Descriptivo, 527 pp., Gijón.

GUTIÉRREZ MAYO, J. y ÁLVAREZ URÍA, G. (1905): *Guía General de Asturias con Mapas e Itinerarios*. Cía. Asturiana de Artes Gráficas, 422 pp., Gijón.

HEISE, P. y HERBST, F. (1943): *Tratado de Laboreo de Minas*. Tomos I y II. Traducción 6.º versión alemana. Ed, Labor, t. I, 760 pp. y t. II, 890 pp.

JUÁNEZ, G. (1207): *Registro del monasterio de Corias*. 101 folios de pergamino (28 x 19 cm). Trascrito y editado en el Ridea por Antonio C. Floriano (1950) y Alfonso García Leal (2000).

JULIVERT, M., MARCOS, A. y PULGAR, J. A. (1977): *Mapa Geológico de España 1:50.000*, hoja n.º 27 (11-4) *Tineo*. Instituto Geológico y Minero de España, Serv. de Publ. del Ministerio de Industria; Madrid.

LAPUENTE MERCADAL, M.ª P. (1997): Problemas petrográficos en la identificación de mármoles clásicos: Diferenciación de Carrara y Borba. *Caesaraugusta*, 73, pp. 279-288.

LAPUENTE MERCADAL, M.ª P., GUTIÉRREZ GARCÍA, A., SAVIN, M. C. y RODÀ DE LLANZA, I. (2022): Estudio arqueométrico de mármoles. Protocolo analítico empleado. *Departamento de Ciencias de la Tierra de la Universidad de Zarazoga y Institut Català d'Arqueologia Clàssica*.

LOMBARDERO BARCELÓ, M. y QUEREDA RODRÍGUEZ-NAVARRO, J. M. (1992): La piedra natural para la construcción. En: *Recursos minerales de España* (J. García Guinea y J. Martínez Frías, coords.). Colección Textos Universitarios, n.º 15. Consejo Superior de Investigaciones Científicas, 1.442 pp., Madrid.

LÓPEZ ÁLVAREZ, J. (2002): La explotación del Monte de Muniellos (Asturias), 1766-1973. *Ería*, 58, pp. 273-286.

LÓPEZ ÁLVAREZ, J. (2012): Descripción Geográfica-Histórica del concejo de Cangas de Tineo en el Principado de Oviedo. Año 1802. *Tous pa Tous* (revista digital), 22 pp., Cangas del Narcea.

LÓPEZ ÁLVAREZ, J. (2013 a): Cuevas en Cargas del Narcea, 1. El descubrimiento de una cueva en L.larón / Larón en 1786. *Tous pa Tous* (revista digital), 20 de enero, Cangas del Narcea.

LÓPEZ ÁLVAREZ, J. (2013 b): Cuevas en Cargas del Narcea, 2. Descripción de la cueva de Sequeras en Xedré (1785), por el conde de Toreno. *Tous pa Tous* (revista digital), 14 de febrero, Cangas del Narcea.

LÓPEZ ÁLVAREZ, J. (2013 c): La casa de los Llano: el último palacio que se construyó en Cangas del Narcea. *Tous pa Tous* (revista digital), 8 de marzo, Cangas del Narcea.

LÓPEZ ÁLVAREZ, J. (2014): *La explotación de la madera en el monte de Muniellos (Asturias): 1766-1973.* Imprenta Mercantil Asturias, S. A., 115 pp., Gijón.

LÓPEZ LÓPEZ, Mª. T., ed. (2013): *Mapa de rocas y minerales industriales de Asturias.* Instituto Geológico y Minero de España, 344 pp., 2 mapas plegables, Madrid.

LOREDO PÉREZ, J. y GARCÍA IGLESIAS, J. (1988): El yacimiento aurífero de Carlés (Asturias). *Boletín de la Sociedad Española de Mineralogía*, 11-1, pp. 47-53, Madrid.

LOZA AZUAGA, M. L. y BELTRÁN FORTES, J. (1990): *La explotación del mármol de la sierra de Mijas en época romana. Explotación, comercio y uso en época antigua. Estudio de los materiales arquitectónicos, escultóricos y epigráficos.* Faventia Monografies, 10. Facultad Autónoma de Barcelona, Bellaterra.

LUQUE CABAL, C. (2018): *La Pola de Gordón en la historia del ferrocarril (1844-2018).* Eujoa Artes Gráficas, 70 pp., Meres.

LUQUE CABAL, C. y GUTIÉRREZ CLAVEROL, M. (2010): *Riquezas geológicas de Asturias.* Eujoa Artes Gráficas, 417 pp., Meres.

LUQUE CABAL, C. y GUTIÉRREZ CLAVEROL, M. (2024): Yacimientos cámbricos de mármol en Asturias. *Boletín de Ciencia y Tecnología,* RIDEA, n.º 58, pp. 11-35, Oviedo.

LYELL, CH. (1847): *Elementos de Geología.* Traducido por J. Ezquerra del Bayo (1848). Impr. D. Antonio Yenes, 652 pp., Madrid.

MADOZ, P. (1985): *Diccionario geográfico-estadístico-histórico de España y sus posesiones de ultramar* (1845-1850). Ed. facsímil, 1985. *Asturias,* Ámbito Ediciones, S. A. Consejería de Educación, Cultura y Deportes del Principado de Asturias, 446 pp., Oviedo.

MADRAZO MADRAZO, S. (1977): Las transformaciones en la red viaria asturiana, 1750-1868. *Boletín del Instituto de Estudios Asturianos,* 90-91, Oviedo.

MAFFEI, E. y RÚA FIGUEROA, R. (1871 y 1872): *Apuntes para una biblioteca española de libros, folletos y artículos impresos y manuscritos, relativos al conocimiento y explotación de las riquezas minerales y a las ciencias auxiliares.* Impr. de J. M. Lapuente, t. I, 529 y t. II, 691 pp.

MALLADA, L. (1896): *Explicación del Mapa Geológico de España. Tomo II: Sistemas Cambriano y Siluriano.* Est. tip. Viuda e hijos de M. Tello, 515 pp., Madrid.

MANZANARES RODRÍGUEZ, J. (1960): *Itinerario monumental de Oviedo.* Tabularium Artis Asturiensis, publicación 12, pp. 249-360, Talleres tipográficos «La Cruz», Oviedo.

MAÑANA VÁZQUEZ, R. (2002*): Luis Adaro y Magro (1849-1915).* Instituto Geológico y Minero de España. KRK ediciones, 165 pp., Oviedo.

MARCOS, A. (1973): Las series del Paleozoico Inferior y la estructura herciniana del occidente de Asturias (NW de España). *Trabajos de Geología, Univ. de Oviedo*, 6, pp. 3-113, LXVII láms.

MARCOS, A., PÉREZ-ESTAÚN, A., MARTÍNEZ, F. J. y VARGAS, I. (1980): *Mapa Geológico de España 1:50.000,* hoja n.º 25 (9-4) *Vegadeo.* Instituto Geológico y Minero de España, Serv. de Publ. del Ministerio de Industria; Madrid.

MARCOS VALLAURE, E. (1978). Conde de Toreno. Descripción de varios mármoles, minerales, y otras diversas producciones del Principado de Asturias y sus inmediaciones. Prólogo a la edición facsímil de los *Discursos del Conde de Toreno*, Biblioteca Popular Asturiana, pp. 5-62.

MARCOS VALLAURE, E. (2020). Mármoles altomedievales del castillo de Gozón / Asturias) para el palacio del Conde Luna en León. *Real Academia de Bellas Artes de la Purísima Concepción (BRAC),* núm. 55, pp. 8-13, Valladolid.

MARTELET, M. y FATOU, M. (1900): *Exploitation minière et forestière de la Haute-Narcea (Asturies).* Rapports Paris, Imprémerie F. Levé, 46 pp.

MARTÍN, J. FRAY y COLUNGA, A. FRAY (1961): *Centenario Corias 1860-1960.* Gráficas Summa, 108 pp.

MARTÍN-IZARD, A., CEPEDAL, A., FUERTES FUENTE, M., NISTAL, S. G., GARCÍA NIETO, J. y PEVIDA, L. R. (2006): Guía de la visita a los yacimientos de Au-Cu (Carlés y Boinás-El Valle) del Cinturón del Río Narcea. *XXVI Reunión de la Sociedad Española de Mineralogía,* 20 pp., Oviedo.

MARTÍN-IZARD, A., PANIAGUA, A., GARCÍA-IGLESIAS, J., FUERTES, M., BOIXET, LL., MALDONADO, C. y VARELA, A. (2000): The Carlés copper-gold-molybdenum skarn (Asturias, Spain): geometry, mineral associations and metasomatic evolution. *Journal of Geochemical Exploration*, 71, pp. 153-175, *Elsevier.*

MARTÍNEZ, F. J. y GIL IBARGUCHI, J. I. (1983): El metamorfismo en el Macizo Ibérico. En: *Geología de España*, libro jubilar de J. M.ª Ríos (J. A. Comba, coord.), IGME, pp. 555-569, Madrid.

MARTÍNEZ ÁLVAREZ, J. A., GUTIÉRREZ CLAVEROL, M. y TORRES ALONSO, M. (1975): *Mapa Geológico de España 1:50.000,* hoja n.º 28 (12-4) *Grado.* Instituto Geológico y Minero de España, Serv. de Publ. del Ministerio de Industria, Madrid.

MAYA, J. L. y BLAS, M. Á. DE (1983): El castro de Larón (Cangas del Narcea, Asturias). *Noticiario Arqueológico Hispánico*, 15, pp. 152-191, Subdirección General de Arqueología y Etnografía, Madrid.

MIGUEL VIGIL, C. (1887): *Asturias Monumental, Epigráfica y Diplomática.* Imprenta Hospicio Provincial, 638 pp., Oviedo.

MORENO HURTADO, A. (2003): Mármoles, jaspes y piedra de Cabra. *Cuadernos Egabrenses*, n.º 22.

NARANJO Y GARZA, F. (1862): *Manual de Mineralogía general, industrial y agrícola.* Imprenta Vda. de Antonio Yenes, 506 pp., Madrid.

NAVARRO, R., CRUZ, A. S., ARRIAGA, L. y BALTUILLE, J. M. (2017): Caracterización de los principales tipos de mármol extraídos en la comarca de Macael (Almería, sureste de España) y su importancia a lo largo de la historia, *Boletín Geológico y Minero*, 128 (2), pp. 345-365, Madrid.

OSCHATZ (1855): Zeitschrift der Deutschen Geologischen Gesellschaft. *ZDGG (Zeitschrift der Deutschen Gesellschaft fur Geowissenschaften)*, Ed. VII, Berlín.

PAILLETE, A. y BÉZARD, E. (1849). Coup d'oeil sur le gisement et la composition chimique de quelques minerais de fer de la province des Asturies. *Bull. Soc. Géol. de France*, 2° Sér., vol. VI, p. 575.

PARGA, J. R. (1969): Sobre la distribución de las manifestaciones efusivas en el Cámbrico de Asturias y León. *Com. Serv. Geol. Portugal*, t. 53, pp. 43-56.

PEREDA GARCÍA, I. (2004). Las canteras históricas en Bizkaia: Extracción y difusión del «Rojo Ereño», «Negro Markina» y «Gris Mañaria». *Kobie (Serie Anejos)*, n.º 6, vol. 2, pp. 733-744. Bizkaiko Foro Aldundia-Diputación Foral de Bizcaia.

PÉREZ DE CASTRO, J. L. (1959): *El Diccionario Geográfico-Histórico de Asturias, bajo el patrocinio de la Real Academia de la Historia*. T. I. Génesis y colaboradores. Instituto de Estudios Asturianos, 311 pp.

PÉREZ DE CASTRO, J. L. (1967): Deseo y esfuerzo de Jovellanos por Gijón. *Boletín del Instituto de Estudios Asturianos,* año 21, n.º 62, pp. 157-183.

PEVIDA, L.R., MALDONADO, C., SPIERING, E., GONZÁLEZ, S., GARCÍA, J., VALERA, A., MARTÍN-ZARD, A., CEPEDAL, A. y FUERTES, M. (1998): Geology and exploration guides along the Río Narcea gold belt. En: *Gold exploration and mining in NW Spain* (D. Arias, A. Martín-Izard y A. Paniagua, Eds.). Fac. de Geología-Departamento de Geología, Universidad de Oviedo, pp. 27-34.

PLAZA, F. J. DE LA (1975): *Investigaciones sobre el Palacio Real Nuevo de Madrid.* Publicaciones del Departamento de Historia del Arte, Universidad de Valladolid, 446 pp., LXXX láms.

PLINIO EL VIEJO (77 d. C.): *Historia Natural.* Libro XXXVI «Tratado de los metales y su naturaleza». Elencos.

PRADO, C. DE, VERNEUIL, E. DE y BARRANDE, J. (1860): Sur l'existence de la faune primordiale dans la Chaîne cantabrique. *Bulletin de la Société Géologique de France,* 7.ª série, t. XVII, pp. 516-554.

PULGAR, J. A., BASTIDA, F., MARCOS, A., PÉREZ-ESTAÚN, A., GALÁN, J. y VARGAS, I. (1981): *Mapa Geológico de España 1:50.000*, hoja n.º 100 (10-7) *Degaña*. Instituto Geológico y Minero de España, Serv. de Publ. del Ministerio de Industria; Madrid.

REGUEIRO, M. y QUEREDA, J. M. (1997): La piedra de cantería en España. II: Comunidades de Galicia, Asturias, Cantabria, País Vasco y Navarra. *Boletín Geológico y Minero*, 108 (1), pp. 75-102, Madrid.

RODÀ DE LLANZA, I., ÁLVAREZ PÉREZ, A., GUTIÉRREZ GARCÍA, A. y DOMÈNECH DE LA TORRE, A. (2009): Informe del análisis de dos muestras de mármol halladas en Oviedo (Asturias). *Institut Català d'Arqueologia Clàssica. Unitat d'Estudis Arqueomètrics*, 9 pp.

RODRÍGUEZ GARCÍA, E. (2010): Historia y presente de la minería en Cangas del Narcea. *Tous pa Tous* (revista digital), Cangas del Narcea.

RODRÍGUEZ GORDILLO, J. y SÁEZ PÉREZ, M. P. (2010): Comportamiento físico del mármol blanco de Macael (España) por oscilación térmica de bajo y medio rango. Materiales de Construcción, vol. 60, 297, pp. 127-141.

RODRÍGUEZ GUTIÉRREZ, O. y JIMÉNEZ MADROÑAL, D. (2019): Caracterización de un nuevo *marmor* polícromo bético explotado en época romana. *Lucentum*, XXXVIII, pp. 255-280.

RUIZ, F. (1980): Rocas industriales. En: *Mapa Geológico de España 1:50.000*, hoja n.º 75 (10-6) *Naviego*. Instituto Geológico y Minero de España, Serv. de Publ. del Ministerio de Industria, Madrid.

SÁNCHEZ CANTÓN, F. J. (1964): Maestre Nicolás Francés. *Artes y Artistas. Instituto Diego Velázquez del CSIC*, p. 11, Madrid.

SÁNCHEZ MARTÍNEZ, F. V. (2015): *Estudio histórico tecnológico de las serrerías de corte de piedras duras en el siglo* XVI. *Los procesos de serrado y pulido.* Tesis Doctoral. Escuela Técnica Superior de Ingeniería y diseño industrial, 257 pp., Madrid.

SAVIN, M. C., GUTIÉRREZ GARCÍA, A., LAPUENTE, P., BOUDOUMI, S., ROYO, H., PIANET, I., CHAPOULIE, R. y GONZÁLEZ SOUTELO, S. (2017): Los mármoles de O Incio (provincia de Lugo): progresos en la caracterización de un material multifacético. *Abstracts for the 12th Iberian Congress of Archaeometry*, Burgos.

SCHULZ, G. (1858): *Descripción geológica de la provincia de Oviedo*. Impr. y Libre. D. José González, 138 pp., Madrid.

SOMOZA GARCÍA-SALA, J. (1926): *Registro asturiano de obras, libros, folletos, hojas, mapas y ediciones varias, exclusivamente referentes al Principado, que no se hallan en bibliografías anteriores.* Centro de Estudios Asturianos, 442 pp., Impr. La Cruz, Oviedo. Editorial Maxtor, 2021, Valladolid.

SUÁREZ, O. (1995): Las rocas ígneas y el metamorfismo. En: *Geología de Asturias* (C. Aramburu y F. Bastida, eds.), Ed. Trea, pp. 123-138.

SUÁREZ, O. y CORRETGÉ, L. G. (1988): Plutonismo y metamorfismo en las Zonas Cantábrica y Asturoccidental-leonesa. En: *Geología de los granitoides y rocas asociadas del Macizo Hespérico* (F. BEA *et al*. eds.). Ed. Rueda, pp. 13-25, Madrid.

SUÁREZ, O. y MARCOS, A. (1967): Sobre las rocas ígneas de la región de Infiesto. *Trabajos de Geología, Universidad de Oviedo*, n.º 1, pp. 165-173.

SUÁREZ, O., CUESTA, A., GALLASTEGUI, G. y CORRETGÉ, L. G. (1993): Mineralogía y petrología de las rocas plutónicas de Infiesto. *Trabajos de Geología, Universidad de Oviedo*, n.º 19, pp. 123-153.

SUÁREZ, O., GALLASTEGUI, G., CUESTA, A. y CORRETGÉ, L. G. (1999): Filiación geoquímica mantélica de las rocas ígneas de Salas-Belmonte: Implicaciones petrogenéticas (Zona Cantábrica, Macizo Ibérico). *Trabajos de Geología, Universidad de Oviedo*, n.º 21, pp. 363-375.

SUÁREZ DEL RÍO, L. M. CALLEJA, L., DÍEZ SARRIÁ, I., RUIZ DE ARGANDOÑA, V. G., RODRÍGUEZ REY, y ALONSO, F. J. (2002): Características tecnológicas de las rocas ornamentales de Asturias. *Trabajos de Geología, Universidad de Oviedo*, 23, pp. 73-84.

SUÁREZ DEL RÍO, L. M., CALLEJA, L., DÍEZ SARRIÁ, I., RUIZ DE ARGANDOÑA, V. G., RODRÍGUEZ REY, A. y ALONSO, F. J. (2003): La caliza Griotte de Asturias (España) como roca ornamental. *Boletín Geológico y Minero*, 114 (4), pp. 463-471, Madrid.

TARBUCK, E. J. y LUTGENS, F. K. (2005): *Ciencias de la Tierra. Una introducción a la Geología física.* Pearson Prentice Hall, 710 pp., Madrid.

TÁRRAGA BALDÓ, M.ª L. (2009): Mármoles y rocas ornamentales en la decoración del Palacio Real de Madrid. *Archivo Español de Arte,* t. 82, n.º 328, pp. 367-391.

TAYLOR, R. (2015): *Las canteras romanas de Almadén de la Plata (Sevilla, España): un análisis arqueológico.* Tesis doctoral, Departamento de Prehistoria y Arqueología de la Universidad de Sevilla, 550 pp.

VIDAL ÁLVAREZ, S., GARCÍA-ENTERO, V. y GUTIÉRREZ GARCÍA-MORENO, A. (2016): La utilización del mármol de Estremoz (Portugal) en la escultura hispánica de la antigüedad tardía: los sarcófagos. *XI Congreso Peninsular de Arqueometría.* Universidad de Coimbra (Évora, 2015). *Digitar,* n.º 3, pp. 119-128.

VILANOVA Y PIERA, J. (1878): *Tratado de Geología.* Montaner y Simón editores, 374 pp., Barcelona.

YAÑEZ Y GIRONA, A. (1845): *Lecciones de Historia Natural.* Tomo III Mineralogía. Imprenta de Benito Espona y Bay, Barcelona.

ZAMARREÑO, I. (1972): Las litofacies carbonatadas del Cámbrico de la Zona Cantábrica (NW. de España) y su distribución paleogeográfica. *Trabajos de Geología, Universidad de Oviedo*, 5, pp. 3-118, XVII láms.

ZAMARREÑO, I. y PEREJÓN, A. (1976): El nivel carbonatado del Cámbrico de Piedrafita (Zona Asturoccidental-Leonesa, NW de España). *Breviora Geologica Asturica*, año XX, n.º 2, pp. 17-32, Oviedo.

ZAMARREÑO, I., HERMOSA, J. L., BELLAMY, J. y RABU, D. (1975): Litofacies del nivel carbonatado del Cámbrico de la región de Ponferrada (Zona Asturoccidental-Leonesa, NW de España). *Breviora Geologica Asturica*, año XIX, n.º 3, pp. 40-48, Oviedo.

AGRADECIMIENTOS

MIGUEL ALONSO PÉREZ (Sociedad Calizas Alper S. A.)

MANUEL ALONSO RODRÍGUEZ (Moal, Cangas del Narcea)

OCTAVIO ÁLVAREZ GAVELA (Larón, Cangas del Narcea)

ROBERTO ARIAS CARRERA (Cangas del Narcea-Oviedo)

LORENZO ARIAS PÁRAMO (Historia del Arte. Universidad de Oviedo)

EMILIO CAMPOS (Escritor e historiador, especialista en historia de Oviedo)

ANA CARRO FERNÁNDEZ (Topógrafa)

MARÍA ANTONIA CEPEDAL HERNÁNDEZ (Geología. Universidad de Oviedo)

JOSÉ MANUEL COLLAR MARRÓN (Gedrez)

GUILLERMO CORRETGÉ CASTAÑÓN (Geología. Universidad de Oviedo)

ANDRÉS CUESTA FERNÁNDEZ (Geología. Universidad de Oviedo)

MIGUEL ÁNGEL DE BLAS CORTINA (Prehistoria. Universidad de Oviedo)

MANUEL DE PAZ ÁLVAREZ (Doctor en Geología)

ALBA DÍAZ GONZÁLEZ (Geología. Universidad de Oviedo)

MANUEL DÍAZ LÓPEZ (Moncó, Cangas del Narcea)

MARINO DÍAZ VALDÉS (Noreña)

ROGELIO ESTRADA GARCÍA (Prehistoriador)

FELI FERNÁNDEZ DÍAZ (Cangas del Narcea-Oviedo)

JOSÉ MARÍA FERNÁNDEZ DÍAZ-FORMENTÍ (Miembro permanente del RIDEA)

JAIME GARETH FLÓREZ BARREALES (Exalcalde de Degaña)

JOSÉ LUIS FONTANIELLA FERNÁNDEZ (Alcalde de Cangas del Narcea)

ALEJANDRO GARCÍA ÁLVAREZ-BUSTO (Arqueólogo. Universidad de Oviedo)

INÉS GARCÍA ÁLVAREZ (Técnica del Laboratorio de Prospección e Investigación Minera)

JOSÉ MARÍA GARCÍA ÁLVAREZ (Vilavedelle, Castropol)

CÁNDIDO GAYOL GARCÍA (Vilavedelle, Castropol)

JOSÉ LUIS GONZÁLEZ ANTÓN (Vega de Rengos, Cangas del Narcea)

ANTONIO GONZÁLEZ RODRÍGUEZ (Moncó, Cangas del Narcea)

JAVIER GONZÁLEZ SANTOS (Historia del Arte. Universidad de Oviedo)

ALFREDO GONZÁLEZ VARELA (Cerredo, Degaña)

JOSÉ MANUEL LÓPEZ (Vilavedelle, Castropol)

JUACO LÓPEZ ÁLVAREZ (Director de *Tous pa Tous* y del Muséu del Pueblu d'Asturies)

CARMEN LÓPEZ VILLAVERDE (Cangas del Narcea y Oviedo)

JULIO CÉSAR MANSO SUÁREZ (Servicio de Cartografía del Principado de Asturias)

Francisco Manzanares Argüelles (Tabularium Artis Asturiensis)

Antidio Martínez Álvarez (Geógrafo y escritor)

Saúl Martínez Mendaro (Director de Programas del Muséu del Pueblo d'Asturies)

Almudena Ordoñez Alonso (Prospección Minera. Universidad de Oviedo)

Jorge Orueta González (Ingeniero de Minas)

Luis Pando González (Geología. Universidad de Oviedo)

José Luis Pascual González (Cangas del Narcea y Oviedo)

Luis Manuel Peláez Martínez (Marmolería Peláez, Obanca, Cangas del Narcea)

José Luis Peláez Molina (marmolista jubilado de Cangas del Narcea)

Carmen Pérez Ríu (Filología Inglesa. Universidad de Oviedo)

Mercedes Pérez Rodríguez (Cirujana oral y maxilofacial, natural de Pueblo de Rengos)

José Antonio Priede Llano (Infiesto)

José Antonio Prieto Vázquez (Vilavedelle, Castropol)

Ramón Rodríguez Álvarez (Director del Real Instituto de Estudios Asturianos)

Luis Rodríguez Terente (Museo de Geología. Universidad de Oviedo)

Álvaro Rubio Ordóñez (Geología. Universidad de Oviedo)

Abel Valdés Menéndez (Servicio de Cartografía del Principado de Asturias)

José Vidal (Vilavedelle, Castropol)

Elisa Villa Otero (Geología. Universidad de Oviedo)

Ángel Villa Valdés (Museo Arqueológico de Asturias)

Con carácter corporativo valorar y reconocer la actividad documental sobre datos históricos de Cangas del Narcea de la agrupación *Tous pa Tous*.

Archivo Histórico de Asturias

Archivo municipal del Ayuntamiento de Cangas del Narcea

Biblioteca de Asturias Ramón Pérez de Ayala

Biblioteca de la Facultad de Geología de la Universidad de Oviedo

Biblioteca de la Facultad de Humanidades de la Universidad de Oviedo

Biblioteca del Real Instituto de Estudios Asturianos (RIDEA)

Jefatura de Minas de Oviedo

Muséu del Pueblu d'Asturies

Parroquia Rural de Cerredo (Degaña)

GLOSARIO DE TÉRMINOS USADOS EN EL TEXTO

- Ábaco: Pieza cuadrada en forma de tablilla que, colocada sobre el equino, corona un capitel. También tablero de mármol o material similar que se colocaba en los muros o paredes con fines decorativos.

- Ábside: Parte del templo, abovedada y comúnmente semicircular, que sobresale en la fachada posterior, y donde se instala el altar y el presbiterio.

- Actinolita: Mineral del grupo de los silicatos que cristaliza en el sistema monoclínico. Contiene calcio, hierro y magnesio.

- Ágata: Variedad microcristalina del cuarzo, caracterizada por presentar zonas concéntricas de coloraciones diversas.

- Alabastro: Genéricamente se trata de una piedra blanca, no muy dura, compacta, a veces traslúcida, de apariencia marmórea, que se usa para hacer esculturas o elementos de decoración arquitectónica. Por un lado, existe el alabastro yesoso variedad masiva de sulfato de calcio (yeso), es decir aljez compacto y trasluciente; en este caso se trata de una roca evaporítica. Por otro, se encuentra el alabastro calizo, consistente en un carbonato de calcio.

- Alcalino, na: Se aplica a las rocas que provienen de un magma rico en sodio y potasio con bajo porcentaje de sílice, menor del 45 %.

- Ambón: Púlpito o atril para leer o cantar en las funciones litúrgicas, de los dos situados normalmente a uno y otro lado del altar mayor, uno para la epístola y otro para el evangelio, o en algunas iglesias antiguas a los lados del coro.

- Ammonites: Una subclase de moluscos cefalópodos extintos que existieron en los mares desde el Devónico Medio hasta finales del Cretácico.

- Análisis granulométrico: Metodología de separación y determinación de las diferentes fracciones de granos de una roca según su diámetro.

- Andalucita: Mineral de la clase de los silicatos rico en aluminio, característico de las zonas de metamorfismo de contacto o regional de baja presión.

- Anfíbol: Clase de silicatos caracterizada estructuralmente por la existencia de cadenas dobles de tetraedros de sílice.

- Anhedral: Un cristal único o fábrica cristalina que no muestra formas cristalográficas típicas bien definidas.

- Anquimetamorfismo: Grado más bajo de metamorfismo que constituye la transición entre la diagénesis y el metamorfismo propiamente dicho.

- Anquizona: Zona metamórfica correspondiente al anquimetamorfismo.

- Anticlinal: Pliegue cuyo núcleo está constituido por las rocas estratigráficamente más antiguas. En general, es antiforme, aunque a veces puede ser sinforme.

- Antiforma: Pliegue con la concavidad hacia abajo.

- Antigorita: Mineral de la clase de los silicatos, con hierro y magnesio, que se presenta en láminas.

- Aparejo: Forma o modo de disponer, tallar y enlazar los materiales de una construcción.

- ARAGONITO: Mineral de la clase de los carbonatos polimorfo de la calcita.
- ARCADA: Conjunto o serie de arcos.
- ARCO: Elemento constructivo y de sostén, de forma generalmente curva.
  ~ *de medio punto*. El que consta de una semicircunferencia.
- ARCOSOLIO: Arco que alberga un sepulcro abierto en la pared.
- ÁRIDO: Material rocoso granulado que se utiliza principalmente como materia prima en la construcción.
- ARQUEOCIATOS: Grupo extinto de organismos marinos sésiles de forma cilindro-cónica que vivieron, junto a las algas calcáreas en ambientes arrecifales durante el Cámbrico.
- ARQUEOMETRÍA: Disciplina científica que emplea métodos físicos o químicos para los estudios arqueológicos.
- ARQUIVOLTA: Cada una de las molduras que forman una serie de arcos concéntricos decorando el arco de las portadas en su paramento exterior.
- ARRECIFE: Formación biogénica de naturaleza calcárea cuya superficie, muy irregular, se encuentra próxima al nivel del mar. Está constituida por organismos constructores, principalmente corales y algas calcáreas, aunque en épocas geológicas pretéritas han intervenido en su formación estromatopóridos, arqueociatidos, briozoos, braquiópodos y rudistas, entre otros.
- ARSENOPIRITA: Mineral de la clase de los sulfuros, de fórmula FeAsS. Es el mineral principal de las menas de arsénico.
- AUGITA: Mineral de la clase de los silicatos, subclase de los inosilicatos y grupo de los piroxenos, rico en hierro, calcio y magnesio, que cristaliza en cristales prismáticos y tabulares. Es un constituyente esencial de múltiples rocas ígneas básicas y de algunas rocas metamórficas de alto grado.
- AUREOLA DE CONTACTO: Volumen de roca adyacente a una masa de roca ígnea intrusiva en la que se ha producido metamorfismo por transferencia de calor a partir del magma intruido.
- BARRENO: Agujero que se hace con una barrena o taladro y se rellena con pólvora u otra materia explosiva en una roca para volarla.
- BATOLITO: Masa extensa de granitoides que se extiende por cientos de kilómetros y cubre más de 100 kilómetros cuadrados en la corteza terrestre.
- BERMA: Parte del ancho del banco de explotación de un yacimiento a cielo abierto, destinada a proteger desprendimientos de materiales, como elemento de seguridad.
- BIOCLASTO: Elemento clástico procedente de la parte dura de un organismo presente en una roca sedimentaria.
- BIOMICRITA: Caliza micrítica (granos de calcita de 1 a 4 mµ) con más del 10% de componentes, entre los que dominan los bioclastos y los fósiles.
- BIOTITA: Mineral de la clase de los silicatos y grupo de las micas, con hierro y aluminio. Se encuentra en múltiples tipos de rocas, entre ellas muchas ígneas, metamórficas y sedimentarias.
- BIRDESEYES: (Literalmente «ojos de pájaro»). Tipo de estructuras sedimentarias propias de rocas calizas formadas por cavidades irregulares dentro de una masa micrítica rellenas de calcita esparítica. Su origen es debido a la desecación

subaérea de barros carbonatados que da lugar a pequeñas grietas en las que posteriormente precipita esparita, esto es, calcita de grano grueso.

• BIRREFRINGENCIA: Fenómeno óptico que ocurre cuando un material anisótropo descompone un rayo de luz en dos rayos distintos, cada uno con una velocidad y dirección diferente al atravesar dicho material.

• BLASÓN: Equivale a escudo de armas.

• BLASTO: Cristal de una roca metamórfica que ha crecido durante el metamorfismo.

• BRAQUIÓPODO: Dicho de un invertebrado marino provisto de dos valvas desiguales, una ventral y otra dorsal, pero de organización interna muy distinta a los moluscos lamelibranquios, tiene vida sedentaria o fija en estado adulto

• BRIOZOO: Pequeño invertebrado colonial que tiene el cuerpo protegido por una cubierta rígida tubular o en forma de caja, de la que solo la corona de tentáculos asoma al exterior.

• BUZAMIENTO: Ángulo que forma la línea de máxima pendiente de una superficie (estrato, capa, filón o falla) con su proyección sobre el plano horizontal.

• CABALGAMIENTO: Falla inversa de bajo ángulo (menor de 45°), en la que el bloque de techo se sitúa encima del bloque hundido.

• CALCITA: Mineral de la clase de los carbonatos, de fórmula $CaCO_3$, que cristaliza en el sistema trigonal, que unas veces se encuentra formando romboedros o escalenoedros y otras, agregados cristalinos masivos, fibrosos o fibroso-radiados. Tiene una dureza de 3 en la escala de Mohs y un peso específico de 2,7. Es incolora o presenta color blanco con tonalidades diversas (blanco, amarillo, rojizo, gris, etc.), raya blanca y brillo vítreo, y es de transparente a opaco. Es un componente esencial de algunas rocas sedimentarias (calizas) y metamórficas (mármoles).

• CALCOESQUISTO: Caliza arcillosa, marga o arcilla calcárea metamorfizada, que contiene calcita como componente esencial y que presenta esquistosidad producida por el paralelismo de minerales de hábito laminar, principalmente filosilicatos.

• CALCOPIRITA: Mineral de la clase de los sulfuros, de fórmula $CuFeS_2$ que cristaliza en el sistema tetragonal. Presenta color amarillo latón que en superficie alterada muestra irisaciones y brillo metálico. Es el principal mineral en las menas primarias de cobre.

• CALIZA: Roca sedimentaria cuyo origen puede ser predominantemente biológico, químico o mixto. La variedad pura tiene, al menos, un 95% de $CaCO_3$ y la corriente, al menos un 50%. De los componentes restantes, el más frecuente y dominante es el carbonato de magnesio (dolomita), y los accesorios son silicatos o productos de su alteración, como arcillas, sílice, y también pirita y siderita.

• CALIZA BIOCLÁSTICA: La formada mayoritariamente por fragmentos de caparazones calcáreos de organismos.

• CALIZA DE MONTAÑA: Denominación informal con la que nombra a la caliza que constituye las formaciones carboníferas Barcaliente y Valdeteja del Carbonífero Inferior.

• CALIZA GRIOTTE: Denominación informal con la que nombra a la caliza rojiza de la Formación Alba, del Carbonífero Inferior.

• CALIZA MARMÓREA: Caliza con un cierto grado de recristalización.

- CÁMBRICO: Primero en antigüedad de los seis períodos en que se divide el Paleozoico. Abarca aproximadamente entre los 541 y los 485,4 Ma antes de los tiempos actuales.
- CANCEL: Elemento arquitectónico de protección y separación. Especie de balaustrada que separa los espacios del presbiterio de la nave de una iglesia.
- CAPITEL: Parte superior de una columna o de una pilastra, que las corona con forma y ornamentación distintas, según el estilo de arquitectura a que corresponde.
- CARBONÍFERO: Quinto en antigüedad de los seis períodos en que se divide el Paleozoico. Abarca, aproximadamente, entre los 358,9 y los 298,9 Ma antes de los tiempos actuales. Se subdivide en dos épocas, Misisípico y Pensilvánico.
- CATAZONA: Zona metamórfica más profunda, caracterizada por temperaturas muy elevadas, donde se produce mayor intensidad de metamorfismo.
- CÁTOLUMINISCENCIA: Fenómeno óptico y electromagnético en el que los electrones que impactan sobre un material luminiscente, como el fósforo, provocan la emisión de fotones que pueden tener longitudes de onda en el espectro visible.
- CELOSÍA: Panel calado utilizado en cerramientos de vanos para ver desde el interior sin ser vistos.
- CENOZOICO: Tercera en antigüedad de las tres eras (o eratemas) en que se divide el eón (o eonotema) Fanerozoico. Abarca, aproximadamente, los últimos 66 Ma de la historia geológica. Comprende los períodos Paleógeno, Neógeno y Cuaternario.
- CIPOLINO: Mármol impuro rico en clorita y otros filosilicatos, generalmente concentrados en bandas.
- CIRCÓN: Mineral de la clase de los silicatos, de fórmula $ZrSiO_4$. Es incoloro o blanco con tonalidades de diferente color (pardo, gris, verde o rojo), raya incolora y brillo adamantino, y es translúcido.
- CLÁSTICO: Roca o sedimento constituido por fragmentos de minerales o rocas más antiguas, o de restos fósiles de organismos. Sinónimo de detrítico.
- CLINOPIROXENO: Mineral de la clase de los silicatos y grupo de los piroxenos, que cristaliza en el sistema monoclínico.
- CLIVAJE: Foliación tectónica definida por filosilicatos pequeños o por láminas orientadas constituidas habitualmente por material más oscuro que el resto de la roca.
- CLORITA: Grupo de minerales de la clase de los silicatos con hierro y magnesio que cristaliza generalmente en el sistema monoclínico. La mayoría presenta color verde.
- COLLARINO: Motivo decorativo de la parte superior del fuste de la columna en los órdenes clásicos.
- COLUMNA: Elemento sustentante de sección circular. Se subdivide en basa, fuste y capitel.
- ~ *entrega*. Aquella en la que cada una de sus piezas se introducen en parte en el muro u otro elemento al que están adosadas.
- ~ *exenta*. La que no es tangencial en su altura con ningún otro elemento de la construcción.

- CONCESIÓN: Una concesión minera de explotación es la habilitación que la administración otorga a un particular para que éste pueda llevar a cabo la utilización y aprovechamiento de un yacimiento.

- CORINTIO: Orden arquitectónico más ornamentado, caracterizado por la vegetación vegetal compuesta por hojas de la fanerógama acanto.

- CORNEANA: Roca metamórfica originada por metamorfismo de contacto, masiva, muy dura y recristalizada, de grano fino a medio, que carece de planos de exfoliación.

- CORNISA: Parte superior y más saliente de un entablamento, compuesta de varias molduras.

- CRETÁCICO: Período más moderno de los tres en que se divide el Mesozoico. Abarca aproximadamente entre los 145 y los 66 Ma antes de los tiempos actuales.

- CRINOIDEO: Clase de equinodermos que reciben el nombre común de lirios de mar, debido al aspecto ramificado de sus brazos. Son el grupo de este fito que se considera más antiguo.

- CRISTALOBLÁSTICA: Textura constituida por un mosaico de cristales minerales desarrollados en un medio esencialmente sólido, por transformaciones de minerales preexistentes.

- CRONOESTRATIGRAFÍA: Estudio y organización de los estratos en unidades basadas en su edad y en relaciones temporales.

- CUARZO: Mineral de la clase de los silicatos, subclase de los tectosilicatos, grupo de la sílice, de fórmula SiO_2, Tiene una dureza de 7 (es el séptimo término de la escala de Mohs). Generalmente, es incoloro o blanco, pero, debido a las impurezas, puede presentar cualquier color.

- CUARZODIORITA: Roca ígnea plutónica compuesta principalmente de cuarzo y plagioclasa, con menores cantidades de minerales máficos, como hornblenda y biotita.

- DETONADOR: Artilugio con fulminante que hace estallar una carga explosiva.

- DETRÍTICO: Material suelto o sedimento de roca. Sinónimo de clástico.

- DEVÓNICO: Cuarto en antigüedad de los seis períodos en que se divide el Paleozoico. Abarca aproximadamente entre los 419,2 y los 358,9 Ma antes de los tiempos actuales.

- DEXTRAL O DEXTRÓGIRO: Que se desplaza o gira en el sentido de las agujas del reloj. Se aplica tanto a las fallas como a la desviación de la luz polarizada hacia la derecha al atravesar un cristal.

- DIACLASA: Fractura que separa en dos partes una masa de roca, sin que se produzca desplazamiento a lo largo de ella.

- DIAGÉNESIS: Conjunto de cambios que tienen lugar en un sedimento que conducen a su litificación, esto es, formación de una roca consolidada.

- DINTEL: Elemento horizontal apoyado que carga sobre dos apoyos o jambas.

- DIÓPSIDO: Mineral de la clase de los silicatos y grupo de los piroxenos, de fórmula $CaMgSi_2O_6$, que cristaliza en el sistema monoclínico. Es un mineral esencial de las rocas plutónicas básicas y ultrabásicas, pero también se encuentra también en rocas metasomáticas tipo skarns y de metamorfismo de contacto, sobre rocas calcáreas y magnesianas (mármoles dolomíticos).

- DISCORDANCIA: Relación geométrica entre dos unidades estratigráficas superpuestas en la que no guarda paralelismo la estratificación de los materiales infrayacentes y suprayacentes.

- DISTENA: Silicato de aluminio típico de las rocas metamórficas producto del metamorfismo regional de rocas sedimentarias con alto contenido de arcillas. Sinónimo de cianita.

- DOLOMÍA: Roca sedimentaria carbonatada en cuya composición entra, por lo menos en un 50%, la dolomita. Se origina por precipitación química (dolomía primaria), o durante la diagénesis (dolomía secundaria), que es la más frecuente.

- DOLOMITA: Mineral de la clase de los carbonatos, de fórmula $CaMg(CO_3)_2$, que cristaliza en el sistema trigonal con formas romboédricas. Tiene una dureza de 3,5 a 4 y un peso específico de 2,8 a 2,9. Es incoloro o presenta color blanco, gris o amarillento, raya blanca y brillo vítreo, y de transparente a translúcido. Se puede formar directamente por precipitación a partir del agua del mar en ambientes sedimentarios hipersalinos. Sin embargo, mayoritariamente se forma por la transformación de la calcita en procesos diagenéticos o metasomáticos. Se encuentra también en filones hidrotermales y en rocas metamórficas.

- DOVELAJE: Conjunto, serie u orden de dovelas.

- EQUIGRANULAR: Textura de rocas ígneas en las que los cristales de los minerales esenciales se presentan con tamaños semejantes.

- EQUINODERMOS: Filo de animales exclusivamente marinos y bentónicos.

- ELONGACIÓN: Alargamiento de algo sometido a tracción.

- EMPAQUETAMIENTO: Disposición ordenada de un dispositivo sedimentario en el que cada partícula tiene varios puntos de contacto con las partículas adyacentes.

- ENTABLAMENTO: Conjunto de molduras dispuestas horizontalmente, que funcionan como coronamiento y remate.

- ENTIDAD LOCAL MENOR: Es la denominación que reciben en algunas comunidades autónomas de España lo que la legislación española define como entidad de ámbito territorial inferior al municipio, y que en el caso de Asturias se conoce con el nombre de parroquia rural.

- EOCENO: Segunda en antigüedad de las tres épocas en que se divide el Paleógeno. Abarca aproximadamente entre los 56 y los 33,9 Ma antes de los tiempos actuales.

- EÓN: Unidad geocronológica de rango máximo que comprende varias eras geológicas. Se corresponde con el eonotema.

- EONOTEMA: Unidad cronoestratigráfica de rango máximo, que está compuesta por eratemas. Se corresponde con el eón.

- EPIGRAFÍA: Ciencia autónoma y a la vez auxiliar de la historia, cuyo objetivo principal es el estudio completo de inscripciones, en su estructura, soporte, materia, su forma, su contenido escrito, pero también la función que desempeña tal evidencia.

- EPIZONA: Zona metamórfica menos profunda, caracterizada por temperaturas muy bajas, donde se produce la menor intensidad de metamorfismo.

- ERATEMA: Unidad cronoestratigráfica subordinada al eonotema, que está compuesta por sistemas. Se corresponde con la era.

- ESCUDO: Motivo decorativo esculpido o pintado, en forma de escudo de armas.

- ESFALERITA: Mineral de la clase de los sulfuros, de fórmula ZnS, que cristaliza en el sistema cúbico. Presenta color variable, aunque generalmente es amarillo, castaño, gris o negro, tiene raya marrón rojiza a amarillo brillante y brillo resinoso o casi metálico, y es de transparente a translúcido. Es el principal mineral de las menas de zinc. También conocida como blenda.

- ESFUERZO DIFERENCIAL: Valor resultante de la diferencia entre los esfuerzos principales mayor y menor. Es igual al doble del esfuerzo de cizalla máximo.

- ESPELEOTEMA: Precipitado químico formado en las paredes de una cueva. Los más conocidos son las estalactitas y las estalagmitas.

- ESPINELA: Mineral de la clase de los óxidos e hidróxidos, de fórmula $MgAl_2O_4$, que cristaliza en el sistema cúbico.

- ESQUISTO: Roca metamórfica que presenta una estructura planar definida por orientación preferente de granos o agregados de granos minerales inequidimensionales, generalmente planares (p. ej., filosilicatos). Esta estructura confiere a la roca la capacidad de ser exfoliable.

- ESQUISTOSIDAD: Estructura constituida por superficies paralelas muy próximas entre sí en cualquier tipo de roca. Asimismo, fábrica plana anisótropa caracterizada dominantemente por filosilicatos de gran tamaño (apreciables a simple vista) y en la que la mayoría de los granos presenta una orientación preferente de su dimensión mayor. Sinónimo de foliación tectónica.

- ESTALACTITA: Agregado cristalino de estructura fibroso-radiada y concéntrica, que da lugar a un cuerpo cónico de dimensiones variables, formado por acción de la gravedad. Se origina frecuentemente en el interior de las cavernas, a partir del techo, debajo de una grieta o fisura por donde gotea el agua, y está formado por carbonato cálcico, con un canal central por donde puede circular el agua.

- ESTALAGMITA: Agregado cristalino dispuesto en capas concéntricas formadas por acreción, que da lugar a un cuerpo más o menos cónico de dimensiones variables. Normalmente, se forma en las cuevas, con frecuencia debajo de la estalactita, por depósito de $CaCO_3$ que liberan las gotas de agua al incidir sobre el suelo de la cueva o sobre la misma estalagmita.

- ESTAUROLITA: Mineral de la clase de los silicatos y subclase de los nesosilicatos que cristaliza en el sistema monoclínico, generalmente en cristales prismáticos, posee aluminio, hierro, mercurio y zinc. Se encuentra en rocas metamórficas (micaesquistos) y es un índice de la zona de alta temperatura.

- ESTEFANIENSE: Unidad cronoestratigráfica del rango de serie o de piso, y geocronológica del rango de época o de edad del final del Carbonífero Superior de Europa occidental.

- ESTILOLITO: Estructura diagenética o de origen tectónico, formada principalmente en rocas carbonatadas por disolución por presión que dan lugar a superficies muy complejas, con múltiples irregularidades de escala centimétrica, que, en sección, recuerdan a las suturas de los huesos craneales.

- ESTRATIFICACIÓN: Disposición de las rocas sedimentarias en sucesivas capas o estratos.

- ESTRATIGRAFÍA: Parte de la geología que estudia e interpreta los procesos registrados en las sucesiones sedimentarias, que permite conocer la naturaleza y disposición de las rocas estratificadas, la correlación tanto de los materiales como de los sucesos, y la ordenación temporal correcta de la secuencia de materiales y sucesos.

- ESTROMATOLITO: Son uno de los indicios más antiguos de vida en la Tierra. Se trata de microbialitos, estructuras minerales bioconstruidas, finamente estratificadas de morfología laminar, originados por la producción, captura y fijación de partículas carbonatadas por parte de la actividad metabólica de cianobacterias y otros seres unicelulares en aguas superficiales y con temperatura superior a los 20 ºC.

- EUHEDRAL: Cristal bien formado con caras bien desarrolladas. Sinónimo de idiomorfo.

- EXFOLIACIÓN: División de un mineral (p. ej., mica o calcita) en capas o láminas paralelas concordantes con la simetría del mineral. Pueden diferenciarse uno o más sistemas diferenciables como líneas internas del cristal, que pueden llegar a entrecruzarse.

- FÁBRICA: Configuración espacial y geométrica completa de todos los componentes y elementos de una roca que se desarrollan de forma penetrativa a través del volumen de la roca considerada. También, orientación relativa de partes de una masa de roca.

- FALLA: Fractura a lo largo de cuya superficie se produce un desplazamiento relativo de los dos bloques (labios) en que quedan divididas las rocas afectadas.

- FELDESPATO: Cada uno de los minerales que integra un grupo, dentro de la clase de los silicatos y la subclase de los tectosilicatos, que son silicatos alumínicos de potasio, sodio y calcio, entre los que se encuentran la ortosa y las plagioclasas.

- FILOSILICATO: Cada uno de los minerales, dentro de la clase de los silicatos, caracterizados por la existencia en su estructura de un conjunto de planos paralelos formados por una trama de tetraedros SiO_4, cada uno de los cuales comparte tres de los oxígenos de sus vértices con tetraedros vecinos. Son hojosos, como las micas y las cloritas.

- FLANCO: Parte de un pliegue situada entre la línea de charnela y la línea de inflexión.

- FLOGOPITA: Mineral de la clase de los silicatos, grupo de las micas, rico en aluminio y potasio entre otros elementos. Es un mineral metamórfico característico de los mármoles.

- FLOR DE LIS: En heráldica, una representación de la flor de lirio.

- FORMACIÓN: Unidad litoestratigráfica fundamental establecida en la guía estratigráfica internacional.

- FRONTIS: Fachada anterior de un edificio.

- FRONTISPICIO: Fachada delantera de una construcción. Equivale a frontis.

- FUSTE: Parte de la columna situada entre el capitel y la basa.

- GABRO: Roca plutónica compuesta principalmente de plagioclasa cálcica y clinopiroxeno u ortopiroxeno.

- GANGA: Parte de la mena que carece de valor económico.

- GEODA: Conjunto de cristales que aparecen recubriendo una superficie cóncava. Son frecuentes las de calcita, que rellenan huecos formados por disolución en rocas calcáreas o marmóreas.

- GEODINÁMICA: Parte de la Geología que se ocupa de los procesos y de las deformaciones que producen los fenómenos geológicos (tanto externos como internos).

- GONIATITES: Orden extinto de cefalópodos ammonoideos con concha relacionados con calamares, belemnites, pulpos, y sepias, y algo menos con los nautiloides. A comienzos del período Devónico los goniatites se originaron a partir de los más primitivos ammonoideos.

- GÓTICO: Arquitectura desarrollada en Europa desde finales del siglo XII hasta el Renacimiento caracterizada por el arco apuntado, la bóveda de crucería y los pináculos.

- GOUR: Concreción carbonatada que tiene forma de dique desarrollado sobre una pendiente por la que circula un curso de agua activo. Dan lugar a represamientos escalonados, siendo una forma bastante frecuente en las cavidades kársticas.

- GRADIENTE GEOTÉRMICO: Aumento de la temperatura en la corteza terrestre en función de la profundidad. Su valor medio es de aproximadamente un grado por cada 33 m.

- GRADO METAMÓRFICO: Intensidad o rango del metamorfismo, medidos por la diferencia entre la composición mineralógica de la roca madre y la roca metamórfica resultante. Se establecen diferentes grados según la presión y la temperatura.

- GRAFITO: Mineral de la clase de elementos nativos, de fórmula C, que cristaliza en el sistema hexagonal. Presenta color negro, raya gris metalizada y brillo metálico, y es opaco.

- GRANATE: Cada uno de los minerales integrantes de un grupo, incluido en la subclase de los nesosilicatos, Todos ellos cristalizan en el sistema cúbico. Su nombre procede del latín *granatum* y hace referencia al aspecto y color de algunos de ellos, semejantes a los granos de la fruta conocida como granada.

- GRANITO: Roca plutónica de textura granuda, compuesta por cantidades semejantes de cuarzo, feldespato potásico y plagioclasa sódica como minerales esenciales, y por cantidades menores de uno o más minerales, como biotita, moscovita, hornblenda o granate.

- GRANOBLÁSTICA: Textura de rocas metamórficas caracterizada por la presencia de abundantes granos minerales equidimensionales.

- GRANOBLASTO: Describe un tipo de roca metamórfica con una textura granular compuesta por minerales de granos grandes.

- GRANODIORITA: Roca plutónica de la familia de los granitoides, caracterizada por tener cuarzo y porque la plagioclasa constituye más del 2/3 del total de feldespatos. Generalmente, junto con el granito, es la roca más abundante de los grandes batolitos.

- GRUPO: Unidad litoestratigráfica, de rango superior a la formación, que comprende dos o más formaciones adyacentes.

- HEMITRÓPICO: Que posee una estructura hermanada, de modo que una parte sería paralela a la otra si se girara 180 grados.

- HERÁLDICO: Relativo a los blasones.

- HERCÍNICA: Orogénesis en la que sus principales deformaciones se producen durante el Paleozoico Superior. Sinónimo de varisca.

- HIJODALGO: Persona que por su linaje pertenecía al estamento inferior de la nobleza.

- HIPIDIOMÓRFICA: Textura de las rocas ígneas en la que hay una mayoría de cristales que presentan trazas de caras, aunque no bien desarrolladas. Es característica de los granitoides.

- HORNBLENDA: Serie compleja de minerales de la clase de los silicatos que cristalizan en el sistema monoclínico.

- HUMITA: Mineral de la clase de los silicatos que cristaliza en el sistema rómbico. Se encuentra preferentemente en calizas y dolomías metasomatizadas o metamorfizadas y en skarns asociados con yacimientos minerales.

- ICONOSTASIO: Estructura arquitrabada sostenida por una fila de columnas o pilares, a manera de mampara o cancel, que separa el presbiterio de la nave.

- IDIOMÓRFICO: Mineral o textura que presentan caras bien desarrolladas.

- IMAFRONTE: Fachada que se levanta en el sector de entrada a una iglesia, opuesta a la cabecera.

- ÍNDICE DE COLOR: Porcentaje de minerales oscuros de una roca ígnea, utilizado para su clasificación en tres tipos: leucocráticas (<30%), mesocráticas (30-60%) y melanocráticas (>60%).

- INTRACLASTO: Fragmento de sedimento carbonatado, parcial o totalmente consolidado, derivado de la erosión del fondo y posterior depósito en áreas adyacentes de la cuenca.

- INTRADÓS: Superficie interior de un arco o una bóveda.

- INTRUSIVO: Relativo a un cuerpo de roca ígnea que ha cristalizado a partir del magma fundido bajo la superficie terrestre.

- ISÓGRADA: Lugar geométrico de los puntos que presentan un mismo valor de la temperatura y presión en las rocas de una cierta facies metamórfica. Su situación corresponde a los puntos en que se realiza una determinada reacción metamórfica que hace aparecer o desaparecer un mineral considerado índice.

- ISOTÓPICO: Perteneciente o relativo a los isótopos.

- ISÓTROPO: Cristal en el que la magnitud de sus propiedades vectoriales o tensoriales no depende de la dirección en que se mide.

- JAMBA: Cada uno de los elementos verticales que, a manera de pilar, sostienen el arco o dintel en un vano.

- JASPE: Variedad del cuarzo, que se presenta en agregados masivos, de color rojo, amarillo o pardo, debido generalmente a la presencia de partículas coloidales de óxido de hierro.

- KARST: Relieve formado por disolución de rocas calizas o evaporíticas.

- KERSANTITA: Variedad de lamprófido con biotita y plagioclasa como minerales dominantes.

- LAMPRÓFIDO: Grupo de rocas filonianas de composición básica o ultrabásica, más raramente intermedia, que se caracterizan por una textura marcadamente porfídica. Los fenocristales consisten exclusivamente en minerales máficos, anfíbol, biotita y piroxenos. Suele presentarse asociado a rocas intrusivas.

- LAUDA: Lápida o piedra que se pone en la sepultura, por lo común con inscripción o escudo de armas.
- LEPIDOBLÁSTICA: Textura de rocas metamórficas caracterizada por la presencia de abundantes granos minerales de habito planar, en especial, de filosilicatos, orientados paralelamente entre sí.
- LEUCOCRÁTICA: Roca ígnea que tiene un índice de color bajo.
- LIMOLITA: Roca sedimentaria formada por la compactación de un limo.
- LITOESTRATIGRÁFICA: Unidad estratigráfica establecida a partir de la litología de las rocas estratificadas. La unidad fundamental es la formación, que es la que se representa en los mapas geológicos usuales. Unidades de rango menor son el miembro y la capa; de rango superior, el grupo.
- LITOLOGÍA: Se refiere al estudio de las rocas. Se ocupa de su descripción y clasificación (petrografía) y de los mecanismos de formación (petrogénesis). Según el tipo de rocas, se subdivide en ígnea, metamórfica y sedimentaria. La rama experimental simula la formación de rocas en el laboratorio. Sinónimo de petrología.
- LUTITA: Roca sedimentaria constituida por granos muy finos, de menos de 0,062 mm. Sinónimo de pelita.
- MACLA: Asociación de dos cristales de la misma naturaleza en la que determinados elementos de simetría o direcciones reticulares son paralelos, mientras que otros no lo son.
- MAGNETITA: Mineral de la clase de los óxidos e hidróxidos, de fórmula Fe_3O_4, que cristaliza en el sistema cúbico. Es frecuente en las rocas eruptivas y en los skarns.
- MÁRMOL: Roca metamórfica, de textura generalmente granoblástica a nematoblástica, formada por más del 50% de carbonatos (calcita y/o aragonito, y/o dolomita). Cuando es impura (con entre el 50 y el 95% de carbonatos), contiene otros minerales que pueden ser muy variados, como anfíboles y clinopiroxenos cálcicos, epidota, grosularia, olivino, talco, clorita, micas, etc. Esta roca se extrae en bloques susceptibles de ser cortados en tableros o losetas y de ser pulidos. El de gran pureza y calidad se le conoció antiguamente como mármol estatuario.
- MARMOLINA: Agregado de granulometría controlada, derivado de la trituración de piedra de mármol.
- MÁRMOR: Equivale en parte a mármol, pero también incluye otros materiales ornamentales.
- MELANOCRÁTICO: Roca ígnea con un contenido en minerales oscuros superior al 60%, generalmente máfica.
- MENA: Roca o sustancia de la que pueden extraerse minerales o metales de utilidad, con beneficio económico.
- MESOZOICO: Segundo en antigüedad de los tres eratemas en que se divide el Fanerozoico. Está comprendido entre los 251,9 y los 66 Ma antes de los tiempos actuales.
- MESOZONA: Zona metamórfica de profundidad intermedia, caracterizada por temperaturas intermedias, entre las características de la epizona y la catazona.

- METAMORFISMO: Conjunto de cambios texturales y mineralógicos que experimenta una roca sometida a condiciones de presión y temperatura diferentes a las de su formación, excluyendo los procesos diagenéticos propios de rocas sedimentarias.

- METASOMATISMO: Proceso metamórfico por el que se produce un cambio importante en la composición química de una roca sujeta a metamorfismo, por interacción con fluidos hidrotermales o magmas.

- MICRITA: Calcita microcristalina, en el que el tamaño del grano de los cristales es menor de 4 mμ.

- MICROFACIES: Conjunto de características litológicas y biológicas de una roca, observables al microscopio petrográfico en lámina delgada.

- MICROFÓSIL: Fósil de dimensiones muy pequeñas que obligan a la utilización de técnicas microscópicas para su estudio.

- MICROSONDA ELECTRÓNICA: Herramienta analítica utilizada para determinar de forma no destructiva la composición química de pequeños volúmenes de materiales sólidos.

- MIEMBRO: Unidad litoestratigráfica formal de rango inferior a la formación, y que es siempre una parte de una formación, reconocida por sus características litológicas de las otras partes de la misma formación.

- MILIMICRA: Milésima parte de la micra y millonésima parte de un milímetro. También denominado "nanómetro". Se abrevia como mμ.

- MINETTE O MINETA: Variedad de lamprófido rico en biotita-flogopita.

- MISISÍPICO: Unidad cronoestratigráfica del rango de subsistema y geocronológica del rango de subperíodo, la más antigua de las dos que componen el Carbonífero Inferior.

- MODILLÓN: Elemento de sostén en voladizo, característico del entablamento corintio.

- MONZOGRANITO: Granito en sentido estricto. Se caracteriza porque su contenido en feldespato alcalino es ligeramente más abundante que el de la plagioclasa.

- MONZONITA: Roca intrusiva, holocristalina, cuyos contenidos en plagioclasa sódica y feldespato potásico son iguales o muy próximos. Además, contiene minerales máficos, tales como biotita, hornblenda y augita. No posee cuarzo o es muy pobre en este componente.

- MOSAICO: Corresponde a una textura granoblástica en la que los granos individuales se encuentran con límites rectos o ligeramente curvados, pero no entrelazados ni suturados.

- MOSCOVITA: Mineral de la clase de los silicatos y grupo de las micas que cristaliza en el sistema monoclínico, generalmente en agregados laminares o en cristales tabulares de contorno hexagonal, con exfoliación perfecta en láminas.

- MURARIO: Hace referencia a cercar y guarnecer con un muro cualquier recinto.

- NAGOLITA: Explosivo del tipo ANFO seguro y fácil de manejar, compuesto por nitrato amónico de alta calidad y gasoil. Estas mezclas son ampliamente utilizadas en minería.

- NÁRTEX: En las basílicas paleocristianas, y como exigencia litúrgica, parte porticada del atrio, situada ante el ingreso a la misma y destinada a los catecúmenos y penitentes.

- NAVE: Cada uno de los espacios que entre muros o filas de arcadas se extienden a lo largo de los templos u otros edificios importantes.

- NEMATOBLÁSTICA: Textura de rocas metamórficas caracterizada por la presencia de abundantes granos minerales de hábito prismático orientados paralelamente entre sí. Las rocas con esta textura presentan fábrica lineal, lo que igualmente les confiere una anisotropía estructural (lineación). Esta textura es típica de los mármoles anfibólicos.

- NEOPROTEROZOICO: Tercera de las tres eras que constituyen el Proterozoico. Abarca aproximadamente entre los 1 000 y los 541 Ma antes de los tiempos actuales.

- NUMMULITES: Organismos animales unicelulares que vivían en los mares hace entre 40 y 65 millones de años. Pertenecen al género de foraminíferos bentónicos extintos de la familia nummulitidae. Su rango cronoestratigráfico abarca desde el Paleoceno Superior hasta el Oligoceno Inferior.

- OFICÁLCICA: Roca carbonatada blanquecina en el que la ley de calcio puro oscila entre 25 y 75 %.

- OLIVINO: Cada uno de los minerales ricos en magnesio o hierro integrados en la clase de los silicatos que cristalizan en el sistema rómbico, con una coloración verdosa.

- ONCOLITO: Se trata de microbialitos con estructuras sedimentarias esféricas u ovoides de origen orgánico, formadas por capas concéntricas de carbonato cálcico finamente laminadas.

- OOLITO: Cada una de las partículas esféricas o subesféricas que componen una roca oolítica. Son concreciones aproximadamente esféricas cuyo tamaño se sitúa entre 0,1 y 2 mm, de estructura radial y concéntrica. En las rocas carbonatadas, son concreciones calcáreas.

- OPACOS: Aquellos minerales que no transmiten luz cuando se examinan en lámina delgada, generalmente se trata de óxidos de hierro.

- OROGENIA: Conjunto de procesos geológicos que dan lugar a la generación de una cordillera o cinturón orogénico.

- ORTOSA: Mineral de la clase de los silicatos grupo de los feldespatos, de fórmula $KAlSi_3O_8$, que cristaliza en el sistema monoclínico. Es un componente esencial de las rocas plutónicas, en especial de los granitos y filonianas ácidas.

- PALEÓGENO: División de la escala temporal geológica que pertenece a la era Cenozoica; dentro de ésta ocupa el primer lugar precediendo al Neógeno. Comenzó hace unos 66 Ma y acabó hace 23 Ma.

- PALEOZOICO: Primera en antigüedad de las tres eras en que se divide el Fanerozoico. Abarca aproximadamente entre los 541 y los 251,9 Ma antes de los tiempos actuales. Se subdivide en los períodos Cámbrico, Ordovícico, Silúrico, Devónico, Carbonífero y Pérmico.

- PARAGÉNESIS: Asociación mineral natural de una roca determinada, cuyos minerales tienen un origen común, se han formado al mismo tiempo (en las mismas condiciones), representan un equilibrio y se han depositado en un orden de aparición, denominado secuencia paragenética, de acuerdo con los procesos geológicos y geoquímicos.

- PARAMENTO: Revestimiento con carácter decorativo de una estructura. También cualquiera de las dos caras de una pared o muro.

- PELITA: Sinónimo de lutita.

- PELET: Producto de forma redondeada o de bola, de alta ley en un elemento, obtenido en un proceso de aglomeración de sus concentrados de granulometría muy fina.

- PENSILVÁNICO: Unidad cronoestratigráfica del rango de subsistema y geocronológica del rango de subperíodo, la más moderna de las dos que componen el Carbonífero Superior.

- PENTÉLICO: Famoso mármol griego utilizado para la construcción del Panteón y otros edificios en la Acrópolis de Atenas, así como en notables e innumerables esculturas antiguas.

- PENTRITA: Sustancia sólida que se utiliza como potente explosivo rompedor.

- PERICLASA: Mineral del óxido de magnesio. Se forma normalmente en mármol.

- PETROLOGÍA: Estudio de las rocas. Se ocupa de su descripción y clasificación (petrografía) y de los mecanismos de formación (petrogénesis). Según el tipo de rocas, se subdivide en ígnea, metamórfica y sedimentaria. La rama experimental simula la formación de rocas en el laboratorio.

- PILAR: Elemento exento, de soporte o sostén de un edificio, de orientación vertical y sección transversal cuadrangular, destinado a recibir cargas para transmitirlas a la cimentación.

- PILASTRA: Pilar o columna de sección cuadrada o rectangular adosada a un muro.

- PIRITA: Mineral de la clase de los sulfuros, de fórmula FeS_2, que cristaliza en el sistema cúbico. Presenta color amarillo dorado, raya gris oscura o negra y brillo metálico, y es opaco. Se altera fácilmente, pasando a limonita.

- PIROXENO: Cada uno de los integrantes de un grupo de minerales, perteneciente a la clase de los silicatos, caracterizados estructuralmente por la existencia de cadenas sencillas de tetraedros de sílice (SiO_4).

- PIRROTITA: Mineral de la clase los sulfuros, que cristaliza en el sistema hexagonal, en cristales de hábito tabular o en agregados granulares o masivos. Presenta color amarillo rojizo, pardo o gris, raya gris oscura o negra y brillo metálico, y es opaco.

- PISOLITO: Corpúsculo semejante al ooide, de tamaño superior a 2 mm.

- PIZARRA: Roca metamórfica de grano ultrafino o muy fino que presenta una foliación bien desarrollada, formada a partir de lutitas bajo condiciones de grado metamórfico muy bajo.

- PLAGIOCLASA: Serie de minerales del grupo de los feldespatos. Son minerales ampliamente distribuidos, tanto en rocas ígneas como en metamórficas. Se reconocen fácilmente por presentar casi siempre maclas polisintéticas, visibles en el microscopio petrográfico con luz polarizada.

- PLUTÓN: Masa extensa de roca ígnea consolidada en el interior de la corteza terrestre. La intrusión puede alcanzar varios kilómetros dentro de la roca encajante. La mayoría de las veces el magma solidificó a profundidades de hasta 10 km.

- POLISINTÉTICA: Un tipo de macla en la que las superficies de las composiciones son paralelas entre sí.

- PORFÍDICA O PORFÍRICA: Textura de algunas rocas volcánicas y filonianas en las que se aprecia al microscopio una matriz microcristalina que engloba cristales de mayor tamaño (fenocristales).

- PÓRFIDO: Roca volcánica o filoniana de textura porfídica, que contiene fenocristales de cuarzo o feldespatos, incluidos en una matriz vítrea o microcristalina.

- PORFIROBLÁSTICA: Textura de rocas metamórficas caracterizada por la presencia de porfiroblastos.

- PORTADA: Frontispicio o cara principal.

- POTENCIA: Distancia existente en un punto dado, entre las superficies que limitan un filón, dique, estrato o conjunto de capas, medida perpendicularmente a la mayor de sus dimensiones. Sinónimo de espesor.

- PRECÁMBRICO: Tiempo geológico anterior al Fanerozoico y que, por consiguiente, precede al Cámbrico. Se divide en tres eonotemas: Hádico, Arcaico y Proterozoico.

- PRERROMÁNICO: Estilo artístico altomedieval.

- PRESBITERIO: Área del altar mayor hasta el pie de las gradas por donde se sube a él, que regularmente suele estar cerrada con una reja o barandilla.

- PROTOLITO: Roca (sedimentaria, ígnea o metamórfica) de la cual procede una roca metamórfica concreta.

- RENACENTISTA: Perteneciente o relativo al Renacimiento.

- RESERVA: Volumen o tonelaje de una mena en un yacimiento económicamente explotable.

- RIOLITA: Roca volcánica, subalcalina o alcalina, ácida, rica en vidrio y con cristales de cuarzo, feldespato alcalino y biotita, con textura fluidal.

- RIPLE O RIPPLE MARK: Estructura sedimentaria en forma de cresta, originada por olas o por corrientes de agua o de aire sobre la superficie de un depósito sedimentario, generalmente arenoso.

- ROLEO: Elemento decorativo realizado mediante elementos enrollados.

- ROMÁNICO: Fue el primer gran estilo arquitectónico creado en la Edad Media en Europa después de la decadencia de la civilización grecorromana.

- ROMBOÉDRICA: En forma de prisma oblicuo de bases y caras rómbicas.

- RUDISTA: Orden extinto de moluscos bivalvos. Poseían dos valvas asimétricas y normalmente una de ellas fijada al sustrato. Aparecen en el Jurásico Superior y se extinguen en el límite Cretácico-Paleógeno.

- SACAROIDEO: Que tiene un aspecto semejante al del azúcar.

- SERICITA: Variedad de grano fino de moscovita que se presenta en masas más o menos compactas y con forma fibrosa o de escamas, como producto de alteración de varios silicatos magnésicos, especialmente olivino, piroxenos y anfíboles.

- SERPENTINA: Cada uno de los minerales que integran un grupo dentro de la subclase de los filosilicatos (clase de los silicatos), que cristalizan en los sistemas monoclínico y rómbico, Se encuentran en ambientes metamórficos de bajo grado o como producto de alteración de otros silicatos.

- SILICATO: Integrante de una clase numerosa de minerales constituidos por silicio, oxígeno, hidrógeno y elementos metálicos, entre los que predominan el aluminio, el magnesio, el hierro, el calcio y el sodio. Se caracteriza por la existencia de átomos de silicio coordinados tetraédricamente a átomos de oxígeno.

• SILICICLÁSTICO: Sedimento o roca sedimentaria, no carbonatada, que está compuesto totalmente, o en un contenido muy alto, por clastos silíceos de cuarzo o de otros silicatos.

• SILL: Intrusión tabular concordante o subconcordante con la estratificación en la que se emplaza.

• SILLAR: Cada una de las piedras labradas, por lo común en forma de paralelepípedo rectángulo, que forma parte de una construcción de sillería.

• SILLAREJO: Sillar pequeño sin labrar, o toscamente labrado, y que no abarca generalmente el grosor del muro.

• SILLERÍA: Fábrica hecha de sillares asentados unos sobre otros y en hileras.

• SILLIMANITA: Mineral de la clase de los silicatos y subclase de los nesosilicatos, de fórmula Al_2SiO_5, con impurezas de hierro, magnesio y calcio, que cristaliza en el sistema rómbico. Es característico de las rocas metamórficas de alta presión y alta temperatura.

• SILÚRICO: Tercero en antigüedad de los seis períodos en que se divide el Paleozoico. Abarca aproximadamente entre los 443,8 y los 419,2 Ma antes de los tiempos actuales.

• SINCLINAL: Pliegue cuyo núcleo está constituido por las rocas estratigráficamente más modernas. En general, es sinforme, aunque a veces puede ser antiforme.

• SINFORMA: Pliegue con la concavidad hacia arriba.

• SKARN: Roca metamórfica de contacto formada por metasomatismo inducido por intrusiones magmáticas sobre calizas o dolomías y que están constituidas por carbonatos, cuarzo y una gran variedad de silicatos como wollastonita, diópsido, grosularia, epidota, etc.

• SOGUEADO: Decorado con el motivo de soga.

• STOCK: Plutón granítico de pequeño tamaño. Normalmente ocupan un área inferior a 100 km^2.

• SUBHEDRAL: Que presenta trazas de caras, aunque no bien desarrolladas. Sinónimo de hipidiomórfico.

• SUSCEPTIBILIDAD MAGNÉTICA: Una constante de proporcionalidad adimensional que indica el grado de sensibilidad a la magnetización de un material influenciado por un campo magnético.

• TALCO: Mineral de la clase de los silicatos y subclase de los filosilicatos rico en magnesio, que cristaliza en los sistemas monoclínico y triclínico, y se presenta en agregados masivos, fibrosos o laminares. Se forma como producto de alteración de minerales máficos como el olivino, en ambientes metamórficos ricos en agua.

• TECTÓNICA: Conjunto de deformaciones de escala mayor que se expresan en las rocas, y que definen a una región y permite diferenciarla de otras.

• TERRRAZO: Material de construcción compuesto por fragmentos de piedra (habitualmente mármol) aglomerados con cemento. Debido a su elevada resistencia y bajo coste era el material de acabado más empleado en los pavimentos interiores.

- TEXTURA: Conjunto de características de los granos minerales que forman una roca, referentes al tamaño, forma, grado de angulosidad y desarrollo.
- TÍMPANO: Espacio cerrado que delimita el remate (o frontón) de una fachada, pórtico o ventana.
- TOBA: Depósito de cenizas volcánicas litificado.
- TOLVA: Recipiente o depósito abierto por abajo que se utiliza para dosificar el paso de algo como fragmentos pétreos.
- TRANSEPTO: Equivale a crucero. Espacio originado por el cruce de la nave mayor de una iglesia de cruz con otra perpendicular.
- TRAQUITA: Roca volcánica, alcalina, de intermedia a ácida, blanquecina o gris, formada esencialmente por feldespato alcalino.
- TRÍFORO: Vano dividido en tres partes, en especial ventana dividida por dos columnas en tres vanos.
- TRILOBITE: Clase de artrópodo extinto. Son uno de los fósiles más característicos del Paleozoico.
- ULTRAMILONÍTICO: Se refiere a una roca metamórfica de grano fino formada por un metamorfismo dinámico.
- VANO: Hueco que interrumpe la continuidad de un muro.
- VARISCA: Orogénesis en la que sus principales deformaciones se producen durante el Paleozoico Superior. Sinónimo: hercínica.
- VENA: Grieta en una roca rellena de una sustancia mineral.
- VETA: Mena o mineralización en una labor minera.
- VISEENSE: Unidad cronoestratigráfica del rango de piso y geocronológica del rango de edad, la segunda de las tres que componen el Misisípico.
- VOLCANOCLÁSTICO: Se aplica a aquellas rocas con textura clástica causada por procesos volcánicos.
- VOLUTA: En general, elemento ornamental en forma de espiral, de origen fitomórfico.
- ZONA ASTUROCCIDENTAL-LEONESA: De manera abreviada ZAOL. Una de las unidades geológicas en las que se subdivide el Macizo Ibérico. Se extiende en una franja curvada, de cerca de 100 km de anchura. Sus límites, salvo al suroeste, son netos: al este por el cabalgamiento de La Espina, al oeste por la falla de Vivero, al norte se pierde en el mar Cantábrico y al sur bajo los sedimentos de la cuenca cenozoica del Duero.
- ZONA CANTÁBRICA: De manera abreviada ZC. Una de las unidades geológicas en las que se subdivide el Macizo Ibérico. Es una zona externa del orógeno varisco. Las estructuras principales son mantos de cabalgamiento y pliegues asociados. Su límite oeste, con la Zona Asturoccidental-Leonesa, está definido por el cabalgamiento de La Espina, dentro del Antiforme del Narcea, con rocas precámbricas. El límite oriental está condicionado por la cobertera mesozoico-cenozoica o la cuenca cenozoica del Duero.

EPÍLOGO

Hasta aquí llega todo lo que, por el momento, se conoce sobre el mármol en Asturias. Otra vez más Carlos Luque Cabal y Manuel Gutiérrez Claverol han entrado a fondo en la geología y la historia de una roca en esta tierra. Su método de estudio es la exhaustividad, como ya hicieron con la minería en los Picos de Europa (2000), el mercurio (2006), la fluorita (2009) o el azabache (2023). Con el mármol han logrado que se culmine lo que, en la segunda mitad del siglo XVIII, comenzaron dos vecinos del concejo de Cangas del Narcea: fray Iñigo Buenaga, benedictino del monasterio de Corias, y Joaquín José Queipo de Llano, quinto conde de Toreno. Este último, sobre todo, se dedicó con pasión a descubrir yacimientos mineros en Asturias, especialmente canteras de mármol; sobre sí mismo escribió: «Pero ¿adónde voy, cuando el asunto que hoy me mueve no es otro que manifestar a nuestra Sociedad las prodigiosas producciones de nuestra Patria? La pasión de buen Asturiano llegó a engolfarme, pasión que en mi concepto debe de disculparse» (1785). Este apasionado, modelo de ilustrado, que tuvo la suerte de que Emilio Marcos Vallaure lo biografiase en 1978, descubrió canteras de mármol en su propio concejo, dedicó tiempo a difundirlas y, por último, intentó explotarlas con el fin de favorecer a los habitantes del extremo suroccidental de Asturias.

Los Queipo de Llano son desde tiempo inmemorial una familia vinculada al concejo de Cangas del Narcea, en especial, al río Rengos, que es la parte alta de la cuenca del río Narcea. En este territorio se hallan el solar de su linaje, en la casa de La Muriella, y las canteras de mármol. Un miembro de esta familia, Suero Queipo de Llano y Cangas, en 1532, obtuvo del emperador Carlos I un privilegio para el vino de Cangas que prohibía la entrada de vino forastero hasta que no se hubiese consumido el cosechado en el país. Esta medida favoreció hasta 1834 el cultivo del viñedo y la elaboración del vino, y aunque beneficiaba a los grandes cosecheros también daba trabajo a los campesinos más pobres. Esto mismo hubiera pasado con la explotación de las canteras a finales del siglo XVIII, pues no solamente los condes habrían recogido los beneficios sino también los campesinos del entorno con los trabajos de extracción y transporte, como sucedió a partir de 1768 y durante gran parte del siglo XIX con la saca de madera.

La manera de proceder en esta familia, que favorece sus intereses, pero no olvida los de los demás, llegó hasta bien avanzado el siglo XIX. En este sentido es significativo el comentario que le hace Francisco de Borja Queipo de Llano, octavo conde de Toreno, a su administrador en Cangas del Narcea en una carta escrita en Madrid el 11 de mayo de 1864, sobre el contrato (reproducido en este libro) que acaba de firmar con un empresario para explotar las canteras de Rengos:

> Acerca del negocio con D. Manuel Gamoneda es ya cosa hecha, quedan al parecer los cabos bien atados de lo que hoy más me he alegrado en vista de su carta. Sentiré se vuelvan atrás no por lo que a mi me va en ello directamente, sino por el gran bien que los trabajos que para este objeto se habían de hacer en Rengos, darían un buen resultado para el país aquel que necesita movimiento y dinero, lo cual a no dudarlo traería consigo la explotación de los mármoles. D. Manuel de Ibargoitia pondrá oportunamente en conocimiento de Usted el contrato que se ha hecho con Gamoneda. Espero de su actividad y vigilancia nos tenga al corriente de lo que hagan cuando el caso llegue.

Que sepamos este contrato no llegó a nada. El gran problema de esta empresa era el transporte del material. La madera que se extraía de Muniellos se sacaba por el río hasta el mar, pero el mármol no flota y su transporte es mucho más costoso. La explotación de estas canteras, hasta la apertura de carreteras y la llegada de camiones en el siglo XX, siempre fue un asunto limitado. Los propios canteros encargados de una obra, normalmente una edificación de empaque, acudían ellos mismos a extraer el material necesario. Así sucedió cuando se reedificó el monasterio de Corias entre 1774 y 1808 y en algunas casas de la villa de Cangas del Narcea levantadas a fines del siglo XIX.

Pero la construcción más emblemática y simbólica de la historia del mármol en Cangas del Narcea es la capilla del Santo Cristo de Xedré, ejemplo de una idea ilustrada y de una expectativa de progreso. El promotor fue el sacerdote Manuel Fernández Flórez, natural de la villa de Cangas del Narcea, empadronado como «hijosdalgo notorio de armas pintar» y párroco de Xedré. También fue colaborador del mencionado Joaquín José Queipo de Llano y miembro de la Sociedad Económica de Amigos del País de Asturias, donde con toda probabilidad ingresó por iniciativa de Toreno, que fue el gran promotor de esta sociedad por petición del mismo conde de Campomanes. La relación de ambos y el interés del cura por el mármol quedan bien expuestos en lo que dejo escrito el conde de Toreno en sus *Discursos* (1785):

> Aquí llegaba en esta descripción, cuando por nuestro Socio Don Antonio Manuel Fernández Flórez, cura de Santa María de Xedrez, se me avisó que había descubierto quatro canteras de buenos mármoles en aquellas inmediaciones, y habiendo pasado a reconocerlas en su compañía, hemos hallado ser las siguientes.

El citado párroco reformó en el pueblo de Xedré una capilla del siglo XVII, ampliándola y poniéndole una fachada nueva toda hecha de mármol de Rengos. Según el historiador del arte Pelayo Fernández, que ha estudiado esta obra, es muy probable que el diseñador de esta fachada y los canteros que la construyeron fuesen algunos de los que participaban en la reedificación del monasterio de Corias en aquel tiempo, que eran mayoritariamente gallegos que habían venido con el arquitecto Miguel Ferro Caaveiro. La fachada desornamentada y clasicista, según este historiador, es muy similar a algunas iglesias y capillas que están en la provincia de Ourense que pertenece a la diócesis de Astorga. En esta marmórea fachada, el párroco colocó un reloj de sol y mandó hacer una inscripción con la fecha de edificación, 1795, y su nombre. En 2006, un rayo tiró su espadaña y hasta ahora la desidia humana e institucional de los poderes civil y religioso no ha tenido tiempo a recomponerla. Parece que el pueblo de Xedré, por fin, se va a poner manos a la obra para dignificar este símbolo de una época y unas ideas.

La lectura de este libro de Claverol y Luque me ha permitido saber que el concejo de Cangas del Narcea es el que más canteras de mármol posee de Asturias y donde más se han explotado. De este modo entiendo mejor todo lo que escuché desde muy joven en la villa de Cangas del Narcea, donde nací en 1960, sobre el mármol de Rengos. Lo que se nos transmitía es que pudo haber sido muy importante para el concejo, pero que había quedado en poco.

El prestigio local de este mármol venía de atrás. En julio de 1887, en el periódico *El Occidente de Asturias*, de Cangas del Narcea, podía leerse: «El mármol de Rengos no es inferior al de Italia: es compacto, de deslumbrante blancura, de fino grano, y brillante después de pulimentado. Solo le falta la notoriedad para ser apreciado en cuanto vale, y esta notoriedad solo puede facilitársela la construcción de una vía férrea que llegue al pie de esa inmensa cantera, de esa mina de incalculable riqueza».

En mi juventud se decía que este mármol se había empleado en la construcción del Palacio Real de Madrid y que tal casa estaba hecha con ese mármol, todo ello para denotar su calidad. Una de las que se mencionaba era la imponente casa de los Flórez, situada en la esquina de la calle Mayor y la cuesta de los Hermanos Flórez, construida a finales del siglo XIX con toda su cantería de esquinas, impostas y marcos de vanos hecha de un mármol blanco «de notable limpieza». Cuando la derribaron en los años ochenta recogí un trozo de ese mármol, que pudo haber sido y no fue, y que guardo como una reliquia.

Por otra parte, estudié en el instituto de Cangas del Narcea con José Gavela Rodríguez, de casa Montero del pueblo de Larón, donde había varias canteras abiertas de esta piedra. Su padre trabajaba en ellas y él, cuando terminó el COU, comenzó a conducir un camión que transportaba lo que salía de aquellas canteras hasta un molino de Degaña donde se trituraba el mineral en diferentes grosores y marmolina para destinarlo a terrazo que se fabricaba lejos, sobre todo en Galicia. Las canteras de Rengos se dedicaban sobre todo a áridos. Era paradójico aquello que se decía de aquel mármol, no «inferior al de Italia», es decir, al de Carrara, y esta realidad que lo destinaba a un uso menor. En definitivita, el mármol de Rengos pasó de cubrir paredes de palacios reales y monasterios a terrazo para suelos y áridos. Todo esto, que escuché a los viejos de Cangas del Narcea y a mi compañero de estudios, lo leo ahora en este libro con profusión de datos.

Gracias a esta investigación conocemos la realidad. Solo puedo dar las gracias a los autores por su esfuerzo y por desvelarnos toda la historia del mármol en Asturias.

Juaco López Álvarez
(Director de *Tous pa Tous* y del
Muséu del Pueblu d'Asturies)

ÍNDICE

Capítulo 2.
Aspectos históricos del mármol de Asturias

Capítulo 5.
Mármoles y calizas marmóreas devónicas

Capítulo 6.
Mármoles en litologías del Carbonífero

CAPÍTULO 7.
MICROSCOPÍA DE LAS ROCAS METAMÓRFICAS MARMÓREAS